DE LA FÉCONDATION

DES

ORCHIDÉES

PAR LES INSECTES

PARIS. — IMP. SIMON RACON ET COMP., RUE D'ERFURTH, 1.

DE LA FÉCONDATION

DES

ORCHIDÉES

PAR LES INSECTES

ET

DES BONS RÉSULTATS DU CROISEMENT

PAR

CHARLES DARWIN

M. A., F. R. S. ETC.

TRADUIT DE L'ANGLAIS PAR L. RÉROLLE

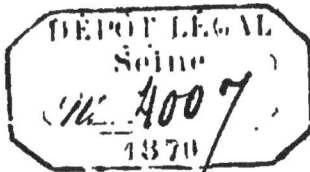

AVEC 34 GRAVURES

PARIS

C. REINWALD ET Cie, LIBRAIRES-ÉDITEURS

15, RUE DES SAINTS-PÈRES, 15

1870

PRÉFACE

———

Deux ouvrages de M. Darwin ont été traduits en français; les observations considérables qu'ils renferment, les vues importantes qui y sont exposées sur un des plus hauts problèmes des sciences naturelles, ont eu un grand retentissement; et, à quelque opinion qu'on appartienne, on ne saurait méconnaître leur valeur.

L'ouvrage dont je publie la traduction a sans doute une moindre portée, car il n'étudie qu'une seule famille végétale, au seul point de vue des phénomènes qui assurent la fécondation. Néanmoins, j'ai pensé que des recherches poursuivies avec patience, pendant plusieurs années, par un observa-

teur comme M. Darwin, sur un groupe d'êtres aussi
remarquable que celui des Orchidées, et sur un
acte physiologique aussi capital que celui de la
fécondation, intéresseraient les personnes qui se
livrent à l'étude de l'histoire naturelle. Nous avons
vu l'éminent naturaliste anglais, dans ses autres
ouvrages, faire une large place à l'interprétation
des faits, raisonner et juger en philosophe, for-
muler des hypothèses que l'on peut combattre,
mais dont on ne saurait nier la grandeur; il sera
juste de l'apprécier aussi dans un volume où, sans
perdre ses autres mérites, il se montre plus particulièrement observateur exact et ingénieux expé-
rimentateur.

Ce livre n'est pas d'ailleurs aussi spécial qu'on
pourrait le croire au premier abord; les faits qui
y sont consignés ont un intérêt général, car ils
touchent à l'organisation florale dans sa plus haute
expression; ils mettent en lumière le rôle merveilleux des insectes dans la propagation des plantes;
ils viennent à l'appui de cette doctrine que le *croisement individuel* est une loi générale de la nature.
M. Darwin a signalé dans divers mémoires des
faits tendant à la même conclusion, observés sur

d'autres plantes; mais nulle part il n'en a réuni un plus grand nombre et de plus décisifs.

Je suis heureux d'exprimer ma reconnaissance envers M. Faivre, doyen de la Faculté des sciences de Lyon, dans le laboratoire duquel j'ai pu vérifier un certain nombre des descriptions données dans cet ouvrage, et qui m'a aidé de ses bienveillants conseils. Je remercie également M. Darwin du bon accueil qu'il a fait à ma traduction, et des notes précieuses dont il a bien voulu l'enrichir. Ces notes résument les recherches faites, par lui ou d'autres naturalistes, sur la fécondation des Orchidées, postérieurement à la publication de son ouvrage, et mettent ce travail au niveau des découvertes récentes de la science.

L. Rérolle.

INTRODUCTION

L'objet de ce travail est de montrer que les procédés qui servent à la fertilisation des Orchidées sont aussi variés et presque aussi parfaits que les plus beaux mécanismes du règne animal; et, en second lieu, qu'ils ont pour objet propre la fécondation de chaque fleur par le pollen d'une autre fleur. Dans mon ouvrage sur *l'Origine des espèces*, je me suis borné à donner des raisons générales à l'appui de mon opinion que tout être organisé, sans doute d'après une loi universelle de la nature, demande à être accidentellement croisé avec un autre individu, ou, en d'autres termes, qu'un hermaphrodite ne se féconde pas lui-même indéfiniment. On m'a blâmé d'émettre cette doctrine sans en donner des preuves suffisantes, ce que ne permettait pas la médiocre étendue de mon ouvrage. Je désire donc montrer que je n'ai pas parlé sans avoir étudié les détails.

J'ai été amené à publier ce petit traité séparément, parce qu'il est devenu trop gros pour être réuni au reste de mes travaux sur le même sujet. Comme les Orchidées sont universellement admises parmi les formes végétales les plus étranges et les plus déviées du type primitif, les faits que je publie maintenant conduiront peut-être quelques observateurs à prêter une plus grande attention à la physiologie de nos espèces indigènes ; l'étude des nombreux phénomènes remarquables qu'elles présentent élèvera le règne végétal tout entier dans l'estime de beaucoup de gens. Je crains cependant que les détails qu'exige ce sujet ne soient trop minutieux et trop complexes pour qui n'aurait pas un goût prononcé pour l'histoire naturelle. Ce traité m'en donnant l'occasion, je m'efforcerai aussi de montrer que l'étude des corps organisés offre un intérêt égal, et à l'observateur pleinement convaincu que des lois coordonnées régissent la structure de chaque être, et au naturaliste qui voit dans les plus petits détails de structure le résultat de l'action directe du Créateur.

Je dois dire d'avance que Christian Konrad Sprengel, dans son curieux et important travail : *Das entdeckte Geheimniss der Natur*, publié en 1793, a donné un excellent aperçu des fonctions des différents organes chez les Orchidées ; en effet, il connaissait bien la place qu'occupe le stigmate ; il avait reconnu que les insectes sont nécessaires pour enlever les masses polliniques, en ouvrant la poche du rostellum et atteignant les glandes visqueuses qu'elle renferme. Mais il passa sous silence beaucoup de faits curieux, sans doute parce qu'il croyait que chaque stigmate reçoit généralement le pollen de sa propre fleur. De même, Sprengel a en partie décrit la structure des Épipactis ; mais, à propos du Listera, il a complétement méconnu le remarquable phénomène qui caractérise ce genre et qui a été si bien décrit par le docteur Hooker, dans les *Philosophical Transactions*, 1854. Le docteur Hooker a donné des dessins et une description exacte et complète de la structure et du jeu des organes ; mais n'ayant pas tenu compte du rôle des insectes, il n'a pas entièrement compris le résultat. Robert Brown [1], dans un mémoire célèbre publié dans les *Linnæan Transactions*, exprima l'opinion que la plupart des Orchidées exigent pour fructifier l'intervention des insectes ; mais il ajouta que la fertilité de tous les ovaires d'une grappe serrée, fait fréquemment observé, est difficile à concilier avec cette idée. Nous verrons bientôt que ce doute est sans fondement. Plusieurs autres auteurs ont aussi exposé des faits ou exprimé des opinions sur la nécessité de l'intervention des insectes dans la fertilisation des Orchidées.

J'aurai, dans ce travail, le plaisir d'exprimer ma vive reconnaissance envers plusieurs personnes qui, avec une inépuisable obligeance, m'ont envoyé des

[1] *Linnæan Transactions*, 1833. vol. XVI, p. 704.

plantes fraîches, sans le secours desquelles ces recherches auraient été impossibles. La peine qu'ont prise quelques-uns de mes bienveillants auxiliaires a été non commune ; je n'ai jamais exprimé un désir, demandé un secours ou un renseignement, qu'on ne me les ait accordés aussi larges et aussi généreux que possible.

Il me paraît utile, dans l'intérêt des personnes complétement étrangères à la botanique qui pourraient lire ce traité, d'expliquer le sens des mots dont je ferai le plus fréquent usage. Dans la plupart des fleurs, les étamines ou organes mâles entourent comme d'un anneau un ou plusieurs organes femelles, qu'on nomme carpelles. Dans toutes les Orchidées ordinaires, il n'y a qu'une étamine, et elle se soude au carpelle pour former la *colonne*. Les étamines se composent d'un filet servant de support à une anthère (ce filet manque souvent dans les Orchidées d'Angleterre) ; dans l'anthère se trouve le pollen, élément mâle et fécondateur. L'anthère se divise en deux loges, très-distinctes chez la plupart des Orchidées, et qui semblent même dans quelques espèces former deux anthères séparées. Chez toutes les plantes ordinaires le pollen consiste en une poussière fine et granuleuse ; mais chez beaucoup d'Orchidées, les grains sont unis en *masses*, qui ont souvent pour support un très-curieux appendice, le *caudicule;* nous l'expliquerons dans la suite avec plus de détails. Les masses de pollen, avec leurs caudicules et autres appendices, ont reçu le nom de *pollinies*.

Rigoureusement, il y a chez les Orchidées trois carpelles soudés. Au sommet de ce verticille femelle est une surface antérieure, molle et visqueuse, constituant le stigmate. Les deux stigmates inférieurs sont souvent si complétement soudés, qu'ils ne semblent en former qu'un seul. Dans l'acte de la fécondation, de longs tubes émis par les grains de pollen pénètrent dans le stigmate et conduisent le contenu des grains jusqu'aux ovules, jeunes graines renfermées dans l'ovaire.

Des trois stigmates qui doivent exister, celui du carpelle supérieur seul est modifié en un organe extraordinaire nommé *rostellum* qui, dans beaucoup de cas, est tout à fait différent d'un vrai stigmate. Ce rostellum est rempli ou formé d'une matière visqueuse, et dans un très-grand nombre d'Orchidées les masses polliniques sont fortement attachées à une portion de sa membrane extérieure, destinée, comme les masses de pollen, à être enlevée par les insectes. Cette portion qui sera transportée consiste généralement chez les Orchidées d'Angleterre en une petite pièce membraneuse, portant sous elle une couche ou balle de matière visqueuse que je nommerai *disque visqueux*; mais, dans beaucoup d'Orchidées exotiques, elle est si grande et si importante, qu'une de ses parties doit, comme dans le premier cas, s'appeler le disque visqueux, l'autre prenant le nom de *pédicelle* du rostellum; c'est alors au sommet de ce pédicelle que sont fixées les masses polliniques. Le pédicelle, prolongement du rostellum sur lequel, chez beaucoup d'Orchidées étrangères, les pollinies sont fixées, paraît avoir été généralement confondu, sous le nom de caudicule, avec le vrai caudicule des masses polliniques; ces deux organes sont pourtant tout à fait différents de nature et d'origine. On nomme quelquefois *bursicule*, *fovea* ou *poche*[1], la partie du rostellum qui n'est pas enlevée et qui entoure la matière visqueuse. Mais il me paraît plus convenable de rejeter tous ces termes, d'appeler tout le stigmate modifié *rostellum*, sauf à ajouter parfois un adjectif pour déterminer sa forme; et de nommer la portion de cet organe qui adhère aux pollinies et est enlevée avec elles, le *disque visqueux*, disque quelquefois muni d'un pédicelle.

Enfin, on nomme sépales les trois divisions extérieures de la fleur, et leur réunion forme le calice; mais au lieu d'être vertes, comme dans la plupart des autres fleurs, elles sont généralement colorées comme les trois pièces intérieures ou pétales. Un des pétales, qui est ordinairement au bas de la fleur, est plus développé que les autres et revêt souvent les formes les plus bizarres; on l'appelle lèvre inférieure ou *labellum*. Il sécrète le nectar, liqueur qui attire les insectes, et souvent il est muni à cet effet d'un long nectaire en forme d'éperon.

[1] Dans les principaux traités de botanique français, on appelle le disque visqueux *rétinacle* et le rostellum *bursicule*. (Trad.)

DE LA FÉCONDATION

ORCHIDÉES

CHAPITRE PREMIER

Structure des Orchis. — Mouvement des pollinies. — Parfaite adaptation des parties dans l'Orchis pyramidalis. — Des insectes qui visitent les Orchidées, et de la fréquence de leurs visites. — De la fertilité et de la stérilité de quelques Orchidées. — De la sécrétion du nectar, et du retard utile à la fécondation que les papillons éprouvent en le prenant.

A mon avis, les Orchidées anglaises peuvent être réparties en trois groupes, et dans la plupart des cas cette classification est naturelle ; toutefois, j'en exclus notre Cypripedium indigène, dont la fleur a deux anthères, et que je ne connais point. Le premier de ces trois groupes est celui des Ophrydées ; chez ces plantes, les pollinies sont pourvues à leur extrémité inférieure d'un caudicule attaché dès l'origine à un disque visqueux ; l'anthère est placée au-dessus du rostellum. A ce groupe appartiennent la plupart de nos Orchidées communes.

Commençons par le genre Orchis. Peut-être le lecteur trouvera-t-il les détails suivants difficiles à comprendre, mais je peux l'assurer que s'il a la patience de lire ce premier article, il n'aura pas de peine à comprendre ceux qui suivent. Les figures ci-jointes (*fig.* 1) montrent la position relative des principaux organes dans la fleur de l'*Orchis mascula*. Les sépales et les pétales sont enlevés, à l'exception du labellum et de son nectaire. Le nectaire se voit seulement de côté (*n*, *fig.* A); car son large orifice est tout à fait caché sur la fleur qu'on voit de face (B). Le stigmate (*s*) est bilobé et consiste en deux stigmates presque entièrement soudés; il est au-dessous d'un rostellum (*r*) en forme de poche. L'anthère (*a*, *fig.* A et B) consiste en deux loges largement séparées, s'ouvrant en avant par une fente longitudinale; dans chacune d'elles se trouve une masse de pollen ou pollinie.

La figure C représente une pollinie retirée d'une des deux loges de l'anthère. Elle consiste en une grande quantité de grains de pollen groupés en paquets cunéiformes (voy. la *fig.* F, dans laquelle ces paquets sont fortement séparés), que relient des fils excessivement minces et élastiques. Ces fils se réunissent à l'extrémité inférieure de chaque pollinie, et forment ainsi (*c*, C) un caudicule élastique et droit. L'extrémité du caudicule est fermement attachée au

disque visqueux (*d*, C) qui consiste, comme on peut le
voir sur une coupe (*fig*. E), en une petite pièce membraneuse, à contour ovalaire, portant sous sa face inférieure une balle de matière visqueuse. Chaque pollinie a son disque propre, et les balles de matière visqueuse sont enfermées l'une et l'autre (*fig*. D) dans le
rostellum.

Le rostellum est une saillie presque sphérique,
légèrement aiguë (*r*, *fig*. A et B), suspendue au-dessus
des deux stigmates soudés; il mérite d'être décrit
avec soin, car chaque détail de sa structure est d'une
haute importance. La figure E représente une coupe
de l'un des disques et de l'une des balles visqueuses;
et sur la face antérieure de la fleur (*fig*. D), on voit
les deux disques visqueux dans le rostellum. Cette
dernière figure (D) est probablement la plus propre à
expliquer la structure du rostellum; mais on doit remarquer que la lèvre antérieure y est considérablement abaissée. La partie inférieure de l'anthère est
unie à la partie postérieure du rostellum, comme
l'indique la figure B. Dans les premières périodes de
son développement, le rostellum se compose d'un
amas de cellules polygonales, pleines d'une matière
brunâtre, puis bientôt ces cellules se fondent en deux
balles d'une substance demi-fluide, extrêmement visqueuse et homogène. Ces masses visqueuses sont un
peu allongées, presque planes à leur sommet, mais
convexes en dessous. Elles sont parfaitement libres

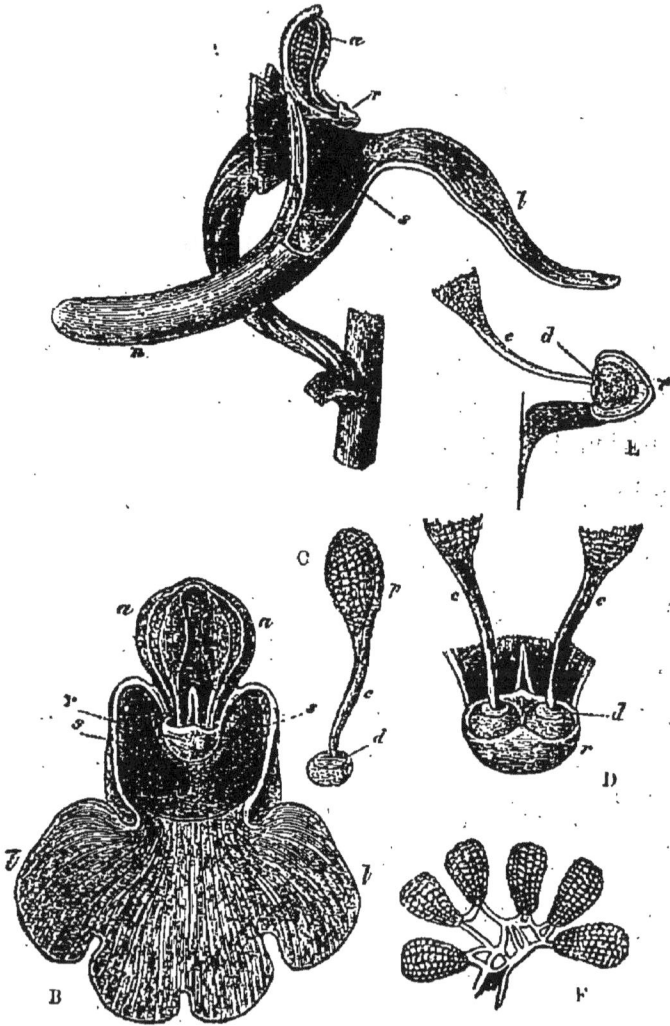

Fig. 1.

ORCHIS MASCULA

a. ANTHÈRE.	*n*. NECTAIRE.
r. ROSTELLUM.	*p*. POLLINIE OU MASSE POLLINIQUE.
s. STIGMATE.	*c*. CAUDICULE DE LA POLLINIE.
l. LABELLUM.	*d*. DISQUE VISQUEUX DE LA POLLINIE.

A. Vue latérale de la fleur : tous les sépales et pétales sont enlevés, sauf le labellum ; on a coupé seulement la moitié du labellum et de la partie postérieure du nectaire.

B. Face antérieure de la fleur : les pétales et sépales sont enlevés, sauf le labellum.

C. Une pollinie ou masse pollinique, comprenant les groupes de grains de pollen, le caudicule et le disque visqueux.

D. Les disques et les caudicules des deux pollinies, vus par devant, dans le rostellum dont la lèvre est abaissée.

E. Coupe du rostellum, montrant le disque qui y est renfermé, et le caudicule d'une pollinie.

F. Groupes de grains de pollen ; les fils élastiques qui les réunissent son distendus. (Copié sur Bauer.)

dans le rostellum, car elles baignent de toute part
dans un fluide, excepté en arrière, où chaque balle
adhère fortement à un disque, petite portion de la
membrane extérieure du rostellum. Les extrémités
des deux caudicules sont fermement liées à ces deux
petits disques membraneux.

La membrane qui forme toute la surface extérieure
du rostellum est d'abord continue; mais dès que la
fleur est ouverte, au plus léger contact elle se rompt
transversalement suivant une ligne sinueuse, en avant
des loges de l'anthère et de la petite crête ou repli
membraneux (voy. *fig.* D) qui s'étend entre elles. Cette
rupture n'altère pas la forme du rostellum, mais
elle convertit sa partie antérieure en une lèvre qu'on
peut facilement abaisser. On voit cette lèvre considérablement abaissée dans la figure D, et la figure B
en montre le bord. Quand la lèvre est tout à fait
abaissée, les deux balles de matière visqueuse sont à
découvert. Grâce à l'élasticité de sa partie postérieure,
jouant le rôle de charnière, la lèvre ou poche qui
vient de se former, dès qu'elle n'est pas abattue par
la pression, se relève et recouvre de nouveau les deux
balles gluantes.

Je ne peux pas affirmer que la membrane extérieure du rostellum ne se rompe jamais spontanément; sans nul doute, elle se dispose à la rupture en
devenant très-faible suivant certaines lignes; mais
j'ai vu quelquefois le fait se produire à la suite du

contact le plus léger, si léger même qu'à mon avis cet acte n'est pas purement mécanique, mais pourrait, faute d'un meilleur terme, être appelé vital. Plus loin, nous trouverons des cas dans lesquels le plus léger contact ou l'action de la vapeur de chloroforme suffisent pour faire rompre la membrane extérieure du rostellum, suivant certaines lignes définies.

Au moment où le rostellum se rompt transversalement en avant, il est probable (bien que je n'aie pu m'assurer de ce fait à cause de la position des organes) qu'il se rompt de même en arrière suivant deux lignes ovalaires, ce qui sépare du reste de sa surface extérieure et met en liberté les deux petits disques membraneux, auxquels sont attachés extérieurement les deux caudicules et intérieurement les deux balles de matière visqueuse. Les points de ruptures deviennent ainsi très-complexes, mais pourtant ils sont strictement déterminés.

Comme les loges de l'anthère s'ouvrent en avant, de la base au sommet, même avant l'épanouissement de la fleur, dès que le rostellum, à la suite de la plus légère secousse, s'est convenablement rompu, sa lèvre peut aisément s'abaisser ; les deux petits disques membraneux étant déjà séparés, les deux pollinies deviennent alors absolument libres, mais sont encore couchées côte à côte dans leurs premières places. Ainsi les paquets de pollen et leurs caudicules restent dans les loges de l'anthère ; les disques font encore partie de la face postérieure du rostellum, mais en sont isolés; les balles de matière visqueuse sont encore cachées dans la cavité de ce dernier organe.

Voyons maintenant comment fonctionne un mécanisme si complexe. Supposons qu'un insecte s'abatte sur le labellum, vestibule de la fleur très-propre à le soutenir, et qu'il introduise sa tête dans la chambre (voy. *fig.* I, vue latérale A, vue de face B) au fond de laquelle se cache le stigmate (*s*), dans l'espoir d'atteindre avec sa trompe l'extrémité du nectaire, ou, ce qui rend également compte du fait, qu'on fasse pénétrer très-doucement dans le nectaire un crayon finement taillé en pointe. Comme le rostellum, qui a la forme d'une poche, fait saillie dans l'étroite entrée du nectaire, il est presque impossible d'introduire un objet dans ce canal, sans le toucher. La membrane du rostellum se rompt alors suivant les lignes convenables et sa lèvre ou poche s'abaisse très-aisément; cela fait, une ou deux des balles visqueuses atteindra presque infailliblement le corps qui vient de s'introduire. Telle est la viscosité de ces balles qu'elles s'attachent fortement à tout ce qu'elles touchent. De plus, la matière visqueuse a la propriété chimique spéciale de se prendre en une masse sèche et dure, comme le ciment, après quelques minutes. Les loges de l'anthère étant ouvertes le long de leur face antérieure, quand l'insecte retire sa tête, ou lorsqu'on retire le crayon, les deux pollinies (ou seu-

lement l'une d'elles) sont entraînées et fortement
unies à l'objet, au-dessus duquel elles s'élèvent comme
de petits cornets ; on peut le voir sur la figure 2 (A).

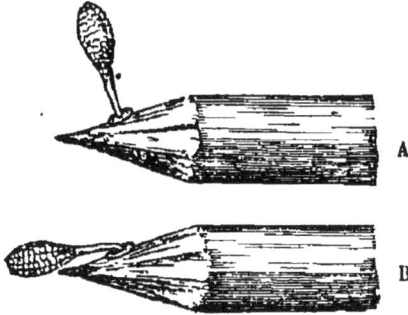

Fig. 2.

A, Masse pollinique d'O. mascula, venant d'être attachée au crayon. — B. *Id.*,
après l'abaissement.

Il est très-nécessaire que la force d'adhésion du ciment
soit grande, comme nous allons le voir de suite ; en
effet, si les pollinies s'abattent, soit de côté, soit en
arrière, elles ne pourront jamais fertiliser une fleur.
Par suite de la position qu'elles avaient dans leurs
loges, elles divergent un peu lorsqu'elles sont fixées
à un objet. Supposons maintenant que notre insecte
s'envole et se pose sur une autre fleur, ou qu'on insère
le crayon (A, *fig.* 2) avec la pollinie qui lui est attachée, dans le même ou dans un autre nectaire ;
en jetant les yeux sur le dessin (*fig.* 1, A), on se
convaincra que la pollinie fermement attachée sera
tout simplement poussée contre ou dans son ancienne
place, l'une des loges de l'anthère. Comment donc

pourra-t-elle féconder la fleur? Grâce à un merveilleux artifice. Bien que la surface visqueuse reste immobile et adhérente, le disque membraneux auquel est fixé le caudicule, disque petit et insignifiant en apparence, est doué d'un remarquable pouvoir de contraction (ce mouvement sera décrit plus bas avec plus de détails) grâce auquel la pollinie s'abaisse en décrivant un arc d'environ 90° toujours dans la même direction, vers la pointe du crayon ou de la trompe; ce qui a lieu, en moyenne, dans l'espace de trente secondes. La figure 2 montre en B la position que prend la pollinie après ce mouvement. On peut voir en consultant le dessin (*fig.* 1, A) qu'après ce mouvement (et un espace de temps qui aura permis à l'insecte de voler sur un autre fleur), si le crayon est introduit dans le nectaire, le gros bout de la pollinie viendra frapper précisément la surface du stigmate.

Ici, de nouveau, la nature met en jeu un ingénieux mécanisme, depuis longtemps signalé par Robert Brown[1]. Le stigmate n'est pas assez visqueux pour pouvoir, au contact de la pollinie, la détacher tout entière de la tête de l'insecte ou du crayon; mais il l'est assez pour briser les fils élastiques (*fig.* 1, F) qui relient entre eux les paquets de grains de pollen, dont quelques-uns restent à sa surface. Il suit de là qu'une

---

[1] *Transactions of the Linnæan Society*, vol. XVI, p. 731.

pollinie attachée au crayon ou à l'insecte pourra être transportée sur plusieurs stigmates et les fécondera tous. J'ai vu des pollinies d'Orchis pyramidalis adhérant à la trompe d'un papillon ; les caudicules y restaient seuls, tous les paquets de pollen ayant été collés aux stigmates des fleurs que l'insecte avait successivement visitées.

Je dois encore mentionner un ou deux points secondaires. Les balles de matière visqueuse situées dans la poche du rostellum baignent dans un fluide ; ceci est très-important, car, comme je l'ai déjà dit, la matière visqueuse durcit après une exposition à l'air de très-courte durée. J'ai retiré ces balles de leurs poches, et j'ai vu qu'en quelques minutes elles perdent entièrement leur force adhésive. En outre, les petits disques membraneux dont le mouvement, cause de celui des pollinies, est si rigoureusement indispensable pour la fertilisation de la fleur, sont fixés à la face supérieure et postérieure du rostellum, sont complétement enveloppés et par suite restent humides dans la base des loges de l'anthère ; et ceci est très-nécessaire, car il suffit d'une exposition à l'air d'environ trente secondes, pour que le mouvement d'abaissement se produise ; mais tant que le disque est humide, la pollinie reste prête à agir dès qu'elle aura été transportée par un insecte.

Enfin, j'ai montré qu'après avoir été abaissée, la lèvre se redresse et reprend sa position primitive, ce qui est très-utile ; en effet, si cela n'avait pas lieu, et qu'un insecte, après avoir abaissé la lèvre, manquât d'enlever les balles visqueuses, ou s'il n'en enlevait qu'une seule, dans le premier cas, les deux balles, et dans le second, l'une d'elles, demeureraient exposées à l'air ; elles perdraient donc bientôt toute leur force adhésive, et les pollinies deviendraient absolument inutiles. Il est hors de doute que, souvent, dans plusieurs espèces d'Orchis, les insectes n'enlèvent à la fois qu'une seule pollinie; il est même probable qu'il en est généralement ainsi, car dans un épi les fleurs les plus basses et les plus anciennement écloses ont presque toujours leurs deux pollinies enlevées, tandis que les fleurs plus jeunes situées immédiatement au-dessous des boutons, ayant été plus rarement visitées, n'en ont perdu qu'une seule. Dans un épi d'Orchis maculata je n'ai pas trouvé moins de dix fleurs, surtout parmi les plus élevées, qui n'avaient perdu qu'une seule pollinie ; l'autre pollinie était à sa place, la lèvre du rostellum s'étant très-bien redressée, et tout était parfaitement disposé en vue de son prochain enlèvement par quelque insecte.

La description que je viens de donner de l'action des organes chez l'Orchis mascula s'applique également aux O. morio, fusca, maculata et latifolia, et à l'Aceras anthropophora [1]. Ces espèces présentent dans

[1] Ce genre est évidemment artificiel. L'Aceras est un véritable Orchis,

la longueur du caudicule, la direction du nectaire, la forme et la position du stigmate, des différences légères et sans doute coordonnées, qui ne méritent pas d'être examinées en détail. Chez toutes, les pollinies, après leur enlèvement des loges de l'anthère, exécutent le curieux mouvement d'abaissement qui est si nécessaire pour les placer, sur la tête de l'insecte, exactement de manière à ce qu'elles viennent frapper la surface du stigmate dans une autre fleur. Chez l'Acéras, le caudicule est plus court que de coutume, le nectaire est réduit à deux petites dépressions arrondies, le stigmate est allongé dans le sens transversal, les deux disques visqueux sont tellement rapprochés dans le rostellum, que leurs bords empiètent l'un sur l'autre; ce fait est digne d'attention, car c'est un pas vers la soudure complète des disques, dont l'O. pyramidalis et l'O. hircina nous offrent l'exemple. Malgré cela, les insectes n'enlèvent parfois qu'une seule pollinie, mais ce fait est plus rare chez l'Acéras que chez les espèces précédentes.

Nous arrivons à l'*Orchis* ou *Anacamptis pyramidalis*, que plusieurs botanistes rangent dans un genre spécial; c'est, parmi les espèces que j'ai soumises à mon examen, une des mieux organisées. La position relative des organes (*fig.* 3) diffère ici considérable-

---

seulement son nectaire est très-court. Le docteur Weddel a décrit (*Annales des Sciences naturelles*, 3ᵉ série, Bot., t. XVIII, p. 6) de nombreux hybrides, produits naturellement entre cette espèce et l'*Orchis galeata*.

ment de ce qu'elle est chez l'O. mascula et les espèces voisines. Le stigmate se compose de deux surfaces arrondies et parfaitement distinctes (*s, s*, A) placées de chaque côté d'un rostellum en forme de poche. Ce dernier organe, au lieu de rester un peu au-dessus du nectaire, est tellement déjeté vers le bas (voy. B, coupe latérale de la fleur), qu'il s'avance au-dessus de lui et ferme en partie son orifice. Le vestibule qui conduit au nectaire, formé par la colonne unie aux bords du labellum, est moins vaste que chez l'O. mascula et les espèces voisines. Le rostellum, en forme de poche, est creusé d'un sillon vers le milieu de sa face inférieure; il est plein d'une matière fluide. Il n'y a qu'un seul disque visqueux (*fig.* C et E), de la forme d'une selle, portant, sur son côté presque plat, les deux caudicules des pollinies; les extrémités tronquées de ces caudicules adhèrent fortement à sa surface supérieure. Avant la rupture de la membrane du rostellum, le disque en forme de selle, on peut le voir sans peine, fait partie de la surface continue de cet organe. Les membranes qui forment la base des loges de l'anthère, se repliant largement au-dessus du disque, le couvrent en partie et lui conservent sa fraîcheur, ce qui est d'une grande importance. La membrane supérieure du disque se compose de plusieurs couches de petites cellules, et par conséquent son épaisseur est assez grande; elle est enduite en dessous d'une couche de matière très-adhésive, qui s'élabore dans le rostellum. Ce disque unique, en forme de selle, correspond exactement aux deux disques membraneux séparés, petits et ovales, auxquels sont fixés les caudicules chez l'O. mascula et les espèces voisines : ici, deux disques primitivement distincts se sont complétement soudés.

Quand la fleur s'ouvre et que le rostellum, soit spontanément, soit à la suite d'un contact (j'ignore lequel des deux est vrai) s'est rompu suivant des lignes symétriques, il suffit de le toucher aussi légèrement que possible, pour abaisser la lèvre, portion inférieure et bilobée de sa membrane extérieure qui s'avance dans l'orifice du nectaire. Lorsque la lèvre s'est abaissée, la surface inférieure et visqueuse du disque, bien que restant dans sa position première, est à découvert, et il est presque sûr qu'elle s'attachera à l'objet qu'elle touche. Un cheveu d'homme introduit dans le nectaire est assez roide pour abaisser la lèvre, et la surface visqueuse de la selle s'attache à lui. Néanmoins, si la lèvre est trop légèrement touchée, elle se redresse et recouvre de nouveau le bord inférieur de la selle.

Pour bien juger de la parfaite adaptation des parties, on peut couper l'extrémité du nectaire et insérer une soie de porc dans l'ouverture ainsi faite, c'est-à-dire dans une direction inverse de celle que la nature s'est proposé de faire suivre aux papillons, quand ils engagent leur trompe dans la fleur ; on peut ainsi

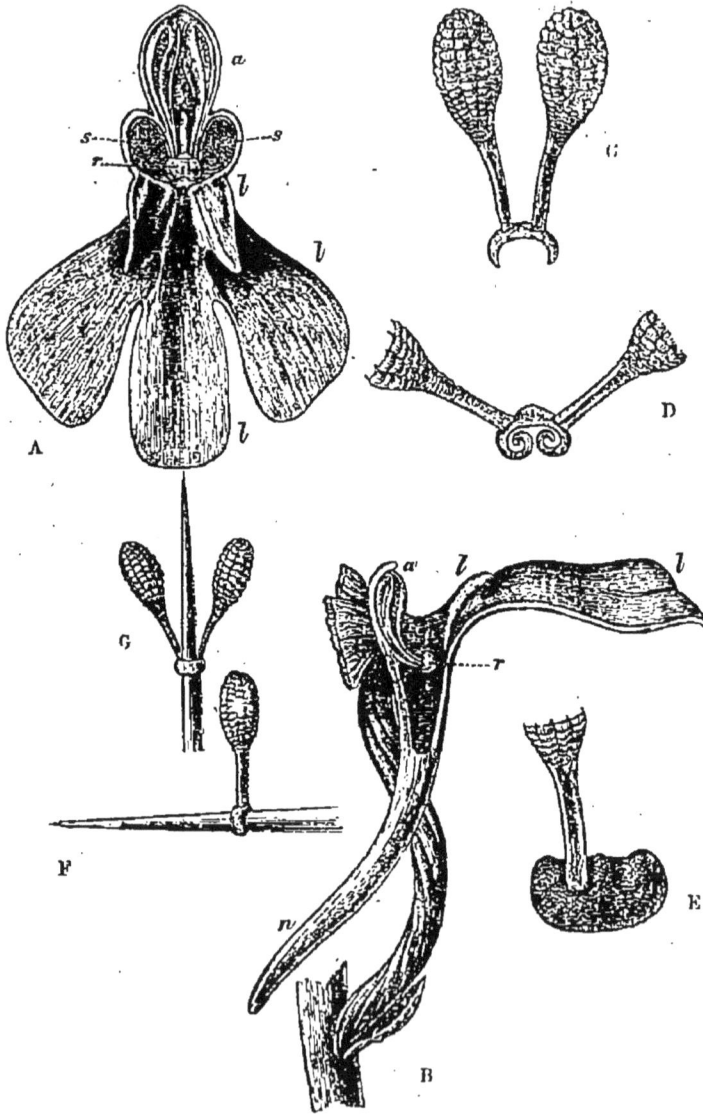

ORCHIS PYRAMIDALIS

Fig. 3.

ORCHIS PYRAMIDALIS.

a. ANTHÈRE.	*r*. ROSTELLUM.	*l'*. CRÊTE-GUIDE DU LABELLUM.
ss. STIGMATE.	*l*. LABELLUM.	*n*. NECTAIRE.

A. Fleur vue en face : les sépales et les pétales sont enlevés, sauf le labellum. — B. Fleur vue de côté : les sépales et pétales sont enlevés; le labellum est fendu en deux dans le sens de sa longueur ; l'une des parois de la partie supérieure du nectaire est coupée. — C. Les deux pollinies, attachées au disque visqueux en forme de selle. — D. Le disque ayant exécuté son premier mouvement sans saisir aucun objet. — E. Le disque vu d'en haut, aplati de force, avec une de ses pollinies enlevées; on voit l'abaissement qui résulte du second acte de contraction. — F. Pollinie retirée par une aiguille qu'on a introduite dans le nectaire, après que par son premier mouvement elle a embrassé l'aiguille. — G. La même pollinie, après le second mouvement d'abaissement et de contraction.

percer ou déchirer aisément le rostellum, sans jamais atteindre ou en atteignant rarement la selle. Aussitôt que la selle, s'attachant à la soie, est enlevée avec ses pollinies, la lèvre inférieure s'enroule rapidement de dehors en dedans, et laisse l'orifice du nectaire plus largement ouvert qu'il ne l'était d'abord. Cet acte est-il réellement utile aux petits papillons qui visitent si fréquemment ces fleurs, et par suite à la plante elle-même? Je ne prétends pas l'affirmer.

Enfin, le labellum est muni de deux crêtes proéminentes (*l'*, *fig.* A et B), inclinées en bas vers le centre et s'étalant au dehors comme l'ouverture d'un piège. Ces crêtes sont très-propres à diriger tout corps souple, un cheveu ou un crin par exemple, vers l'entrée étroite et arrondie du nectaire qui, bien que déjà peu spacieuse, est encore en partie fermée par le rostellum. Ces crêtes, entre lesquelles glissent les trompes des insectes, peuvent être comparées au petit instrument dont on se sert parfois pour guider un fil dans le mince trou d'une aiguille.

Voyons maintenant comment agissent ces organes. Qu'un papillon engage sa trompe (et nous allons voir de suite combien fréquemment les lépidoptères visitent ses fleurs) entre les deux crêtes-guides du labellum, ou qu'on insère dans ce passage une soie très-fine, l'objet sera sûrement conduit à l'étroite entrée du nectaire, et ne pourra guère manquer d'abais-

ser la lèvre du rostellum ; cela fait, la soie entre
en contact avec la surface inférieure du disque en
forme de selle qui est suspendu à l'entrée du nectaire, surface gluante et qui vient d'être mise à nu.
Si on retire la soie, on retire avec elle la selle et les
pollinies qui lui sont attachées. Presque instantanément, dès que la selle est exposée à l'air, il se produit un mouvement rapide ; les deux ailes du disque
se recourbent en dedans et embrassent la soie. En
enlevant les pollinies par leurs caudicules à l'aide
d'une paire de pinces, de telle sorte que la selle n'ait
rien à embrasser, j'ai vu ses deux bouts se recourber
assez en dedans pour venir se toucher l'un l'autre,
suivant mes observations, en neuf secondes (voy. la
fig. D), et après neuf autres secondes, le mouvement
continuant, la selle prit l'apparence d'une balle com-
pacte. J'ai examiné les trompes de plusieurs papillons,
auxquelles étaient attachées des pollinies de cet Orchis ; elles étaient si menues que les bouts de la selle
se rencontraient juste sous elles. Un naturaliste qui
m'envoya un papillon avec quelques pollinies attachées à sa trompe, et qui ignorait ce mouvement, fut
très-naturellement amené à cette conclusion surprenante, que l'insecte avait été assez adroit pour percer
le centre même de la glande visqueuse de quelque
Orchidée.

Sans doute, par cet enlacement rapide, le disque
s'affermit sur la trompe et maintient les pollinies

dressées, ce qui est très-important ; toutefois le durcissement si prompt de la matière visqueuse suffirait
probablement pour atteindre ce but, et l'avantage
réel ainsi obtenu est la divergence des pollinies. Les
pollinies, attachées au sommet ou côté plat de la
selle, sont d'abord dirigées directement en haut et
presque parallèles l'une à l'autre ; mais dès que ce
côté plat s'enroule autour de la trompe fine et cylindrique de l'insecte ou autour d'une soie de porc, les
pollinies divergent forcément. Aussitôt que la selle a
embrassé la soie et que les pollinies divergent, commence un second mouvement : comme le premier, il
est exclusivement dû à la contraction du disque membraneux qui a la figure d'une selle, et sera plus complétement décrit dans le septième chapitre. Ce mouvement est celui que nous avons constaté chez l'O.
mascula et les espèces voisines; les deux pollinies divergentes, qui d'abord étaient perpendiculaires à l'aiguille ou à la soie (voy. *fig.* F), décrivent un arc d'environ 90° en s'abaissant vers le bout de l'aiguille
(voy. *fig.* G), et viennent finalement s'abattre dans la
même direction qu'elle. Trois fois j'ai vu ce mouvement s'effectuer trente ou trente-quatre secondes
après que les pollinies avaient été enlevées des
loges de l'anthère, et par conséquent quinze secondes après l'enlacement du disque autour de la
soie.

L'utilité de ce double mouvement devient évidente

si l'on fait glisser une soie portant des pollinies qui ont divergé et se sont abaissées, entre les crêtes-guides du labellum, jusque dans le nectaire de la même ou d'une autre fleur (comparez les *fig.* A et G); on voit alors que les extrémités des pollinies ont pris exactement une position telle que l'une vient frapper un des stigmates, et qu'au même instant l'autre s'applique sur celui du côté opposé. Les stigmates sont assez visqueux pour briser les fils élastiques qui relient les paquets de pollen, et on peut voir, même à l'œil nu, quelques grains d'un vert sombre retenus sur leurs surfaces blanches. J'ai montré cette petite expérience à plusieurs personnes, et toutes ont exprimé la plus vive admiration pour la manière merveilleuse dont se fertilise cette Orchidée.

Comme il n'est aucune autre plante, peut-être même aucun animal, chez qui les organes soient mieux adaptés les uns aux autres, et qui dans son ensemble soit plus en harmonie avec d'autres êtres organisés très-éloignés dans l'échelle de la nature, il serait juste que je résume en quelques mots les principaux traits de cette harmonie. Les fleurs recevant tour à tour la visite des lépidoptères diurnes et celle des nocturnes, ce n'est point, je pense, un caprice de l'imagination de croire que leur brillante livrée pourpre (qu'elle leur soit ou non donnée spécialement dans ce but) attire ceux qui volent le jour, et que la forte odeur de renard qu'elles exhalent fait accourir les nocturnes. Le sépale et les deux pétales supérieurs forment un capuchon qui protége l'anthère et les surfaces des stigmates contre le mauvais temps. Du labellum naît un long nectaire chargé d'attirer les papillons, et, comme des raisons que nous allons bientôt donner tendent à le prouver, le nectar est logé de telle manière qu'il ne peut être aspiré qu'avec lenteur (ce qui est tout différent dans plusieurs fleurs appartenant à d'autres tribus), afin que la matière visqueuse formant la partie inférieure de la selle ait le temps de devenir, grâce à sa curieuse propriété chimique, dure, sèche et adhérente. Il suffit d'introduire une soie de porc fine et flexible dans l'orifice ouvert entre les crêtes inclinées du labellum, pour se convaincre qu'elles guident la soie ou la trompe et l'empêchent effectivement de descendre obliquement dans le nectaire. Cette disposition est d'une importance évidente; car, si la trompe entrait obliquement, le disque en forme de selle s'attacherait obliquement à elle, et, après les mouvements combinés des pollinies, celles-ci ne s'appliqueraient pas exactement sur les deux surfaces latérales du stigmate.

Voyons maintenant le rostellum qui ferme en partie l'entrée du nectaire, semblable à un piége placé sur le passage de l'oiseau ; piége si compliqué, si parfait, se rompant suivant des lignes symétriques pour former en haut le disque en forme de selle, en bas la lèvre de la poche; enfin cette lèvre si facile à abaisser, que la trompe d'un papillon peut à peine manquer de découvrir le disque visqueux et de s'attacher à lui ; si cependant elle ne le découvre pas, la lèvre, qui est élastique, se redresse, couvre de nouveau et conserve fraîche la surface gluante du disque. Voyons la matière visqueuse qui est dans le rostellum, n'adhérant qu'à la selle et entourée de fluide, afin qu'elle ne durcisse pas avant l'enlèvement du disque ; puis la face supérieure de la selle avec les caudicules qui lui sont attachés, également préservée de la dessiccation par la base des loges de l'anthère, jusqu'à ce qu'étant enlevée, elle commence aussitôt son curieux mouvement d'enlacement et fasse ainsi diverger les pollinies ; vient ensuite le second mouvement qui les abaisse, et ces mouvement combinés ont exactement pour résultat de permettre que les bouts des pollinies viennent frapper les deux surfaces du stigmate. Ces surfaces ne sont pas assez visqueuses pour tirer à elles, en l'arrachant à la trompe de l'insecte, une pollinie tout entière, mais elles le sont assez pour rompre les fils élastiques et s'emparer de quelques paquets de pollen, en en laissant un grand nombre pour d'autres fleurs.

Il faut observer que, bien que l'insecte mette probablement un temps considérable à aspirer le nectar de chaque fleur, cependant le mouvement abaisseur des pollinies ne commence pas (je le sais par une expérience) avant qu'elles ne soient tout à fait enlevées de leurs loges ; ce mouvement ne sera pas achevé, et les pollinies ne seront pas prêtes à couvrir les surfaces du stigmate, avant qu'une demi-minute ne se soit écoulée ; ce qui donnera largement au papillon le temps de voler sur une autre plante, afin que l'union ait lieu entre deux individus distincts. Signalons enfin la merveilleuse production des tubes polliniques, leur marche à travers le tissu du stigmate et les mystères de la germination, phénomènes communs d'ailleurs à toutes les plantes phanérogames [1].

L'*Orchis ustulata*[2], semblable à plusieurs égards à l'Orchis pyramidalis, en diffère sous d'autres points de vue. Son labellum est creusé d'un profond canal ; ce canal, tenant lieu des crêtes-guides de l'O. pyramidalis, conduit au petit et triangulaire orifice d'un court nectaire. Au-dessus de l'angle supérieur du triangle s'avance le rostellum, dont la poche est un peu aiguë en dessous. Par suite de cette position du

[1] [Récemment, le professeur Treviranus a confirmé (*Botanische Zeitung*, 1863, p. 241) mes observations sur l'*Orchis* ou *Anacamptis pyramidalis*, et ne diffère de moi que sur un ou deux points secondaires. En Angleterre, d'autres observateurs ont confirmé mes observations sur cette remarquable espèce.] C. D., mai 1869.

[2] Je suis très-obligé envers M. G. Chichester Oxenden, de Broome Park, qui m'a fourni des échantillons frais de cet Orchis, et avec une obligeance inépuisable, de nombreux échantillons de plantes vivantes et des indications concernant plusieurs de nos plus rares Orchidées.

rostellum tout auprès de l'entrée du nectaire, il y a nécessairement deux stigmates latéraux ; mais on peut remarquer ici une intéressante gradation : le stigmate
unique, médian, à peine lobé, de l'O. maculata, devient
bilobé chez l'O. mascula et franchement double chez
l'O. pyramidalis ; mais il passe de l'une à l'autre de ces
deux dernières formes, à l'aide d'une forme intermédiaire : en effet, chez l'O. ustulata, immédiatement au-dessous du rostellum, se trouve une crête
étroite qui relie les deux stigmates latéraux ; elle est
formée d'utricules ou de tissu stigmatique, exactement comme eux, et présente ainsi elle-même les caractères d'un vrai stigmate. Les disques visqueux sont
un peu allongés. Les pollinies exécutent le mouvement ordinaire d'abaissement, et en prenant cette
position, afin d'être prêtes à frapper les deux stigmates
latéraux, s'écartent un peu l'une de l'autre.

Je viens de décrire, telle que je l'ai vue sur des
plantes fraîches, la structure de plusieurs espèces
anglaises du genre Orchis. Toutes ces espèces exigent
absolument pour fructifier le concours des insectes.
On le comprend, car les pollinies sont tellement enfouies dans les loges de l'anthère, et le disque avec
sa balle de matière visqueuse l'est tellement dans la
poche du rostellum, qu'un coup ne saurait les faire
tomber. Nous avons vu aussi les procédés très-variés
par lesquels, après quelques instants, les pollinies
prennent la position convenable pour frapper la sur-

face du stigmate, et cette étude montre qu'elles sont habituellement transportées d'une fleur à une autre. Mais, pour m'assurer de la nécessité de l'intervention des insectes, j'ai mis un pied d'Orchis morio sous une cloche, avant qu'aucune de ses pollinies n'ait été enlevée, laissant à découvert trois pieds voisins de la même espèce. Chaque matin j'examinai ces derniers et constatai l'enlèvement de quelques pollinies. A la fin, toutes furent enlevées, sauf celles d'une fleur située au bas d'un épi et d'une ou deux fleurs au sommet de chaque épi, qui ne le furent jamais. Je regardai alors la plante très-bien portante que j'avais couverte d'une cloche, et, comme de juste, toutes ses pollinies étaient dans leurs loges. En répétant cette expérience sur des pieds d'O. mascula, j'obtins exactement le même résultat. Ceci montre que les épis placés sous la cloche, lorsqu'ensuite ils furent découverts, n'avaient pas perdu leurs pollinies et par conséquent ne produisirent pas de fruits, tandis que les pieds voisins donnèrent beaucoup de graines ; de ce fait, je conclus aussi qu'il existe sans doute un temps favorable à la fertilisation pour chaque espèce d'Orchis ; les insectes mettent fin à leurs visites dès que ce temps est passé et que la sécrétion régulière du nectar n'a plus lieu.

Depuis vingt ans j'observe les Orchidées, et je n'ai jamais pu voir un insecte visiter une fleur, excepté deux papillons qui aspiraient le nectar d'un Orchis

pyramidalis et d'un Gymnadenia conopsea. Je suis sûr
que les abeilles visitent quelquefois les Orchidées[1],
car le professeur Westwood m'en a envoyé deux,
l'une de ruche et l'autre sauvage, chargées de pollinies ; en outre, M. F. Bond m'apprend qu'il a vu des
pollinies attachées à des abeilles d'une autre espèce ;
cependant, je tiens presque pour certain que les Orchis communs en Angleterre reçoivent rarement la
visite des abeilles[2]. D'autre part, j'ai rencontré dans

[1] M. Ménière (Bull. Soc. bot. de France, t. I, 1854, p. 370) dit avoir
vu, dans la collection du docteur Guépin, des abeilles prises à Saumur,
ayant des pollinies d'Orchidées attachées à leur tête ; il raconte qu'une
personne, qui élevait des abeilles près du jardin de la Faculté de Tou-
louse, se plaignit de ce qu'elles revenaient du jardin avec la tête couverte de petits corps jaunes, dont elles ne pouvaient pas se débarrasser. Ceci montre combien les pollinies sont fortement attachées.
J'ignore si dans ce cas les pollinies appartenaient au genre Orchis ou à
d'autres genres de la famille, que je sais être visités par les abeilles.

[2] [Après de nouvelles recherches, je reconnais que c'est là une erreur.
On peut, je crois, sûrement admettre que les Orchidées à très-longs
nectaires, telles que l'Orchis (Anacamptis) pyramidalis, les Gymnadenia
et les Platanthera, sont habituellement fertilisées par des lépidoptères,
et que celles dont les nectaires ont une dimension plus ordinaire, sont
fécondées par des abeilles et des diptères ; de sorte qu'il y a un rapport
entre la largeur du nectaire et celle de la trompe de l'insecte qui fertilise
la plante. J'ai vu maintenant l'Orchis morio fertilisé par diverses espèces
d'abeilles, notamment par l'abeille domestique (Apis mellifica) que j'ai
vue parfois porter de dix à seize masses polliniques, par le Bombus
muscorum (il avait plusieurs masses polliniques attachées à la surface
nue qui est immédiatement au-dessus de ses mandibules), par l'Eucera
longicornis (onze masses polliniques étaient fixées à sa tête) et par
l'Osmia rufa. Ces abeilles et d'autres hyménoptères, mentionnés dans cet
ouvrage, m'ont été nommés par notre plus haute autorité en cette matière. M. Fred. Smith, du Muséum britannique. — Les diptères ont été
déterminés par M. Walker, du même établissement. Dans l'Allemagne
septentrionale, le docteur H. Müller, de Lippstadt, a trouvé des masses

des ouvrages d'entomologie quelques exemples de pollinies qu'on avait vu attachées à des papillons de nuit.M. F. Bond a eu la bonté de m'envoyer un grand nombre de ces insectes dans cette condition, en me permettant d'enlever les pollinies, au risque d'abîmer les échantillons ; c'était chose tout à fait nécessaire pour déterminer les espèces auxquelles appartenaient les pollinies. Chose singulière, toutes ces pollinies (à l'exception d'un petit nombre d'entre elles qui appartenaient aux Orchidées du genre Habenaria, dont je vais bientôt parler) étaient celles de l'O. pyramidalis. Voici les noms de vingt-quatre lépi-

polliniques d'Orchis morio portées par des *Bombus silvarum*, *lapidarius*, *confusus et pratorum*. Le même et excellent observateur a trouvé des pollinies d'*Orchis latifolia* attachées à un *Bombus* ; mais cet Orchis est aussi fréquenté par des diptères. Un de mes amis a examiné l'Orchis mascula, et vu plusieurs fleurs visitées par un *Bombus*, sans doute le *Bombus muscorum*. Mais je suis surpris de ce qu'on ait si rarement vu des insectes visiter une espèce aussi commune. Mon fils, M. Georges Darwin, qui s'occupe d'entomologie, a clairement expliqué le mode de fertilisation de l'*Orchis maculata*. Il a vu plusieurs fois une mouche (*Empis livida*) insérer sa trompe dans le nectaire, et plus tard j'ai pu moi-même le constater. Il a recueilli six mouches de cette espèce, qui portaient des pollinies attachées à leurs yeux sphériques, au niveau de la base des antennes. Ces pollinies avaient exécuté le mouvement d'abaissement, et se dirigeaient parallèlement à la trompe, un peu au-dessus d'elle ; elles étaient par conséquent dans une position excellente pour atteindre le stigmate. Une des mouches portait six pollinies ainsi attachées, et une autre en portait trois. Mon fils vit aussi une mouche plus petite et d'une autre espèce (*Empis pennipes*) insérer sa trompe dans le nectaire ; mais elle ne parut pas agir aussi bien et aussi régulièrement que la première ; une mouche de cette seconde espèce avait cinq pollinies, et une autre en avait trois ; elles étaient fixées à la face dorsale convexe de leur thorax.] C. D., mai 1869.

doptères d'espèces différentes, qui portaient attachées à leur trompe les pollinies de cet Orchis :

PIERIS BRASSICÆ.	LEUCANIA LITHARGYRIA	EUCLIDIA GLYPHICA.
POLYOMMATUS ALEXIS.	(deux specimens).	XYLOPHASIA SUBLUSTRIS
LYCŒNA PHLŒAS.	CARADRINA BLANDA	(deux spécimens).
ARGE GALATEA.		HADENA DENTINA.
HESPERIA SYLVANUS.	CARADRINA ALSINES.	TOXOCAMPA PASTINUM.
HESPERIA LINEA.	AGROTIS CATALEUCA.	MELANIPPE RIVARIA.
STRICHTHUS ALVEOLUS.	EUBOLIA MENSURARIA	SPILODES PALEALIS.
ANTHROCERA FILIPENDULÆ.	(deux spécimens).	SPILODES CINCTALIS.
ANTHROCERA TRIFOLII[1].	HELIOTHIS MARGINATA	ACONTIA LUCTUOSA.
LITHOSIA COMPLANA.	(deux spécimens).	

La grande majorité de ces papillons portaient deux ou trois paires de pollinies, invariablement attachées à leur trompe. L'Acontia en avait sept paires et le Caradrina pas moins de onze! Les trompes de ces deux papillons avaient un aspect étrange, arborescent (*fig.* 4). Les disques en forme de selle adhé- raient à la trompe, rangés l'un devant l'autre, avec une symétrie parfaite (comme cela

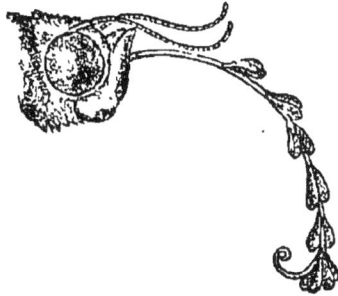

Fig. 4.

Tête et trompe d'un Acontia luc- tuosa, avec sept paires de pol- linies d'Orchis pyramidalis at- tachées à la trompe.

devait nécessairement être, par suite de la direction que les crêtes-guides du labellum avaient imprimée à la trompe), et chaque selle portait sa paire de pollinies.

[1] Je dois à M. Parfitt l'examen d'un papillon de cette espèce ; le fait est mentionné dans the *Entomologist's weekly Intelligencer*, vol. II, p. 182, et vol. III, p. 3, 3 octobre 1857. Les pollinies furent prises par erreur pour celles d'un *Ophrys apifera*. Le pollen, naturellement jaune, était de- venu vert; mais ayant été lavé, puis desséché, il reprit sa couleur normale.

L'infortuné Caradrina, avec sa trompe ainsi encombrée, aurait eu de la peine à atteindre l'extrémité d'un nectaire et serait bientôt mort de faim. Ces deux papillons doivent avoir visité beaucoup plus des sept ou onze fleurs dont ils portaient les dépouilles, car les pollinies les plus anciennement attachées avaient perdu beaucoup de pollen, montrant ainsi qu'elles avaient déjà payé leur tribut à plus d'un visqueux stigmate.

Cette liste montre aussi combien d'espèces de lépidoptères visitent une seule espèce d'Orchis. L'Hadena fréquente aussi les Habenarias. Toutes les Orchidées munies de nectaires en forme d'éperon sont sans doute visitées indifféremment par plusieurs espèces de papillons nocturnes. Deux fois j'ai vu le Gymnadenia conopsea, transplanté à plusieurs milles du lieu où il vivait, avoir presque toutes ses pollinies enlevées. M. Marshall, d'Ely[1], a fait la même remarque sur des pieds transplantés d'Orchis maculata. Bien que je ne puisse pas l'affirmer, je soupçonne que les Nœottiées et les Malaxidées, qui n'ont pas de nectaires en forme de tube, sont fréquentées par des insectes d'un autre ordre. Le Listera est généralement fertilisé par de petits hyménoptères, le Spiranthes par des abeilles sauvages. Suivant M. Marshall, pas une seule

---

[1] *Gardener's Chronicle*, 1861, p. 75. La note de M. Marshall est une réponse à quelques remarques que j'avais déjà publiées dans *Gardener's Chronicle*, 1860, p. 528.

pollinie ne fut enlevée sur quinze pieds d'Ophrys muscifera transplantés à Ely; un Epipactis latifolia planté dans mon jardin, n'eut pas un meilleur sort pendant un premier été ; mais l'été suivant, six fleurs sur dix eurent leurs pollinies enlevées par quelque insecte. Ces faits paraissent indiquer que certaines Orchidées exigent, pour les fertiliser, des espèces déterminées d'insectes. Cependant, un Malaxis palu-dosa, transporté dans un marais distant de deux milles de celui où il croissait, eut immédiatement la plupart de ses pollinies enlevées.   .

Le tableau suivant montre que, dans un grand nom-bre de cas, les papillons accomplissent avec succès leur œuvre de fertilisation ; mais il ne dit pas d'une manière exacte dans combien de cas ils réussissent. En effet, j'ai souvent trouvé presque toutes les pol-linies enlevées, mais, en général, mes observations précises n'ont porté que sur des cas exceptionnels, comme on peut en juger par les remarques jointes à cette liste. De plus, dans plusieurs cas, les pollinies non enlevées appartenaient aux fleurs les plus hautes, au-dessous des boutons ; plusieurs d'entre elles ont sans doute été enlevées plus tard. Plus d'une fois j'ai trouvé les stigmates couverts de pollen dans des fleurs qui n'avaient pas encore perdu leurs pollinies : elles avaient donc reçu la visite des insectes. Dans beaucoup d'autres fleurs les pollinies avaient été prises, mais aucun pollen n'était encore déposé sur les stigmates.

Le second lot d'Orchis morio, dont il est question dans le tableau, montre quelle nuisible influence eut le temps extrêmement froid et humide de 1860 sur le nombre des visites des insectes, et par suite sur la fertilité de cette Orchidée. Il ne se produisit cette année qu'un très-petit nombre de graines.

J'ai examiné des épis d'Orchis pyramidalis dans lesquels chaque fleur épanouie avait ses pollinies enlevées. Les quarante-neuf fleurs inférieures d'un épi que m'envoya de Folkestone sir Charles Lyell, produisirent quarante-huit belles capsules ; et des soixante-neuf fleurs inférieures de trois autres épis, sept seulement n'en produisirent pas. Ces faits montrent d'une manière concluante avec quel succès les insectes s'acquittent de leur rôle d'intermédiaires matrimoniaux.

Le troisième lot d'Orchis pyramidalis croissait sur un coteau escarpé, herbeux, s'avançant au-dessus de la mer, près de Torquay ; il n'y avait là nul buisson, nul abri pour l'insecte. Surpris du petit nombre des pollinies qui avaient été enlevées, bien que les épis fussent vieux et que plusieurs des fleurs inférieures fussent déjà flétries, je cueillis, pour les comparer aux premiers, six autres épis, dans deux vallons buissonneux et bien abrités, situés à un demi-mille de chaque côté du coteau découvert; ces épis étaient certainement plus jeunes et auraient probablement eu dans la suite plusieurs autres pollinies enlevées, mais on voit combien, même alors, ils avaient été plus

		Fleurs ayant une ou deux pollinies enlevées. (A l'exclusion des fleurs récem ouv.)	Fleurs n'ayant qu'une seule pollinie enlevée. (Ces fleurs s'nt compris. dans la colon. de gauche.)	Fleurs n'ayant pas perdu de pollinies.
ORCHIS MORIO....	Trois petites plantes, du nord du comté de Kent......	22	2	6
—	Trente-huit plantes, N. Kent. Ces plantes ont été examinées après environ quatre semaines d'un temps extrêmement froid et pluvieux, en 1860; par conséquent, dans les circonstances les plus défavorables...........	110	23	193
ORCHIS PYRAMIDALIS .	Deux plantes. N. Kent et Devonshire...........	39	»	8
— ..	Six plantes cueillies dans deux vallées abritées. Devonshire..	102	»	66
— ...	Six plantes cueillies sur un coteau très-découvert. Devonshire.	57	»	166
ORCHIS MACULATA...	Une plante. Staffordshire. Parmi les douze fleurs dont les pollinies n'étaient pas enlevées, la plupart étaient près des boutons et ouvertes depuis peu............	32	6	12
— ...	Une plante. Comté de Surrey..............	21	5	7
— ...	Deux plantes. N. et S. Kent..............	28	17	50
ORCHIS LATIFOLIA...	Neuf plantes, qui me furent envoyées du Sud de Kent, par le Rev. B.-S. Malden. Les fleurs étaient toutes à une période avancée.	50	27	119
ORCHIS FUSCA....	Deux plantes, S. Kent. Fleurs tout à fait avancées, et même déjà flétries................	8	5	54
ACERAS ANTHROPOPHORA.	Quatre plantes, S. Kent..............	63	6	34

fréquemment visités par les papillons, et par conséquent fertilisés, que ceux qui habitaient le rivage
découvert. L'Ophrys abeille et l'Orchis pyramidal
croissent, mêlés ensemble, sur plusieurs points de
l'Angleterre ; il en était ainsi sur ce coteau, mais
l'Ophrys abeille, au lieu d'être, comme de coutume,
le plus rare des deux, était beaucoup plus abondant
que l'Orchis pyramidal. Qui aurait soupçonné qu'une
des principales causes de cette différence était probablement l'exposition de ce lieu peu agréable aux papillons et, par suite, peu favorable à la fertilisation
de l'Orchis pyramidal, mais n'influant en rien sur
celle de l'Ophrys abeille qui, comme nous le verrons
plus loin, ne dépend pas des insectes ?

J'ai examiné plusieurs épis d'Orchis latifolia, et
connaissant bien l'état habituel de l'Orchis maculata,
espèce très-voisine, je fus surpris de voir, dans neuf
épis presque fanés, combien peu de pollinies avaient
été enlevées. Une fois cependant, j'ai trouvé l'Orchis
maculata encore plus mal fertilisé ; sept épis portant
trois cent quinze fleurs n'avaient produit que quarante-neuf capsules, ce qui fait en moyenne sept capsules pour chacun d'eux ; les plantes, formant de
vastes groupes, étaient rassemblées en plus grand
nombre que je ne l'avais encore vu, et j'imagine que les
papillons avaient trop de fleurs à sucer et à fertiliser.
Sur d'autres plantes, croissant à peu de distance de cet
endroit, j'ai trouvé plus de trente capsules par épi.

L'Orchis fusca présente un exemple plus curieux de fertilisation imparfaite. J'ai examiné dix beaux épis provenant de deux localités du sud de Kent, que m'avaient envoyés M. Oxenden et M. Malden. La plupart de leurs fleurs commençaient à se flétrir, et le pollen était moisi, même dans les plus hautes ; de là nous pouvons sûrement conclure qu'aucune pollinie n'aurait plus été enlevée. Je n'ai pu examiner en entier que deux épis, à cause de l'état trop avancé des fleurs, et le résultat qu'on peut voir sur le tableau ci-dessous, fut : cinquante-quatre fleurs avec leurs deux pollinies en place, et huit seulement avec une ou deux pollinies enlevées. Nous voyons dans cet Orchis et dans l'Orchis latifolia, qui n'avaient été ni l'un ni l'autre suffisamment visités, que les fleurs ayant encore une pollinie étaient plus nombreuses que celles qui les avaient perdues toutes deux. Parmi les fleurs appartenant aux autres épis d'Orchis fusca, j'en ai examiné plusieurs; le nombre des pollinies enlevées n'y était évidemment pas plus grand que dans les deux épis dont le tableau fait mention. Les dix épis réunis avaient eu trois cent cinquante-huit fleurs, mais conformément au petit nombre des pollinies enlevées, il ne s'était développé que onze capsules, et cinq épis sur dix n'en portaient pas une seule ; deux autres n'en avaient qu'une, et sur un seul le nombre s'élevait à quatre. Pour donner une preuve de ce que, comme je l'ai déjà dit, on trouve souvent imprégnés de pollen les stigmates des fleurs dont les propres pollinies sont encore en place, j'ajouterai que parmi les onze fleurs qui avaient produit des capsules, cinq avaient encore leurs deux pollinies enfouies dans les loges de leur anthère.

Ces faits font naturellement naître un soupçon : si l'O. fusca est si rare dans la Grande-Bretagne, n'est-ce point parce qu'il n'attire pas assez puissamment nos insectes, et par suite, ne donne pas assez de graines? C. K. Sprengel[1] a remarqué qu'en Allemagne l'O. militaris (considéré par Bentham comme une variété de l'O. fusca) n'est aussi, bien qu'à un moindre degré, qu'imparfaitement fertilisé; il a vu, en effet, cinq vieux épis, portant cent trente-huit fleurs, ne produire que trente et une capsules, et il compare cette espèce au Gymnademia conopsea, dont presque toutes les fleurs sont fertiles.

Il me reste à traiter un sujet curieux, voisin du précédent. L'existence d'un nectaire en forme d'éperon, bien développé, semble impliquer la sécrétion du nectar. Et pourtant Sprengel, très-consciencieux observateur, après de minutieuses recherches faites sur des fleurs d'O latifolia et d'O. morio, n'a pu découvrir une seule goutte de nectar ; Krünitz[2] n'en a pas trouvé non plus, ni sur le labellum, ni dans le nec-

---

[1] *Das Entdeckte Geheimniss*, etc., s. 404.

[2] Cité par J. G. Kurr dans son *Untersuchungen über die Bedeutung der Nektarien,* 1833, s. 28. Voy. aussi *das Entdeckte Geheimniss*, s. 403.

taire des O. morio, fusca, militaris, maculata et latifolia. Pour moi, j'ai étudié les espèces déjà citées
dans cet ouvrage, et je n'ai pu y trouver aucune trace
de nectar. J'ai examiné, entre autres, onze fleurs d'O.
maculata, provenant de différentes plantes et de différents districts, et prises sur chaque épi dans les
conditions les plus favorables, sans jamais voir même
au microscope le plus petit atome de nectar. Sprengel appelle ces fleurs *Scheinsaftblumen*, ou fleurs à
faux nectar; il suppose, car il savait bien que la fécondation ne peut avoir lieu sans les visites des insectes, que ces plantes doivent leur existence à un
système suivi de tromperies. On ne peut pas croire à
une aussi monstrueuse imposture, si l'on pense au
nombre incalculable d'Orchidées qui ont dû vivre pendant d'immenses périodes d'années, et à l'intervention indispensable d'un insecte dans la naissance de
chacune d'elles; si l'on pense aux dispositions spéciales d'où l'on doit conclure qu'un insecte, après
avoir visité une fleur qui l'aurait trompé, va presque
aussitôt s'abattre sur une seconde fleur pour que
l'imprégnation du stigmate ait lieu; et le grand nombre des pollinies attachées aux trompes des papillons
qui ont visité l'O. pyramidal nous donne de ce fait
la preuve la plus décisive. Celui qui ajouterait
foi à une telle doctrine abaisserait bien bas les
facultés instinctives de plusieurs espèces de papillons.

Pour mettre à l'épreuve leur instinct, j'ai fait

la petite expérience suivante, que j'aurais dû insti-
tuer sur une plus large échelle. J'enlevai dans un
épi d'O. pyramidalis quelques fleurs déjà ouvertes,
puis je coupai vers la moitié de leur longueur les nectaires de six fleurs voisines qui n'étaient pas encore
écloses. Lorsque toutes les fleurs furent presque flétries, je vis que sur quinze fleurs supérieures dont le
nectaire était intact, treize avaient perdu leurs pollinies ; deux seulement les avaient encore dans les
loges de leur anthère. Des six fleurs dont j'avais mu-
tilé les nectaires, trois avaient leurs pollinies enlevées
et trois les avaient encore en place. Ce résultat semble indiquer que les papillons n'agissent pas sans quel
que intelligence.

On peut dire que la nature a tenté, mais incomplétement, la même expérience. En effet, M. Bentham[1]
a montré que l'O. pyramidalis produit parfois des
fleurs monstrueuses, dont le nectaire est tantôt nul,
tantôt court et imparfait. Sir Charles Lyell m'a envoyé
de Folkestone quelques épis qui comptaient plusieurs
fleurs dans cet état : j'en ai vu six qui n'avaient pas
le moindre vestige de nectaire, et leurs pollinies
n'étaient pas enlevées. Sur environ douze autres fleurs
ayant, soit un nectaire atrophié, soit un labellum
anormal dont les crêtes-guides, tantôt faisaient défaut, tantôt étaient développées outre mesure et pre-

[1] *Handbook of the British Flora*, 1858, p. 501.

naient un aspect foliacé, une seule avait ses pollinies enlevées et l'ovaire d'une autre commençait à se gonfler. J'ai remarqué que, dans les six premières fleurs et dans ces douze autres, les disques en forme de selle étaient dans un état parfait et enlaçaient promptement une aiguille, lorsque celle-ci était convenablement insérée. Les papillons avaient dépouillé de leurs pollinies et très-bien fertilisé les fleurs normales que contenaient ces mêmes épis; tandis qu'ils avaient négligé de visiter leurs voisines monstrueuses, ou, s'ils les avaient visitées, le dérangement survenu dans les rouages si compliqués de la fleur avait mis obstacle à l'enlèvement des pollinies et empêché la fécondation.

Ces quelques observations me portèrent de plus en plus à croire que nos Orchidées communes sécrètent du nectar, et je résolus d'examiner rigoureusement l'O. morio. Dès que plusieurs fleurs furent ouvertes, je me mis à les passer en revue pendant vingt-trois jours consécutifs : je les regardai après un brûlant soleil, après la pluie, à toute heure; je mis les épis dans l'eau et je fis sur eux de nouvelles enquêtes à minuit, et le matin suivant, de bonne heure; j'irritai les nectaires avec un crin, je les soumis à l'action de vapeurs irritantes; je pris des fleurs dont les pollinies venaient tout récemment d'être enlevées par les insectes, ce dont j'eus une fois une preuve particulière en trouvant au fond du nectaire quelques grains d'un pollen étranger[1]; enfin j'observai des fleurs qui, par leur position dans l'épi, semblaient destinées à perdre bientôt leurs pollinies ; mais je ne vis jamais qu'un nectaire tout à fait sec.

Ayant remarqué que, chez d'autres fleurs, la sécrétion du nectar commence et s'arrête en très-peu de temps, je pensai que chez les Orchis elle se fait peut-être au premier point du jour. En conséquence, comme l'O. pyramidalis est visité (on peut en juger par la liste placée plus haut) par des papillons et quelques autres lépidoptères diurnes (telles que l'Anthrocera et l'Acontia), j'examinai avec soin son nectaire, choisissant, comme je viens de le dire, des plantes provenant de différentes localités et les fleurs les plus convenables ; mais les points luisants de l'intérieur du nectaire n'étaient pas humectés de la moindre gouttelette. De là nous pouvons sûrement conclure que jamais, ni dans mon pays, ni en Allemagne, les nectaires des Orchidées citées plus haut ne contiennent de nectar.

En examinant les nectaires des O. morio et maculata, et surtout de l'O. pyramidalis, je fus surpris de voir combien les membranes intérieure et extérieure du tube ou éperon sont séparées l'une de l'autre ; de

---

[1] En mouillant et en séparant les deux lames de la trompe d'un papillon, qui portait des pollinies d'Habenaria attachées à sa tête, j'ai trouvé dans l'eau un nombre surprenant de grains de pollen, qui appartenaient à une autre plante.

même, la structure délicate de la membrane intérieure que l'on peut très-aisément percer, et enfin la
grande quantité de fluide contenu entre ces deux
membranes, m'étonnèrent. Ce fluide est tellement
abondant, qu'ayant d'abord simplement coupé les extrémités des nectaires d'un O. pyramidalis, comme je
les pressais faiblement sur la plaque de verre d'un
microscope, de larges gouttes de fluide exsudèrent
des extrémités que je venais de couper, et j'en conclus que les éperons contenaient certainement du
nectar. Mais lorsque je faisais avec soin, sans exercer
aucune pression, une fente le long de la surface supérieure, en regardant dans le tube, je trouvais la
surface intérieure parfaitement sèche.

J'examinai alors les nectaires du Gymnadenia conopsea (plante dont quelques botanistes font un véritable Orchis) et de l'Habenaria bifolia, qui sont toujours au tiers ou aux deux tiers pleins de nectar. La
membrane intérieure avait la même structure que
celle de l'O. pyramidal, étant couverte de papilles;
mais il y avait entre elles une grande différence, car
elle était immédiatement unie à la membrane extérieure, au lieu d'en être quelque peu séparée par un
espace rempli de fluide, comme dans les espèces d'Orchis déjà citées. Ceci me conduit à supposer que, chez
ces dernières, les papillons percent la faible membrane qui tapisse intérieurement les nectaires, et aspirent le fluide qui s'amasse abondamment entre les

deux membranes. Je n'ignore pas que c'est là une audacieuse hypothèse; car il n'y a pas encore d'exemple de nectar contenu entre les deux membranes d'un nectaire[1], ni de lépidoptères perforant à l'aide de leur trompe si délicate, même la plus faible membrane[2].

Nous avons vu combien et quels admirables rouages sont mis en jeu pour la fertilisation des Orchidées. Nous savons combien il est important que les polli-

---

[1] Le cas qui s'en rapprocherait le plus, mais pourtant en resterait distinct, est celui de quelques plantes monocotylédones (décrit par Ad. Brongniart dans les *Bull. de la Soc. bot. de France,* t. I, 1854, p. 75) ; la sécrétion de leur nectar se fait entre les deux feuillets qui forment les cloisons de l'ovaire. Mais ce nectar est conduit au dehors par un canal excréteur, et, au point de vue morphologique, la surface sécrétante est une surface extérieure.

[2] [J'ai repris mes observations sur les nectaires de quelques espèces communes, spécialement sur ceux de l'*Orchis morio, pendant que différentes abeilles visitaient continuellement* ces fleurs; mais je n'ai jamais aperçu la plus mince gouttelette de nectar. — Chaque abeille laissait pendant un temps considérable sa trompe engagée dans le nectaire, et animée d'un mouvement continuel. J'ai vu un *Empis* se comporter de même sur l'*Orchis maculata,* et j'ai découvert par hasard sur cet Orchis de petites taches brunes, où des piqûres avaient été faites antérieurement. On peut donc sûrement accepter mon hypothèse, que les insectes perforent le revêtement intérieur du nectaire et aspirent le fluide contenu entre les deux parois de ce tube. J'ai dit dans le texte que cette hypothèse était hardie, parce qu'on ne connaissait aucun exemple de lépidoptères perforant une membrane à l'aide de leur trompe délicate : mais j'apprends maintenant de M. R. Trimen, auteur d'un excellent travail sur les lépidoptères du cap de Bonne-Espérance, que dans ce pays les teignes et les papillons font beaucoup de mal aux pêches et aux prunes en perçant leur peau sur des points qui n'ont subi aucune rupture. Des faits qui seront avancés dans cet ouvrage, faits relatifs à des insectes qui rongent le labellum chez diverses Orchidées exotiques, comportent l'idée que des insectes d'Europe perforent la paroi interne des nectaires.] C. D., mai 1869.

nies attachées à la tête ou à la trompe d'un insecte, ne s'abattent ni de côté ni en arrière. Nous savons que la balle de matière visqueuse qui termine en bas la pollinie devient rapidement de plus en plus visqueuse, se coagule et durcit en quelques minutes; nous allons voir aussi que si les papillons éprouvent un retard en aspirant la liqueur du nectaire, c'est un avantage pour la plante, car alors le disque visqueux a le temps de se fixer inébranlablement sur son véhicule. Il est certain qu'ils éprouveraient un retard, s'ils avaient à percer quelque point de la membrane intérieure du nectaire et à puiser le nectar dans les espaces intercellulaires. L'avantage qui en résulterait est une preuve à l'appui de cette hypothèse, que les nectaires des espèces d'Orchis citées plus haut ne déversent pas le nectar à l'extérieur, mais le déposent dans des réservoirs intérieurs.

La singulière observation qui suit confirme encore mieux cette vue. Je n'ai vu les nectaires contenir du nectar que chez cinq espèces anglaises d'Ophrydées, les Gymnadenia conopsea et albida, les Habenaria bifolia et chlorantha et le Peristylus (ou Habenaria) viridis. Dans les quatre premières espèces, la surface visqueuse des disques des pollinies, au lieu d'être enfouie dans une poche, est à découvert : ce qui montre bien que la matière visqueuse n'a pas ici les mêmes propriétés chimiques que chez les véritables Orchis, et ne durcit pas aussitôt qu'elle est exposée

4

à l'air. Pour m'en assurer directement, j'ai enlevé les pollinies des loges de l'anthère, de sorte que les surfaces supérieure et inférieure des disques furent, l'une et l'autre, librement exposées à l'air. Le disque du Gymnadenia conopsea resta gluant pendant deux heures, celui de l'Habenaria chlorantha pendant plus de vingt-quatre heures. Dans le Peristylus viridis, une membrane en forme de poche recouvre le disque, mais elle est si menue que les botanistes ne font pas mention d'elle. Lorsque j'ai examiné cette espèce, je ne voyais pas encore quelle importance il y a à connaître exactement la rapidité avec laquelle durcit la matière visqueuse; mais voici ce que j'écrivis dans mes notes à cette époque: le disque reste visqueux pendant quelque temps, après qu'on l'a retiré de sa petite poche.

Maintenant le sens de ces faits est clair; si, comme cela est sans nul doute, la matière visqueuse des disques chez ces cinq dernières espèces est assez gluante pour pouvoir de suite souder fortement les pollinies aux insectes, et si elle ne devient pas rapidement de plus en plus visqueuse et dure, il n'est pas nécessaire que les papillons mettent longtemps à aspirer le nectar et soient obligés de percer sur quelques points la paroi interne des nectaires; aussi est-ce exclusivement dans ces cinq espèces que nous trouvons une ample provision de nectar amassée, pour l'usage des insectes, dans le tube ouvert de ces organes. Ainsi, quand la matière visqueuse demande quelques instants pour jouer son rôle de ciment, le nectar est logé de telle manière que les papillons mettent plus de temps à l'atteindre ; et quand cette matière est tout d'abord aussi gluante qu'elle le sera jamais, le nectar est tout prêt à être rapidement aspiré : si cette double coïncidence est accidentelle, c'est un heureux accident pour la plante ; mais si elle n'est pas fortuite, et je ne puis croire qu'elle le soit, quelle merveilleuse harmonie[1] !

[1] [Depuis la publication de ce travail, les observations suivantes ont été publiées sur des formes voisines de celles que j'ai étudiées. M. J. Traherne Moggridge a donné (*Journal of Linnæan Society*, vol. VIII, *Botany*, 1865, p. 256) des détails très-intéressants sur la structure et le mode de fertilisation de l'*Orchis* ou *Aceras longibracteata*. Comme chez l'*Orchis pyramidalis*, les deux pollinies sont attachées à un seul et même disque visqueux ; mais, contrairement à ce qui a lieu chez cette espèce, après avoir été retirées des loges de l'anthère, elles *convergent* l'une vers l'autre, puis obéissent au mouvement d'abaissement. Mais ce qu'il y a de plus intéressant dans cette espèce, c'est que les insectes puisent le nectar dans de petites cellules ouvertes, donnant à la surface du labellum l'apparence d'un gâteau de miel. M. Moggridge a vu cette plante fécondée par une grosse abeille, le *Xylocopa violacea* ; il rapporte aussi quelques observations relatives à l'*Orchis hircina*, et décrit la structure et le mode de fertilisation du *Serapias cordigera*, fécondé par une autre abeille, le *Ceratina albilabris*. Chez ce Serapias, les deux pollinies sont attachées à un seul disque, après leur enlèvement ; elles sont d'abord inclinées en arrière, mais bientôt après, elles se portent en avant et en bas de la manière ordinaire. Comme la cavité du stigmate est étroite, les pollinies sont guidées vers elle par deux crêtes.

M. Moggridge m'a envoyé de l'Italie septentrionale des plantes vivantes d'*Orchis* ou *Neotinea intacta*, accompagnées d'excellents dessins et d'un exposé complet de la structure de toutes les parties. Il m'apprend que cette espèce produit des graines sans l'intervention des insectes, cas rare chez les Orchidées. Je me suis assuré moi-même de la vérité de ce

ait en couvrant une plante ; presque toutes les fleurs fructifièrent. Ceci
tient à ce que le pollen est extrêmement peu cohérent, et tombe sur
le stigmate. Cependant les fleurs sont pourvues d'un court nectaire, et
les pollinies ont de petits disques visqueux ; toutes ces parties sont disposées de telle sorte que, si un insecte les visitait, les masses polliniques
seraient probablement enlevées, mais avec moins de succès que chez
beaucoup d'autres Orchidées. Nous trouverons dans la suite un petit
nombre d'Orchidées qui présentent des particularités de structure disposées à la fois en vue du croisement et de la fécondation de chaque
fleur par elle-même.

Je peux consulter ici un Mémoire de M. R. Trimen (*Journal of Linnæan Society*, vol. VII, *Botany*, 1863, p. 144) sur le merveilleux *Disa
grandiflora*, du cap de Bonne-Espérance. Cette espèce présente quelques
caractères remarquables : ainsi, les pollinies n'exécutent aucun mouvement spontané d'abaissement, car le poids des masses polliniques suffit
pour plier la caudicule et lui donner la courbure sans laquelle la fécondation ne pourrait s'opérer ; on doit noter aussi que le sépale postérieur
sécrète du nectar, et se prolonge en un éperon semblable au nectaire.
M. Trimen m'apprend qu'il a vu un insecte de l'ordre des diptères,
voisin des bombylius, fréquenter ces fleurs ; je dois ajouter qu'il m'a
envoyé la description et des spécimens de différentes autres Orchidées
du sud de l'Afrique, confirmant les conclusions générales auxquelles je
suis arrivé.] C. D., mai 1869.

CHAPITRE II

Nous arrivons à ces genres d'Ophrydées qui diffèrent surtout des Orchis, parce que leurs deux rostellums[1] en forme de poche sont distincts au lieu d'être soudés ensemble. Commençons par le genre *Ophrys*.

Dans l'*Ophrys muscifera* ou Ophrys mouche, le cau-

---

[1] Il n'est pas correct de parler de deux rostellums, mais on me pardonnera cette incorrection à cause de ses avantages. Rigoureusement, le rostellum est un organe impair, résultant d'une modification du stigmate ou du carpelle postérieur ; ainsi, chez les Ophrys les deux poches et l'espace qui les séparent forment par leur ensemble le vrai rostellum. De même, chez les Orchis, j'ai parlé de l'organe en forme de poche comme s'il était tout le rostellum, mais en réalité cette dénomination s'applique aussi à la petite crête ou repli membraneux qui s'avance entre les bases des loges staminales. Cette crête plissée (quelquefois convertie en un sillon) répond au sillon uni qui s'étend entre les deux poches chez les Ophrys, et, si elle est saillante et plissée, elle le doit au rapprochement et à la fusion de ces deux poches. Il sera plus complétement question de cette modification dans le septième chapitre.

dicule de la pollinie (B) est courbé deux fois, presque
à angle droit. La pièce membraneuse presque circulaire, au côté inférieur de laquelle est attachée la
balle de matière visqueuse, est d'une dimension con-

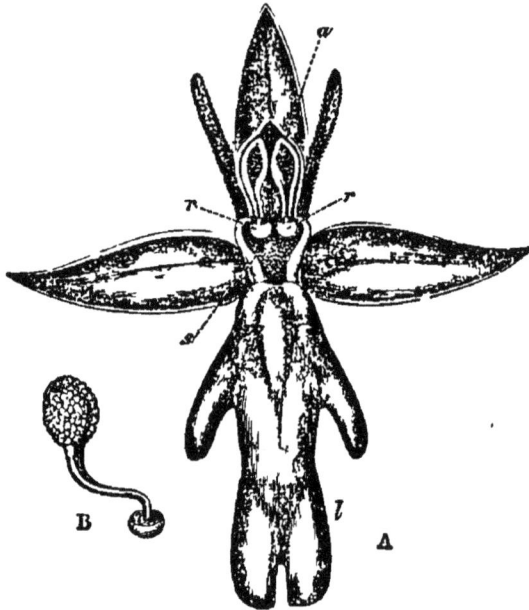

Fig. 5.

a. ANTHÈRE.   s. STIGMATE.
rr. ROSTELLUM.   l. LABELLUM.

A. Face antérieure de la fleur : les deux pétales supérieurs sont presque cy-
lindriques et filiformes. Les deux rostellums se voient un peu en avant des
bases des loges staminales, mais la réduction du dessin empêche de s'en
rendre compte.
B. Une des pollinies retirée de sa loge et vue latéralement.

sidérable; elle forme nettement le sommet du rostellum, au lieu de n'en former, comme chez les Orchis,
que la surface postérieure et supérieure; par suite,
dès que la fleur s'ouvre, l'extrémité du caudicule qui

lui est attachée, est exposée à l'air. Comme on pouvait s'y attendre d'après cela, le caudicule ne peut pas exécuter ce mouvement d'abaissement qui caractérise toutes les espèces d'Orchis; car ce mouvement se produit toujours quand la membrane supérieure du disque est pour la première fois exposée à l'air[1]. La balle visqueuse est entourée de fluide, dans la poche formée par la moitié inférieure du rostellum; et ceci est nécessaire, car la matière visqueuse se dessèche rapidement à l'air. La poche n'est pas élastique et ne peut pas se relever après l'enlèvement de la pollinie. Une telle élasticité n'aurait pas été utile, car ici chaque disque visqueux a une poche spéciale; chez les Orchis, au contraire, quand une pollinie a été enlevée, l'autre doit rester recouverte afin d'être toujours prête à s'acquitter de ses fonctions. Il semble que la

[1] [M. T.-H. Farrer, qui a étudié dernièrement la fertilisation de différentes plantes, m'a convaincu que je m'étais trompé, et que les pollinies de cet Ophrys exécutent le mouvement d'abaissement. Quand l'atmosphère est très-humide, le mouvement est lent. Mes remarques sur les rapports de diverses plantes entre elles sont donc jusqu'à un certain degré confirmées, mais on ne peut douter que le caudicule naturellement recourbé ne joue un rôle important, en plaçant la masse pollinique dans une position convenable pour qu'elle frappe le stigmate. Continuant à examiner à l'occasion cette espèce, je n'ai jamais pu voir les insectes visiter ses fleurs; mais j'ai été amené à soupçonner qu'ils piquent ou rongent les petites proéminences d'aspect métallique qui existent sous les disques visqueux et se voient aussi chez les espèces voisines. J'ai quelquefois aperçu sur ces proéminences de très-petites piqûres, mais sans pouvoir décider si elles étaient l'œuvre des insectes, ou si elles étaient dues à la rupture spontanée de quelques cellules superficielles.] C. D., mai 1869.

nature soit économe au point de s'épargner la dépense
d'un peu d'élasticité superflue.

Les pollinies ne peuvent pas, comme j'en ai souvent fait l'expérience, être expulsées violemment de
leurs cellules. Il est certain, comme nous allons
le voir de suite, que quelques insectes visitent,
quoique rarement, ces fleurs et enlèvent leurs pollinies. Deux fois j'ai trouvé le stigmate bien garni
de pollen dans des fleurs qui avaient encore leurs
deux pollinies dans leurs cellules; et si j'avais
examiné un plus grand nombre de fleurs, j'aurais,
sans nul doute, observé ce fait plus souvent. Le labellum allongé de l'Ophrys mouche est un bon lieu de
repos pour les insectes : à sa base, juste au-dessous
du stigmate, il présente une dépression profonde qui
rappelle le nectaire des Orchis; mais je n'ai jamais
trouvé aucune trace de nectar. En outre, bien que
j'aie souvent observé ces fleurs sans apparence et sans
parfum, je n'ai jamais vu un insecte s'approcher
d'elles. De chaque côté de la base du labellum se
trouve une excroissance brillante, douée d'un éclat
presque métallique, semblable à une gouttelette de
fluide; si dans quelques cas je pouvais croire aux faux
nectaires de Sprengel, ce serait dans celui-ci. Pourquoi les insectes visitent-ils ces fleurs? Je ne peux
jusqu'à présent que le conjecturer. Les deux poches
qui recouvrent les disques visqueux ne sont pas
très-éloignées l'une de l'autre et s'avancent au-des-

sus du stigmate : un objet doucement poussé en droite ligne vers l'une d'elles (dans un Orchis il faudrait qu'il soit dirigé plus bas) abaisse la poche, touche la balle visqueuse et s'attache à elle, et la pollinie est facilement enlevée.

La structure de la fleur me conduit à penser que de petits insectes (comme nous le verrons aussi à propos du Listera) montent le long du labellum jusqu'à sa base, et qu'inclinant et relevant tour à tour leur tête, ils viennent frapper une des poches; ils s'envolent alors sur une autre fleur avec une pollinie attachée à leur tête, et là, montant de nouveau du sommet à la base du labellum, ils portent la pollinie qui, grâce à la double courbure de son caudicule, vient frapper la surface gluante du stigmate et y laisse du pollen. En étudiant les espèces voisines, nous trouverons de bonnes raisons pour croire que, dans l'Ophrys mouche, le double pli du caudicule remplace le mouvement ordinaire d'abaissement.

Les faits suivants montrent que les insectes visitent les fleurs de l'Ophrys mouche et en transportent les pollinies, bien que d'une manière insuffisante. Pendant quelques années avant 1858, j'eus l'occasion d'examiner quelques fleurs: j'ai trouvé que sur cent deux d'entre elles, treize seulement avaient une ou deux pollinies enlevées. A cette époque j'écrivis dans mes notes que la plupart de ces fleurs commençaient à se flétrir; cependant je crois avoir compris parmi elles bon nombre de fleurs fraîchement épanouies, qui peut-être ont été visitées dans la suite. C'est pourquoi je préfère n'ajouter foi qu'aux observations suivantes.

	Nombre des fleurs dont les deux pollinies ou l'une d'elles avaient été enlevées par les insectes.	Nombre des fleurs dont les deux pollinies restaient dans leurs cellules.
En 1858, 17 plantes portant 57 fleurs, croissant les unes à côté des autres.	30	27
En 1858, 25 plantes portant 65 fleurs, croissant séparées les unes des autres.	15	50
En 1860, 17 plantes portant 61 fleurs. . . .	28	33
En 1861, 4 plantes ayant 24 fleurs, provenant du sud de Kent. (Toutes les précédentes vivaient dans le nord du même comté.). . .	15	9
Total.	88	119

Ainsi, sur deux cent sept fleurs que j'ai examinées, il n'y en avait pas la moitié qui avaient reçu la visite des insectes ; sur les quatre-vingt-huit fleurs visitées, trente et une n'avaient perdu qu'une pollinie. Comme les visites des insectes sont indispensables à la fertilisation de cet Ophrys, il est surprenant (comme pour l'Orchis fusca) que la nature ne l'ait pas rendu plus attrayant pour ces petits animaux. Le nombre des capsules produites est même proportionnellement moindre que celui des fleurs visitées. L'an 1861 fut très-favorable à l'Ophrys mouche dans cette partie du comté de Kent, et jamais je n'ai vu fleurir un plus grand nombre de ces plantes; j'ai profité de cette occasion pour en observer onze, qui portaient quarante-neuf fleurs, mais elles ne produisirent que sept capsules. Deux de ces plantes portèrent chacune deux capsules, trois autres en donnèrent une, de sorte qu'il n'y eut pas moins de six plantes qui furent tout à fait stériles! Que devons-nous conclure de ces faits? Les conditions de vie sont-elles peu favorables à cette espèce, bien que, cette année, elle se soit assez multipliée en certains endroits pour mériter d'être qualifiée de très-commune? La plante pourrait-elle nourrir plus de graines, et serait-ce pour elle un avantage d'être plus féconde? Pourquoi se couvre-t-elle de tant de fleurs, s'il ne lui est pas utile de produire plus de graines? Sans doute, il y a dans le mécanisme de sa vie quelque chose que nous ne pouvons saisir. Nous allons bientôt voir quel remarquable contraste existe, au point de vue de la production des graines, entre cette espèce et une autre du même genre, l'Ophrys apifera ou Ophrys abeille.

Ophrys aranifera, ou Ophrys araignée. — J'ai pu, grâce à M. Oxenden, observer quelques épis de cette espèce rare. Le caudicule (*fig.* A) s'élève d'abord perpendiculairement au disque visqueux, puis se courbe ou s'incline en avant de la même manière, mais à un moindre degré, que dans la dernière espèce. Le point d'attache du caudicule avec la membrane du disque est caché dans les bases des loges staminales, et ainsi il reste humide. Par suite, dès que les pollinies sont exposées à l'air, le mouvement ordinaire d'abaissement a lieu, et elles s'abattent en décrivant à peu près un arc de 90°. Par ce mouvement les pollinies (je suppose qu'elles se soient attachées à la tête d'un insecte) prennent exactement la position convenable pour couvrir la surface du stigmate, qui est situé, relativement aux rostellums, un peu plus bas

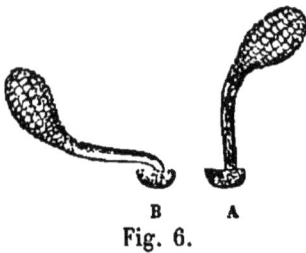

B   A
Fig. 6.

OPHRYS ARANIFERA.

A. Pollinie avant son abaissement.
B. Pollinie après son abaissement.

dans cette fleur que dans celle de l'Ophrys mouche. Si l'on compare, sur la gravure qui les représente, une pollinie d'Ophrys araignée après son mouvement, avec une pollinie d'Ophrys mouche qui n'a pas la faculté de se mouvoir, il est impossible de douter que la courbure rectangulaire et permanente de la dernière ne serve pas au même usage que le mouvement d'abaissement.

J'ai examiné quatorze fleurs d'Ophrys araignée, parmi lesquelles quelques-unes commençaient à se flétrir ; aucune n'avait perdu ses deux pollinies, et trois seulement n'en avaient plus qu'une. Cette espèce paraît donc, comme l'Ophrys mouche, n'être pas très-fréquemment visitée par les insectes.

Les loges de l'anthère s'ouvrent si largement,

que deux paires de pollinies voyageant dans une boîte tombèrent de ces cavités, et s'attachèrent à la fleur par leurs disques visqueux. Il y a ici, comme dans toute la nature, une gradation évidente ; en effet, l'étendue considérable de l'ouverture des loges staminales n'a pas d'utilité pour cette espèce, mais elle est de la plus haute importance, comme nous allons le voir immédiatement, dans l'espèce suivante, l'Ophrys abeille. De même, l'inflexion de l'extrémité supérieure du caudicule vers le labellum, sans laquelle, chez les Ophrys mouche et araignée, la pollinie qu'un insecte vient d'enlever et de déposer au sein d'une nouvelle fleur ne pourrait frapper le stigmate, est exagérée dans l'espèce suivante, mais pour servir à l'accomplissement d'une tout autre vue, la fécondation d'une fleur par elle-même[1].

Ophrys apifera. — Dans l'Ophrys abeille, nous trouvons des moyens de fertilisation tout à fait spéciaux, si on le compare aux autres espèces du même genre, et même, autant que je peux le savoir, à toutes les

---

[1] [F. Delpino dit (*Fecondazione nelle piante*, etc., Firenze, 1867) avoir examiné en Italie plus de dix mille individus de cette espèce, et constaté qu'elle fructifie rarement. Cet Ophrys ne sécrète pas de nectar. Bien qu'il n'ait jamais vu d'insecte sur ces fleurs (sauf une fois, une sauterelle verte), il sait qu'elles sont fécondées par les insectes, ayant trouvé du pollen sur les stigmates de quelques-unes, alors que leurs pollinies étaient encore dans les loges de l'anthère. Les pollinies ne tombent jamais spontanément. Le même auteur paraît croire que j'admets la fertilisation directe chez cet Ophrys ; c'est une erreur.] C. D., mai 1869.

autres Orchidées. Pour les deux poches du rostellum, les disques visqueux, la position du stigmate,
il ne diffère presque pas des autres Ophrys ; mais
j'ai remarqué avec surprise qu'il n'en est pas de
même pour l'espace qui s'étend entre les deux
poches et pour la forme des masses de pollen. Les
caudicules des pollinies sont notablement longs,

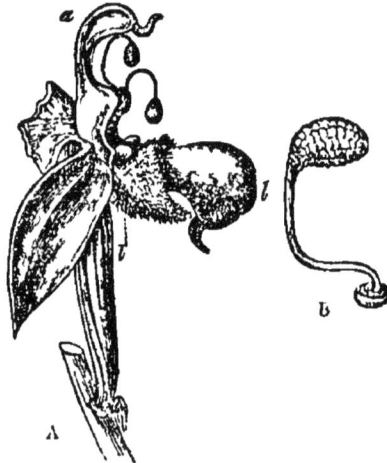

Fig. 7.

OPHRYS APIFERA, OU OPHRYS ABEILLE.

a. ANTHÈRE.   *ll.* LABELLUM.

A. Vue latérale de la fleur, le sépale et les deux pétales supérieurs étant enlevés. Une pollinie, dont le disque est encore dans le rostellum, est figurée
   au moment où elle tombe de sa loge ; l'autre, dont la chute est presque
   terminée, regarde déjà la surface cachée du stigmate.
B Pollinie dans la position qu'elle occupe dans sa loge.

minces et flexibles, au lieu d'être, comme chez les
autres Ophrydées, assez fermes pour se tenir dressés. Par suite de la forme des loges staminales,
ils sont forcément courbés en avant à leurs extré-

mités supérieures ; les masses de pollen, dont la forme est celle d'une poire, sont logées tout à fait en haut et précisément au-dessus du stigmate. Les loges de l'anthère s'ouvrent d'elles-mêmes dès que la fleur est entièrement épanouie, les gros bouts. des pollinies s'en dégagent et tombent, mais les disques visqueux restent toujours dans leurs poches. Quelque faible que soit le poids du pollen, le caudicule est si mince et devient bientôt si flexible, qu'en peu d'heures les pollinies s'abattent jusqu'à pendre librement dans l'air (voy. la pollinie la plus basse dans la *fig.* A), exactement vis-à-vis de la surface du stigmate. Qu'un léger souffle, effleurant les pétales étalés de l'Ophrys, vienne alors ébranler leurs flexibles et élastiques supports, et presque immédiatement elles frapperont le stigmate : dès lors elles ont atteint leur but et l'imprégnation a lieu. Pour m'assurer que nul autre secours n'intervenait dans cet acte, bien que cette expérience fût superflue, je mis une plante sous un filet, afin que le vent puisse agir sur elle sans qu'aucun insecte la visite : peu de jours après, les pollinies étaient attachées aux stigmates ; mais sur un épi qu'on laissait sous l'eau dans une chambre tranquille, les pollinies restèrent libres, suspendues en face du stigmate.

Robert Brown[1] a remarqué le premier que la struc-

---

[1] *Transact. Linn. Soc.*, vol. XVI, p. 740. Brown croyait à tort que c'est là un caractère commun à tout le genre Ophrys. Sur les quatre

ture de l'Ophrys abeille est favorable à la fécondation directe. Si l'on considère la longueur inusitée et parfaitement calculée, la ténuité frappante des caudicules des pollinies ; si l'on remarque que les loges de l'anthère s'ouvrent d'elles-mêmes, et que les masses de pollen, en vertu de leur poids, tombent lentement jusqu'au niveau exact de la surface des stigmates, puis oscillent au gré du plus léger souffle, jusqu'à ce qu'elles viennent à la frapper ; on ne peut douter que ces détails de structure et de fonction, que ne nous offre aucune autre Orchidée d'Angleterre, aient pour objet spécial la fécondation sans croisement.

Le résultat est tel qu'on pourrait le prévoir. J'ai souvent remarqué que les épis de l'Ophrys abeille semblent produire autant de fruits que de fleurs ; près de Torquay, j'ai examiné avec soin plusieurs douzaines de plantes, quelque temps après leur floraison ; sur toutes, j'ai trouvé de une à quatre, et une fois cinq belles capsules, c'est-à-dire autant de capsules qu'il y avait eu de fleurs ; je n'ai trouvé des fleurs stériles, en négligeant quelques fleurs mal formées, situées généralement au sommet de l'épi, que dans un très-petit nombre de cas. Il est bon d'observer quel contraste présente ce cas avec celui de l'Ophrys mouche, qui demande l'intervention des in-

espèces d'Ophrys qui croissent en Angleterre, celle-ci est la seule à laquelle il s'applique.

sectes, et dont quarante-neuf fleurs n'ont produit que sept capsules.

En raison de ce que j'avais vu chez les autres Orchidées anglaises, la découverte de la fécondation directe de cette espèce me causa une telle surprise, que durant plusieurs années j'observai l'état des masses polliniques dans des centaines de fleurs; mais je n'ai jamais rencontré, pas même une seule fois, des motifs pour croire que le pollen ait été transporté d'une fleur à une autre. Sauf dans quelques fleurs monstrueuses, je n'ai jamais vu une pollinie manquer de s'unir au stigmate de sa propre fleur[1]. Dans un très-petit nombre de cas, j'ai constaté la disparition d'une pollinie, mais dans quelques-uns d'entre eux des traces de matière visqueuse étant restées, j'ai pensé que des limaces l'avaient dévorée. Par exemple, en 1860, j'ai examiné dans le nord du comté de Kent douze épis portant trente-neuf fleurs : trois d'entre elles avaient leurs pollinies enlevées, et toutes les autres pollinies étaient adhérentes à leurs stigmates respectifs. Cependant, dans un lot provenant d'une autre localité, j'ai trouvé un cas sans autre exemple : deux fleurs avaient perdu leurs deux pollinies et deux autres n'en avaient plus qu'une. J'ai trouvé sur des

---

[1] [Pour quelque raison que je ne comprends pas, dans un très-grand nombre de plantes des environs (Kent), pendant l'été de 1868, les pollinies ne sont pas tombées spontanément des loges de l'anthère, ou ne sont tombées que longtemps après l'éclosion de la fleur.] C. D, mai 1869.

fleurs venant du sud de Kent le même résultat. Près
de Torquay, j'ai vu douze épis portant trente-huit
fleurs, chez lesquelles une seule pollinie avait été
enlevée. N'oublions pas que des ébranlements produits par les animaux, ou les orages, peuvent occa-
sionnellement causer la perte d'une pollinie.

Dans l'île de Wight, M. A.-G. More a eu la bonté
d'examiner avec soin un grand nombre de fleurs. Il a
remarqué que, dans les plantes croissant isolément,
les deux pollinies étaient invariablement présentes.
Mais parmi plusieurs plantes qui vivaient dans deux
localités distinctes, en ayant pris quelques-unes chez
lui, et *choisissant les pieds* qui semblaient avoir eu les
pollinies enlevées, il examina cent trente-six fleurs :
dix d'entre elles avaient perdu leurs deux pollinies,
quatorze en avaient perdu une ; ainsi il semblait tout
d'abord évident que ces pollinies avaient été transportées, attachées à quelque insecte. Mais ensuite
M. More ne trouva pas moins de onze pollinies, non
comprises dans celles citées plus haut comme enlevées, dont les caudicules avaient été coupés ou rongés
de tous côtés, mais dont les disques visqueux étaient
toujours dans les poches ; ceci prouve que quelques
animaux autres que des insectes, probablement des
limaces, s'étaient mis à l'œuvre. Trois fleurs étaient
en grande partie rongées. Deux pollinies qui avaient
été apparemment entraînées par un vent violent,
étaient collées aux sépales ; on en trouva trois autres

errant dans la boîte où avaient été rassemblées les
plantes; il est donc douteux que plusieurs pollinies, ou même qu'une d'entre elles, aient été enlevées par les insectes. J'ajouterai seulement que je
n'ai jamais vu un insecte visiter ces fleurs[1]. Robert
Brown a imaginé qu'elles ressemblent aux abeilles
afin que les insectes ne songent pas à leur faire visite;
je ne suis pas de cette opinion. La ressemblance,
peut-être plus frappante, de la fleur de l'Ophrys
mouche à un insecte, n'empêche pas quelque insecte
inconnu de la visiter : ce qui, dans cette espèce, est
indispensable pour la fécondation.

Soit que nous poussions l'examen anatomique de
certaines parties de la fleur aussi loin que nous venons de le faire, soit que nous nous attachions à l'état
actuel des pollinies, chez un grand nombre de plantes
cueillies dans différentes saisons et provenant de diverses localités, ou au nombre des capsules fertiles
qu'elles ont produites, il est évident, semble-t-il, que
nous avons là une plante qui se fertilise toujours directement. Mais voyons maintenant l'autre côté de la
question. Lorsqu'on pousse un objet, comme chez
l'Ophrys mouche, droit contre l'une des poches du
rostellum, la lèvre s'abaisse, le disque, qui est large

---

[1] M. Gerard E. Smith, dans son *Catalogue of plants of S. Kent*, 1829,
p. 25, dit : « M. Price a souvent été témoin d'attaques faites par une
abeille sur l'Ophrys abeille, attaques semblables à celles de l'importun
Apis muscorum. » Je ne peux pas comprendre ce qu'il veut dire.

et extrêmement visqueux, s'attache fortement à cet
objet, et la pollinie est enlevée. Même après que les
pollinies sont naturellement tombées de leurs cellules
et sont accolées au stigmate, on peut quelquefois les
retirer de cette manière. Aussitôt que le disque est
entraîné hors de sa poche, commence le mouvement
d'abaissement qui, sur la tête d'un insecte, porterait
la pollinie en avant et la rendrait prête à frapper le
stigmate. Si enfin l'on porte la pollinie sur un stigmate, puis qu'on l'en retire, les fils élastiques qui
unissent ensemble les paquets de pollen se brisent et
laissent quelques-uns de ces paquets sur la surface
gluante. De même, dans toutes les autres Orchidées,
la lèvre du rostellum s'abaisse dès qu'on la touche
légèrement, le disque est visqueux, le caudicule s'a-
bat brusquement après l'enlèvement du disque, les
fils élastiques sont rompus par la viscosité du stigmate de façon à ce que chaque fleur ait sa part de
pollen : et là, le sens de ces combinaisons est clair,
il n'y a pas à s'y tromper. Mais faut-il croire que chez
l'Ophrys abeille les mêmes mécanismes existent absolument sans but, ce qui serait évidemment si, dans
cette espèce, chaque fleur se fertilisait toujours elle-
même? Si les disques étaient petits ou seulement peu
visqueux, si les arrangements que je viens de mentionner offraient un moindre degré de perfection,
nous pourrions conclure qu'ils commencent à avorter;
que la nature, si je puis ainsi parler, voyant que les

Ophrys mouche et araignée sont imparfaitement fertilisés et produisent peu de graines, a changé son
plan et réalisé une fécondation sans croisement complète et perpétuelle, afin que les graines mûrissent
en plus grande abondance. Le cas est aussi embar-
rassant que possible, puisque nous avons étudié chez
une même fleur des mécanismes disposés dans deux
buts précisément contraires[1].

Nous avons déjà vu plusieurs curieuses structures,
plusieurs mouvements, par exemple chez l'Orchis pyramidalis, qui ont pour but, sans nul doute, la fécondation d'une fleur par le pollen d'une autre; et en
parcourant la vaste famille des Orchidées, nous ren-
contrerons beaucoup d'autres mécanismes très-variés
organisés dans la même vue. C'est pourquoi on ne
saurait douter que quelque grand bien ne résulte de
l'union de deux fleurs distinctes, souvent portées sur
deux pieds distincts; mais les Ophrys mouche et araignée achètent ce bien au prix de leur fertilité, dès
lors très-amoindrie. L'Ophrys abeille, au contraire,
gagne une grande fertilité au prix d'une fécondation
sans croisement, qui semble perpétuelle; mais chez
lui persistent les combinaisons ordinaires : assuré-

[1] [Le professeur Treviranus a d'abord (*Botanische Zeitung*, 1862,
p. 11) mis en doute l'exactitude de ce que je dis sur cet Ophrys, et des
différences qui le séparent de l'*Ophrys arachnites*; mais ensuite (*Bot.
Zeitung*, 1863, p. 241) il a confirmé pleinement toutes mes assertions.]
C. D., mai 1869.

ment elles sont destinées à lui donner de temps en temps le bienfait du croisement individuel. La conclusion la plus sûre, à mon avis, est celle-ci : sous l'influence de certaines circonstances qui nous sont inconnues, à de longs intervalles de temps peut-être, un individu d'Ophrys abeille est croisé par un autre. C'est ainsi que les fonctions génératrices de cette plante s'harmoniseraient avec celles des autres Orchidées, et même avec celles des autres plantes, autant que je peux en juger par ce que j'ai étudié de leur structure.

Ophrys arachnites. — Plusieurs botanistes d'un grand poids considèrent cette forme comme une

Fig. 8.

POLLINIE
D'OPHRYS ARA-
CHNITES.

simple variété du variable Ophrys abeille. M. Oxenden m'en a envoyé deux épis chargés de sept fleurs. Les loges de l'anthère ne sont ni aussi élevées ni aussi recourbées au-dessus du stigmate que chez l'Ophrys abeille. La masse pollinique est généralement plus allongée. La partie supérieure du caudicule est courbée en avant, et la partie inférieure obéit au mouvement d'abaissement, comme chez les Ophrys abeille et araignée. La longueur du caudicule est à ce qu'elle est dans l'O. abeille, comme deux est à trois, ou même comme deux est à quatre ; mais bien qu'ainsi relativement plus petit, ce caudicule n'est ni moins épais ni moins large que celui de l'O. abeille ; il est même beaucoup plus ferme, de telle sorte que si l'on pousse le bout supérieur de la pollinie hors de sa cellule, tandis que le disque visqueux reste enfermé dans sa poche, il se fléchit difficilement vers le bas pour atteindre le stigmate. Nous ne trouvons plus ici de combinaisons spéciales en vue de la fécondation directe.

Les sept fleurs qu'on m'a envoyées étaient certainement ouvertes depuis longtemps, et les épis étant venus par le chemin de fer avaient reçu plus d'une secousse[1]; cependant sur six de ces fleurs, les pollinies étaient encore dans leurs cellules; dans la septième, elles adhéraient toutes deux au stigmate, mais les disques étaient toujours dans leurs poches : il est vrai que cette fleur était plus flétrie et pour-

[1] [Depuis, j'ai eu l'occasion d'observer quelques autres échantillons vivants, et j'ai constaté que les pollinies ne tombent pas, même quand on secoue fortement les épis; une immersion dans l'eau pendant une semaine ne les fait pas tomber non plus. M. J.-T. Moggridge a fait (*Journal of Linnæan Soc. bot.*, vol. VIII, 1865, p. 258) une observation remarquable sur l'*Ophrys scolopax*, espèce très-voisine de l'*Ophrys arachnites* : à Menton, il ne montre aucune tendance à se fertiliser directement, tandis qu'à Cannes toutes les fleurs, grâce à une légère modification de la courbure des anthères, qui détermine la chute des pollinies, se fécondent elles-mêmes! Ce botaniste a donné, dans sa *Flore de Menton*, une description complète des *Ophrys scolopax, arachnites, aranifera* et *apifera*, accompagnée d'excellentes figures, et le nombre des formes intermédiaires le porte à croire que toutes ces formes peuvent être regardées comme des variétés d'une seule et même espèce; les différences qui les distinguent lui paraissent être intimement liées à la période de floraison de chacune d'elles. En Angleterre, si l'on juge d'après leur distribution, ces formes ne semblent pas être susceptibles de passer de l'une à l'autre, du moins pendant une période de temps modérée et qu'on puisse observer.] C. D., mai 1869.

rait avoir été froissée. Des six autres, trois étaient
si vieilles que leur pollen était moisi et leurs pétales
décolorés ; néanmoins, comme je l'ai constaté de
suite, les pollinies étaient encore dans leurs cellules.
Or, sur tant de centaines de fleurs d'Ophrys abeille
que j'ai examinées, je n'ai jamais rencontré un cas
semblable. Considérant cette importante différence
fonctionnelle qui sépare l'O. apifera et l'arachnites,
les différences plus légères qui existent dans la structure de leurs pollinies et qui entraînent aussi une
modification fonctionnelle, enfin la petite dissem-
blance de leurs fleurs, il me semble que, bien que
ces deux formes puissent être reliées par des variétés
intermédiaires, on doit faire de l'Ophrys arachnites
une bonne espèce ; son mode de fertilisation l'allie
même plus intimement à l'O. aranifera qu'à l'apifera.

Herminium monorchis. — L'Orchis musc passe généralement pour avoir des disques nus, ce qui n'est
pas rigoureusement correct. Le disque est d'une
grandeur inusitée, car il a presque le volume de la
masse pollinique : il est de forme presque triangulaire, asymétrique, un peu semblable à un casque,
mais avec un côté proéminent. Il est formé d'une
membrane dure ; la base est concave, et c'est la seule
partie visqueuse ; une étroite bande membraneuse la
recouvre et l'abrite, peut aisément s'en détacher, et
répond à la poche des Orchis. Toute la partie supérieure du casque répond à ce petit lambeau de mem-

brane, de forme ovalaire, auquel le caudicule est attaché chez les Orchis, et qui devient plus grand et convexe dans l'Ophrys mouche. Si quelque objet terminé en pointe vient à ébranler la partie inférieure du casque, la pointe glisse si promptement dans le creux de la base, puis y est si bien retenue par la matière visqueuse, que cette partie semble destinée à s'attacher à quelque point saillant de la tête d'un insecte. Le caudicule est court et très-élastique; il est fixé, non pas au sommet du casque, mais à son extrémité postérieure; s'il avait été fixé au sommet, son point d'attache aurait été librement exposé à l'air, et n'aurait pu se contracter pour provoquer l'abaissement des pollinies, lorsque celles-ci ont été retirées de leurs loges. Ce mouvement est bien accusé; il est nécessaire pour donner au gros bout de la masse pollinique la position qui lui permettra de frapper le stigmate. Les deux disques visqueux sont éloignés l'un de l'autre. Il y a deux surfaces stigmatiques transversales, se touchant par leurs pointes sur la ligne médiane; mais la partie large de chacune d'elles s'étend directement au-dessous du disque.

Le labellum est dressé, ce qui rend la fleur à peu près tubulaire. Autant que j'ai pu m'en assurer, quelque insecte, en circulant sur la fleur pour y entrer ou pour en sortir, pourrait heurter les extrémités supérieures et extraordinairement saillantes des disques en forme de casque, et déplacer ainsi leurs sur-

faces inférieures visqueuses qui s'attacheraient à sa
tête ou à son corps. A la base du labellum, il y a une
cavité si profonde qu'elle mérite presque le nom de
nectaire; cependant, je n'ai point vu de nectar. Les
fleurs sont très-petites et peu apparentes, mais exhalent, surtout de nuit, une forte odeur de miel. Elles
paraissent avoir beaucoup d'attrait pour les insectes;
dans un épi qui ne contenait que sept fleurs récemment écloses, quatre avaient leurs deux pollinies enlevées et une avait perdu l'une d'elles[1].

[1] [Mon fils, M. Georges Darwin, a complétement expliqué le mode de
fécondation de ce petit Orchis; ses observations, que j'ai vérifiées depuis, montrent que cette fécondation diffère de celle de toutes les autres
Orchidées que je connais. Il a vu différents petits insectes entrer dans
les fleurs, et après de nombreuses visites il n'a pas rapporté moins de
vingt-sept d'entre eux, portant généralement une pollinie, quelquefois
deux. Ces insectes étaient de petits hyménoptères (le plus commun
était le *Tetrastichus diaphantus*), diptères et coléoptères (*Malthodes
brevicollis*). Il paraît seulement indispensable que les insectes soient
d'une taille très-minime, car le plus grand n'avait qu'un vingtième de
pouce de long. Il est extraordinaire que chez tous les pollinies soient
attachées à la même place, au côté externe de l'une des deux pattes
antérieures, sur la saillie formée par l'articulation du fémur avec l'os
coxal; une seule fois, une pollinie était attachée au côté externe du
fémur, un peu au-dessous de l'articulation. La cause de ce mode spécial
d'attachement est assez claire; la partie moyenne du labellum est si
rapprochée de l'anthère et du stigmate, que les insectes entrent toujours
dans la fleur par le même point, entre le labellum et l'un des pétales
supérieurs : de cette façon, ils s'avancent avec leurs dos tournés, directement ou obliquement, du côté du labellum. Mon fils en a vu quelques-
uns qui, s'étant engagés dans la fleur d'une manière différente, en sor-
tirent et changèrent de position. Se tenant ainsi dans un des coins de
la fleur, avec leurs dos tournés vers le labellum, ils insèrent leurs têtes
et leurs pattes antérieures dans le court nectaire qui se trouve dans le
vaste espace situé entre les disques; j'en ai eu la preuve en trouvant
dans des fleurs trois insectes morts qui étaient restés attachés aux

Peristylus (ou Habenaria) viridis. — L'Orchis grenouille a été décrit, lui aussi, comme ayant ses disques visqueux nus, ce qui est
inexact. Les deux petites poches
sont éloignées l'une de l'autre. La
balle de matière visqueuse est
ovale et ne durcit pas de suite ; sa
surface est protégée par une petite
poche. La membrane qui forme la
face supérieure du disque est large,
et, comme dans l'Ophrys mouche
(O. muscifera), le point où elle
s'unit au caudicule est librement
exposé à l'air ; cette partie ne saurait donc, en se contractant, faire
exécuter à la pollinie le mouve-
ment d'abaissement dont il a été souvent question[1].

Fig. 9.

PERISTYLUS VIRIDIS,
OU ORCHIS GRENOUILLE.

FACE ANTÉRIEURE DE LA FLEUR
a. Anthère.— *s* Stigmate.
— *n.* Orifice du nectaire
central.— *n'.* Nectaires
latéraux.— *l.* Labellum.

disques. Pendant qu'ainsi placés ils aspirent le nectar, ce qui demande environ deux ou trois minutes, le renflement articulaire du fémur se trouve,
de chaque côté, sous le gros disque en forme de casque ; et quand l'insecte se retire, ce disque s'adapte bien et s'attache à la jointure. Le
mouvement d'abaissement du caudicule se produit alors, et la masse
pollinique tombe juste en dehors du tibia ; de sorte que l'insecte, lorsqu'il entre dans une seconde fleur, ne peut guère manquer de fertiliser
le stigmate, qui se trouve de chaque côté, au-dessous du disque. J'aurais
peine à citer une fleur dont toutes les parties soient plus merveilleusement coordonnées en vue d'un mode de fécondation plus spécial que dans
cette petite fleur de l'Herminium.] C. D., mai 1869.

[1] [M. Farrer m'apprend que je me suis assurément trompé, et que
les pollinies obéissent au mouvement d'abaissement, mais ce mouvement n'a lieu que vingt ou trente minutes après leur enlèvement des
cellules de l'anthère ; c'est là sans doute la cause de mon erreur.

Mais les caudicules ne sont pas recourbés deux fois, comme ceux de l'Ophrys mouche. La surface du stigmate est médiane et peu étendue ; et quoique les loges de l'anthère soient légèrement inclinées en arrière et convergent un peu à leurs extrémités supérieures, affectant ainsi la position que prennent les pollinies lorsqu'elles sont attachées à un objet, il est difficile de comprendre comment les pollinies, enlevées par les insectes, peuvent venir s'appliquer sur le stigmate.

L'explication en est assez curieuse. Le labellum est allongé ; il forme une dépression assez profonde en avant du stigmate, et dans cette fosse, mais en s'approchant un peu du stigmate, on trouve une petite fente (*n*) qui donne accès dans un nectaire court et à deux lobes. Un insecte, pour aspirer la liqueur dont est rempli le nectaire, aurait donc à courber sa tête vers le bas, vis-à-vis du stigmate. Le labellum est sillonné par une crête médiane, qui probablement engagerait l'insecte à s'abattre sur l'un des côtés ; mais, sans doute pour l'y attirer avec plus de sûreté,

Il m'affirme que les pollinies, après s'être abaissées, sont beaucoup mieux placées pour atteindre le stigmate. Selon lui, les insectes mettraient peut-être longtemps à puiser le nectar, soit dans ses réservoirs latéraux, soit dans la fente étroite qui conduit au nectaire central ; et pendant ce temps, la pollinie prenant lentement la position qui lui est nécessaire, deviendrait, par suite du durcissement graduel de la matière visqueuse, solidement adhérente au corps de l'insecte ; quand celui-ci visiterait une autre fleur, elle serait dès lors prête à la féconder.] C. D., mai 1869.

outre le vrai nectaire, il y a deux fossettes (n') cir-
conscrites par les bords saillants du labellum, placées de chaque côté à la base de cet organe, précisément au-dessous des deux poches, et qui sécrètent
des gouttes de nectar. Supposons qu'un insecte vienne
se poser, probablement sur un des côtés du labellum,
et boive d'abord la goutte de nectar qui s'y trouve ;
comme les poches sont placées exactement au-dessus
des gouttes latérales, la pollinie du côté où s'abreu-
vera l'insecte s'attachera presque certainement à sa
tête ; s'il se rendait alors vers l'ouverture du vrai nectaire, assurément il pousserait la pollinie contre le
stigmate. Nous voyons donc ici un cas unique : le
nectar est sécrété sur les bords de la base du labellum, aussi bien que dans le petit nectaire central,
et cette disposition remplace la faculté qu'ont les
pollinies de se mouvoir, si générale chez les autres
Orchidées, ainsi que la double courbure des caudicules chez l'Ophrys mouche.

Si les choses se passent comme je viens de le dire,
chaque fleur est fécondée par son propre pollen ; mais
si l'insecte puisait d'abord son nectar à la source plus
riche du nectaire, et ne venait qu'en second lieu
boire les gouttes latérales, les pollinies ne s'attacheraient à sa tête qu'en ce moment, et volant à une
autre fleur, il réaliserait l'union de deux fleurs
ou de deux pieds distincts. D'ailleurs, s'il aspirait d'a-
bord les gouttes latérales, d'après les observations de

Sprengel sur le Listera[1], on pourrait croire que, troublé par l'attachement des pollinies à son corps, il ne continuerait pas immédiatement à s'abreuver de nectar, mais s'envolerait vers une autre fleur; il y aurait donc encore union entre deux individus différents.

Je dois au Rév. B. S. Malden, de Cantorbéry, deux épis d'Orchis grenouille. Quelques-unes des fleurs avaient une pollinie enlevée, et l'une d'elles les avait perdues toutes deux.

Les deux genres *Gymnadenia* et *Habenaria* sont représentés en Angleterre par quatre espèces chez lesquelles les disques visqueux sont réellement à découvert. Leur matière visqueuse, comme je l'ai déjà fait remarquer, diffère un peu de celle des Orchis et ne durcit pas rapidement. Leurs nectaires sont remplis de nectar. Au point de vue de la dénudation des disques, la dernière espèce, le Peristylus viridis, est dans une condition presque intermédiaire. Les quatre formes suivantes composent une série de transitions graduelles : dans le Gymnadenia conopsea, les disques visqueux sont étroits et très-allongés, rapprochés l'un de l'autre; dans le G. albida, ils sont moins longs, mais encore rapprochés ; ceux de l'Habenaria bifolia sont ovales et distants l'un de l'autre ; enfin ceux de l'H. chlorantha sont circulaires et plus largement séparés encore.

---

[1] *Das Entdeckte Geheimniss der Natur*, p. 407.

Gymnadenia conopsea. — Par son aspect général, cette plante ressemble beaucoup à un véritable Orchis ; mais les pollinies ont des disques nus, étroits, semblables à des bandelettes, presque aussi longs que les caudicules (*fig.* 10). Quand les pollinies sont exposées à l'air, le caudicule s'abaisse en 30 ou 60 secondes ; et comme sa surface antérieure est légèrement creuse, il embrasse la surface supérieure membraneuse du disque. Le mécanisme de ce mouvement sera décrit dans le dernier chapitre. Les fils élastiques qui relient entre eux les paquets de pollen sont d'une faiblesse inaccoutumée, ce qui s'observe aussi dans les deux espèces suivantes d'Habenaria : l'état de quelques plantes qui avaient été plongées dans de l'esprit-de-vin me l'a bien démontré. Il y a sans doute une relation entre la faiblesse de ces fils et la nature de la matière visqueuse des disques, qui ne devient pas dure, sèche et adhérente comme chez les Orchis ; un papillon portant une pollinie attachée à sa trompe pourrait ainsi visiter plusieurs fleurs, sans que tout son fardeau lui fût enlevé par le premier stigmate qu'il frapperait. Les deux disques en forme de bande sont placés l'un près de l'autre et forment le palais de la bouche du nectaire. Ils ne sont pas, comme chez les Orchis, renfermés dans une lèvre ou poche située inférieurement, de sorte que la structure du rostellum est plus simple. Quand nous traiterons des homologies du rostellum, nous verrons que cette différence est due à une légère modification, à ce que les cellules inférieures et extérieures du rostellum se résolvent en matière visqueuse ; chez

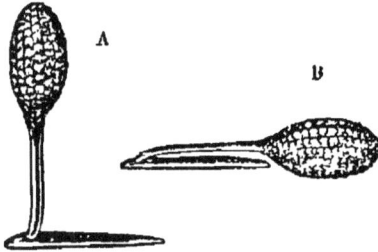

Fig. 10.

GYMNADENIA CONOPSEA.
A. Pollinie avant son abaissement.
B. Pollinie après l'abaissement, mais avant qu'elle ait embrassé le disque.

les Orchis, au contraire, la surface extérieure garde sa condition primitive, qui est cellulaire et membraneuse.

Comme les deux disques visqueux forment le palais de la bouche du nectaire et sont par conséquent déjetés en bas vers le labellum, les deux stigmates, au lieu d'être réunis et placés au-dessous du rostellum, sont nécessairement latéraux et séparés. Ils forment deux saillies proéminentes, presque en forme de cornes, de chaque côté de l'orifice du nectaire. J'ai eu la preuve que ces surfaces sont réellement celles des stigmates, car je les ai trouvées profondément percées par une multitude de tubes polliniques. Comme chez l'Orchis pyramidalis, on fait une agréable expérience en introduisant une fine soie de porc dans l'étroit orifice du nectaire ; on voit sûrement les longues et étroites bandes visqueuses qui en forment le toit s'attacher à cette soie, et quand on la retire, on retire les pollinies : elles sont fixées à son bord supérieur et divergent un peu, sans doute à cause de la position qu'elles avaient dans les loges de l'anthère.

Elles s'abaissent alors rapidement jusqu'à ce qu'elles soient dans le même plan que la soie, et si la soie, mise dans la même position relative, est maintenant insérée dans le nectaire d'une autre fleur, les deux extrémités des pollinies viennent exactement frapper les deux surfaces stigmatiques, situées de chaque côté de l'entrée du nectaire. Cependant, je ne suis pas tout à fait certain de comprendre pourquoi les pollinies divergent, car les papillons n'enlèvent souvent qu'une seule pollinie ; ce fait me porte à supposer qu'ils engagent leur trompe obliquement dans le nectaire [1].

Les fleurs ont une douce odeur, et le nectar que contiennent toujours abondamment leurs nectaires

---

[1] [M. Georges Darwin, s'étant rendu de nuit dans une localité où cette espèce croissait en abondance, a pris aussitôt un *Plusia chrysitis* avec six pollinies attachées à sa trompe, un *Plusia gamma* (trois pollinies), un *Anaitis plagiata* (cinq pollinies) et un *Triphœna pronuba* (sept pollinies). Je dois ajouter qu'il a pris le premier de ces papillons, portant des pollinies de cet Orchis, dans mon parterre, bien qu'il soit distant de plus d'un quart de mille de tout lieu habité par la plante. Je dis dans le texte que je ne sais pas pourquoi les pollinies divergent afin de frapper les deux surfaces latérales du stigmate ; mais l'explication en est simple. La paroi supérieure du nectaire est voûtée, formée de chaque côté par le disque de la pollinie correspondante. Si maintenant un papillon introduit sa trompe obliquement (et il n'y a pas de crêtes-guides, comme chez l'*Anacamptis pyramidalis*, pour l'obliger à l'engager directement en avant), ou si l'on introduit obliquement une soie de porc, une seule pollinie, comme me l'ont prouvé des expériences, est enlevée. Dans ce cas la pollinie s'attache de préférence à l'un des côtés de la soie ou de la trompe, et son extrémité, après le mouvement vertical d'abaissement, est placée exactement de manière à frapper le stigmate correspondant]. C. D., mai 1869.

semble avoir beaucoup d'attrait pour les lépidoptères, car les pollinies sont enlevées de bonne heure et avec succès. Par exemple, dans un épi qui portait quarante-cinq fleurs ouvertes, quarante et une avaient leurs pollinies enlevées ou du pollen déposé sur leurs stigmates; dans un autre épi chargé de cinquante-quatre fleurs, trente-sept avaient deux pollinies enlevées et quinze une seule, de sorte que dans tout l'épi deux fleurs seulement n'avaient point perdu de pollinies.

Gymnadenia albida. — Sur beaucoup de points de sa structure, cette fleur ressemble à la précédente, mais le renversement du labellum la rend presque tubulaire. Les glandes sont nues, petites, mais allongées et rapprochées. Les surfaces stigmatiques sont en partie latérales et divergentes, le nectaire court et plein de nectar. Quelque petites que soient les fleurs, elles semblent attirer puissamment les insectes : des dix-huit fleurs inférieures d'un épi, dix avaient deux pollinies enlevées, sept n'en avaient plus qu'une. Dans quelques épis dont les fleurs étaient plus avancées, toutes les pollinies étaient enlevées, excepté dans deux ou trois fleurs supérieures[1].

[1] [Le professeur Asa Gray a publié quelques détails intéressants (*American Journal of Science*, vol. XXXIV, 1862, note, p. 260 et p. 426; et vol. XXXVI, 1863, p. 293) sur le *Gymnadenia tridentata*, espèce américaine. L'anthère s'ouvre dans le bouton, et invariablement un peu de pollen tombe sur « l'extrémité nue et cellulaire de l'étroite proéminence du rostellum, et, chose étrange, les tubes polliniques s'engagent dans la

Habenaria ou *Platanthera chlorantha*.—Les pollinies du grand Orchis papillon diffèrent considérablement de celles des espèces mentionnées jusqu'ici. Les loges de l'anthère sont séparées l'une de l'autre par une large membrane connective. Les pollinies sont inclinées en arrière (*fig.* 11), et les disques visqueux, déjetés en avant de la surface du stigmate, se font face l'un à l'autre. De cette position des disques résulte l'allongement des caudicules et des masses pollini-ques. Le disque visqueux est circulaire, et dans un jeune bouton consiste en une masse celluleuse dont les couches extérieures, qui répondent à la lèvre ou poche des Orchis, se résolvent en matière adhésive. Cette matière a la propriété de demeurer gluante au moins vingt-quatre heures, après que la pollinie a été retirée de sa cellule. Le disque, couvert exté-rieurement d'une épaisse couche de matière adhésive (voir la section C, faite de telle sorte que la couche de matière visqueuse soit en bas), est muni, sur son côté opposé et enveloppé, d'un petit pédicelle en forme de tambour. Ce pédicelle se continue avec la portion membraneuse du disque et présente le même tissu. A l'extrémité enveloppée du pédicelle, le cau-

substance de cette partie, de sorte que les fleurs se fécondent elles-mêmes ; cependant, toutes les combinaisons qui favorisent l'enlèvement des pollinies par les insectes (y compris le mouvement d'abaissement) sont aussi parfaites que chez les fleurs qui exigent le concours des in-sectes. » On ne peut donc guère douter que cette espèce ne soit croisée de temps en temps]. C. D., mai 1869.

dicule est attaché dans une direction transversale et se prolonge en une queue recourbée et rudimentaire, juste au-dessus du tambour. Ainsi le caudicule et le

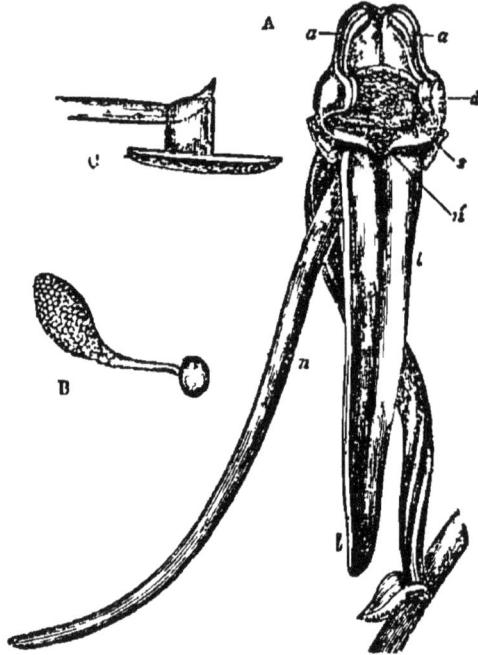

Fig. 11.

HABENARIA CHLORANTHA, OU GRAND ORCHIS PAPILLON.

aa. ANTHÈRE.   *n.* NECTAIRE.
d. DISQUE.   *n'.* ORIFICE DU NECTAIRE.
s. STIGMATE.   *l.* LABELLUM.

A. Face antérieure de la fleur : tous les sépales et pétales sont enlevés, à l'exception du labellum et de son nectaire.
B. Une pollinie (elle est à peine assez allongée). Le pédicelle, en forme de tambour, est caché derrière le disque.
C. Coupe d'un disque visqueux, du pédicelle en forme de tambour et de l'extrémité inférieure du caudicule.

disque visqueux s'unissent par l'intermédiaire d'une pièce qui leur est perpendiculaire, d'une manière très-différente de ce qui a lieu chez les autres Orchi-

dées d'Angleterre. Dans le court pédicelle en forme
de tambour, on voit une ébauche de ce long pédicelle
du rostellum qui, chez beaucoup de Vandées exotiques est si remarquable, et qui unit alors le disque visqueux au vrai caudicule de la pollinie.

Le pédicelle en forme de tambour a la plus haute
importance, non-seulement parce qu'il rend le disque
visqueux plus proéminent et plus propre à s'accoler
à la tête d'un insecte, lorsque celui-ci engage sa
trompe dans le nectaire, au-dessous du stigmate,
mais par rapport à son pouvoir de contraction. Les
pollinies sont inclinées en arrière dans leurs cellules
(voy. *fig.* A), au-dessus et un peu de chaque côté de la
surface du stigmate ; si elles se fixaient dans cette
position sur la tête d'un insecte, celui-ci pourrait
visiter un certain nombre de fleurs sans que le pollen soit déposé sur leurs stigmates. Mais voici ce qui
arrive. Quelques secondes après que l'extrémité inférieure du pédicelle a quitté la loge dans laquelle
elle était enveloppée et se trouve exposée à l'air, un
côté du tambour se contracte et cette contraction entraîne en dedans le gros bout des pollinies ; dès lors
le caudicule et la surface visqueuse du disque qui,
comme on le voit sur la coupe C, étaient d'abord parallèles, cessent de l'être. Au même moment le tambour tourne en décrivant environ un quart de cercle,
ce qui porte le caudicule en bas comme une aiguille
d'horloge et abaisse le gros bout de la pollinie ou

masse des grains de pollen. Après ce double mouvement, supposons que le disque droit, par exemple,
soit fixé au côté droit de la tête d'un insecte; lorsque
l'insecte, après un court intervalle de temps, visite
une autre fleur, l'extrémité pollinifère de la pollinie
s'étant abaissée et portée en dedans, frappera dès
lors infailliblement la surface gluante du stigmate,
lequel est situé au centre, sous et entre les loges
de l'anthère.

La petite queue rudimentaire du caudicule, qui
fait saillie au-dessus du pédicelle, est intéressante
pour ceux qui croient à la modification des espèces ;
elle nous montre que le disque s'est un peu déjeté en
dedans, et que primitivement les deux disques étaient
encore plus en avant du stigmate qu'ils ne le sont
aujourd'hui. Elle nous indique que, par sa structure
la forme originelle se rapprochait un peu plus du Bo-
natia speciosa, singulière Orchidée du cap de Bonne-
Espérance.

La remarquable longueur du nectaire, qui contient
beaucoup de nectar, l'apparence de la fleur et sa couleur
blanche, l'odeur suave qu'elle exhale fortement pendant la nuit, tout nous dit que le soin de fertiliser cette
plante est remis aux plus grands papillons nocturnes. Souvent j'ai trouvé des épis dont presque toutes
les pollinies étaient enlevées. A cause de la position
latérale des disques visqueux et de l'espace qui les sépare, le même papillon paraît n'enlever généralement

qu'une seule pollinie à la fois ; dans un épi qui n'avait pas encore été beaucoup visité, trois fleurs avaient perdu deux pollinies et huit n'en avaient plus qu'une. A cause de la position des disques, on peut prévoir que les pollinies se fixent latéralement sur la tête ou la face des papillons; M. F. Bond m'a envoyé un Hadena dentina qui avait un œil couvert et fermé par un disque, et un Plusia v. aureum avec un disque attaché au bord de l'œil. La viscosité des disques est si grande que, si l'on prend à la main une grappe de fleurs, presque toutes les pollinies sont enlevées par les pétales et les sépales qui, ébranlés, viennent toucher ces disques; et cependant il est certain que les papillons de nuit, peut-être les plus petites espèces, visitent souvent ces fleurs sans enlever les pollinies; car en examinant avec soin les disques d'un grand nombre de pollinies laissées dans leurs cellules, j'ai trouvé attachées à eux de petites écailles de lépidoptères.

Habenaria ou *Platanthera bifolia* (*petit Orchis papillon*[1]). — Je suis prévenu que cette forme et la pré-

---

[1] [Selon le docteur H. Müller, de Lippstadt, le *Platanthera bifolia* des auteurs anglais est le *Platanthera solstitialis* de Bœnninghausen ; il s'accorde parfaitement avec moi pour pour en faire une espèce distincte du *Platanthera chlorantha*. Il dit que cette dernière espèce est unie par une série de gradations à une autre, nommée en Allemagne *Platanthera bifolia*. Il donne un aperçu très-complet et très-important de la variabilité de ces espèces et de leur structure, en ce qui concerne leur fécondation. Voy. *Verhandl. d. Nat. Verein*, Jahr XXV, 3 Forlga, V Bd., s. 36-38]. C. D., mai 1869.

cédente sont considérées par M. Bentham et quelques
autres botanistes comme deux simples variétés d'une
même espèce ; car on dit que, relativement à la position de leurs disques visqueux, il y a entre elles des
gradations intermédiaires. Mais nous allons voir de
suite que ces deux formes diffèrent par un grand
nombre de caractères, abstraction faite des différences
dans leur aspect général et leur habitat, dont nous ne
nous occupons pas ici. Si dans la suite on vient à dé-
montrer que ces deux formes tendent actuellement
l'une vers l'autre, ce sera un remarquable exemple
de variation; et moi, entre autres, je serais aussi
heureux que surpris de ce fait, car certainement ces
deux plantes diffèrent plus l'une de l'autre que la
plupart des espèces du genre Orchis.

Les disques visqueux du petit Orchis papillon sont
ovales; ils se font face l'un à l'autre et sont beaucoup
plus rapprochés que dans la dernière espèce, tellement même que dans le bouton, lorsque leurs surfaces
sont cellulaires, ils se touchent presque. Ils ne sont
pas placés aussi bas par rapport à l'orifice du nectaire.
La matière visqueuse est d'une nature chimique un
peu différente, car elle devient beaucoup plus visqueuse quand on l'humecte, après l'avoir fait longtemps sécher, ou l'avoir plongée dans de l'alcool faible. On peut à peine dire qu'il y ait un pédicelle en
forme de tambour ; il est représenté par une crête
longitudinale tronquée à l'extrémité où s'attache le

caudicule. Dans la figure 12, les disques des deux
espèces sont représentés avec leurs proportions naturelles, vus verticalement d'en haut. Les pollinies,
lorsqu'elles ont été enlevées
de leurs cellules, exécutent
les mêmes mouvements; mais
celui qui les porte en dedans
semble être plus accentué
que dans la dernière espèce,
ce qui résulte de la position
du stigmate. Dans les deux
espèces, on peut se rendre

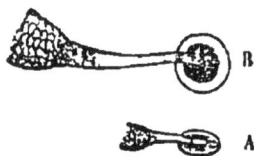

Fig. 12.

B. Disque et caudicule d'H. chlorantha, vus d'en haut, avec le
pédicelle en forme de tambour,
réduit.
A. Disque et caudicule d'H. bifolia, vus d'en haut.

compte du mouvement si, avec une pince, on enlève
une pollinie par son gros bout, et qu'on porte cette pollinie immobile sur la plaque du microscope; on verra
le plan du disque visqueux décrire un arc d'au moins
45°. Les caudicules du petit Orchis papillon sont relativement beaucoup plus petits que ceux de l'espèce voisine; les petits paquets de pollen sont plus
courts, plus blancs, et dans une fleur parfaitement
développée, s'isolent beaucoup plus promptement
l'un de l'autre. Enfin, la surface du stigmate n'a pas
la même forme, étant plus profondément trifide et
présentant deux saillies latérales situées au-dessous
des disques visqueux. Ces saillies resserrent l'entrée
du nectaire et la rendent presque quadrangulaire.
De là je peux conclure que le grand et le petit Orchis
papillon sont deux espèces distinctes, dont les carac-

tères différentiels sont masqués par une étroite ressemblance extérieure.

Dès que j'eus examiné le petit Orchis papillon, je
me sentis convaincu que, vu la position des disques
visqueux, il ne devait pas être fertilisé de la même
manière que le grand ; et depuis, grâce à l'obligeance
de M. F. Bond, j'ai vu deux papillons, l'Agrotis sege-
tum et l'Anaitis plagiata, l'un avec trois et l'autre
avec cinq pollinies attachées, non pas sur un des
côtés de la tête, comme pour l'espèce précédente,
mais à la base de la trompe. Je dois faire remarquer
que les pollinies de ces deux espèces d'Habenaria,
quand elles sont fixées sur les insectes, se reconnais-
sent au premier coup d'œil [1].

[1] [Le professeur Asa Gray a décrit la structure de dix espèces américaines du genre Platanthera (*American Journ. of Science*, vol. XXXIV,
1862, p. 143, 259 et 424 ; et vol. XXXVI, 1863, p. 292). La plupart
d'entre elles ressemblent, pour leur mode de fécondation, aux deux
espèces d'Angleterre ; mais quelques-unes, chez lesquelles les disques
visqueux sont l'un à côté de l'autre, présentent des dispositions curieuses, telles qu'un labellum cannelé, des sortes de boucliers latéraux,
etc., qui engagent les insectes à insérer leurs trompes directement en
avant. D'autre part, le *Platanthera Hookeri* (comme me l'a appris le
professeur Asa Gray, voy. même vol. XXXIV, 1862, p. 143) diffère à certain égard, et d'une manière très-intéressante, des deux espèces que j'ai
décrites. Les deux disques visqueux sont très-éloignés ; un papillon
pourrait donc, à moins d'être d'une très-grande taille, boire à l'abondante source de nectar sans en toucher aucun : mais ce péril est évité
de la manière suivante. La ligne médiane du stigmate est proéminente,
et le labellum, au lieu d'être pendant, se recourbe vers le haut : ainsi
la fleur se trouve être en avant presque tubulaire et se divise en deux
moitiés. Ceci oblige un papillon à se placer sur l'un ou l'autre côté pour
prendre le nectar, et de cette façon sa tête viendra presque certaine·

Nous avons terminé l'étude des Ophrydées, mais avant de passer à la tribu suivante je vais récapituler les principaux faits relatifs aux mouvements des pollinies; ils sont tous dus à la contraction minutieusement réglée d'une petite portion de membrane située entre la couche ou balle de matière adhésive et l'extrémité du caudicule, et, en outre, au pédicelle chez les Habenaria. Chez la plupart des espèces du genre Orchis, le stigmate est exactement au-dessous des cellules de l'anthère, et il suffit aux pollinies de se por-

ment toucher un des disques. Le pedicelle en forme de tambour se contracte après avoir été enlevé, comme chez le *Platanthera chlorantha.* Le professeur Gray a vu un papillon du Canada portant sur chacun de ses yeux une pollinie de cette espèce. Chez le *Platanthera flava* (selon le même botaniste, *American Journ. of Science*, vol. XXXVI, 1863, p. 292) le même résultat, l'entrée des papillons dans le nectaire par un de ses côtés, est atteint par d'autres procédés. Une étroite mais forte saillie s'élève de la base du labellum, et s'avance vers le bas et vers le haut, de manière à toucher presque la colonne; le papillon est ainsi forcé de s'abattre de l'un ou de l'autre côté, et de toucher un des disques. Chez le *Bonatea speciosa*, merveilleuse espèce du cap de Bonne-Espérance, on trouve une disposition semblable affectée au même usage.

Les *Platanthera hyperborea* et *dilatata* ont été regardés par quelques botanistes comme des variétés de la même espèce, et le professeur Asa Gray dit (*American Journ. of Science*, vol. XXXIV, 1862, p. 259 et 425) qu'il a été souvent sur le point de se ranger de cet avis; mais apres un examen plus approfondi, il trouve entre eux, outre d'autres caractères, une remarquable différence physiologique : le *Platanthera dilatata*, comme ses congénères, a besoin de l'intervention des insectes et ne pourrait pas se fertiliser lui-même, tandis que chez le *Platanthera hyperborea* les masses polliniques tombent ordinairement de leurs cellules, lorsque la fleur est très-jeune ou avant son éclosion, et le stigmate est fécondé sans croisement; mais les mécanismes variés qui favorisent le croisement existent toujours]. C. D., mai 1869.

ter directement en bas. Dans l'Orchis pyramidalis et les Gymnadenia, comme il y a deux stigmates latéraux et inférieurs, les pollinies se portent à la fois vers le bas et en dehors, et par un mécanisme différent dans l'une et l'autre espèce, divergent en formant un angle tel qu'elles puissent exactement s'appliquer sur les deux stigmates latéraux. Chez les Habenaria, la surface du stigmate étant inférieure et située entre les deux cellules staminales largement séparées, les pollinies s'abaissent encore, mais en même temps convergent l'une vers l'autre. Un poëte pourrait imaginer que les pollinies, tandis que portées sur le corps d'un papillon elles vont d'une fleur à l'autre, prennent volontairement et avec empressement, dans chaque espèce, l'attitude précise qui seule leur permettra de réaliser leur désir et de perpétuer leur race.

CHAPITRE III

Nous arrivons à une autre grande tribu d'Orchidées anglaises, les Néottiées, dont l'anthère est unique, libre, placée derrière le stigmate. Les grains de pollen sont reliés par de fins fils élastiques qui adhèrent partiellement entre eux et font saillie près de l'extrémité *supérieure* de la masse pollinique; c'est vers le bout opposé chez les Orchis. Dans beaucoup de cas, ces fils s'attachent finalement à la face dorsale du rostellum; mais les masses polliniques n'ont pas de vrais et distincts caudicules. Dans le seul genre Goodyera, les grains de pollen sont groupés en paquets comme chez les Orchis. Par leur mode de fertilisation, les Epipactis et les Goodyera sont très-voisins des Ophrydées, mais leur organisation est plus simple;

le Spiranthes rentre dans la même catégorie, bien qu'il diffère à certains égards. Le Cephalanthera semble être un Epipactis dégradé ou simplifié; comme il n'a point de rostellum, organe éminemment caractéristique, et que ses grains de pollen ne sont pas composés, il est aux autres Orchidées ce qu'un oiseau sans ailes serait au reste des oiseaux.

Epipactis palustris[1]. — La partie inférieure du stigmate est bilobée et fait saillie en avant de la colonne (voir *s* sur les dessins C, D, fig. XIII). Sur son sommet se trouve un rostellum unique, petit, presque globuleux. La face antérieure du rostellum (*r*, C, D) s'avance un peu au delà de la partie supérieure du stigmate, ce qui n'est pas sans importance. Dans un jeune bouton, le rostellum est une masse de cellules molles, dont la surface extérieure est rugueuse; pendant le développement, ces cellules superficielles changent beaucoup, car elles se convertissent en une trame ou membrane douce, unie, très-élastique, et tellement tendre qu'un cheveu d'homme la perfore; si l'on perfore ainsi cette membrane ou qu'on la frotte légèrement, sa surface devient laiteuse et quelque peu visqueuse, et les grains de pollen s'attachent à elle. Dans quelques cas, bien que j'aie observé ceci plus

---

[1] Je suis très-obligé envers M. A. G. More, de Bembridge (île de Wight), qui m'a plusieurs fois envoyé des échantillons frais de ce bel Orchis.

complétement dans l'Epipactis latifolia, la surface du rostellum paraît devenir laiteuse et visqueuse sans qu'on l'ait touchée. Cette membrane extérieure, douce et élastique, coiffe comme un bonnet le rostellum, et intérieurement elle est tapissée par une couche de matière beaucoup plus adhésive; exposée à l'air, cette matière se dessèche en cinq ou dix minutes. En poussant légèrement le bonnet en haut et en arrière avec un objet quelconque, on l'enlève tout entier, lui et son enduit visqueux, avec une extrême facilité; et un petit moignon carré, la base du rostellum, reste seul sur le sommet du stigmate.

Dans le bouton, l'anthère est tout à fait libre derrière le rostellum et le stigmate; elle s'ouvre de haut en bas avant l'épanouissement de la fleur, et laisse à découvert deux masses polliniques ovales, qui sont alors libres dans leurs loges. Le pollen consiste en granules sphériques, réunis par groupes de quatre; ces grains composés sont reliés entre eux par des fils fins et élastiques. Ces fils forment des paquets qui s'étendent dans le sens longitudinal le long de la ligne médiane de la face antérieure de chaque pollinie, vers le point où elle se trouve en contact avec la partie postérieure et supérieure du rostellum. Tel est le nombre de ces fils, que cette ligne médiane paraît plus foncée, et que chaque masse pollinique montre une tendance à être divisée longitudinalement en deux moitiés : à tous ces points de vue, il y a une

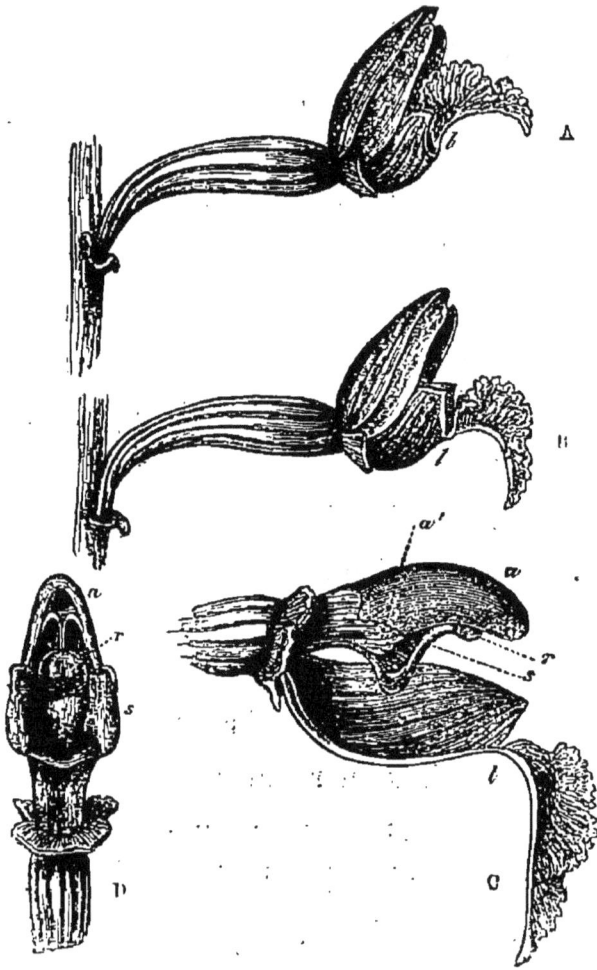

Fig. 15.

EPIPACTIS PALUSTRIS.

a. Anthère ; on voit en D les deux loges ouvertes.

d. Anthère rudimentaire ou auricule, dont je parlerai dans un autre chapitre.

r. Rostellum ; — *s.* Stigmate ; — *l.* Labellum.

A. Vue latérale de la fleur (les sépales inférieurs sont seuls enlevés) dans sa position naturelle.

B. Vue latérale de la fleur, avec le segment terminal du labellum abaissé, comme il le serait par le poids d'un insecte.

C. Vue latérale de la fleur, avec tous les sépales et pétales enlevés, à l'exception du labellum, dont on a retranché la partie qui serait en avant sur le dessin ; on peut voir combien l'anthère est grosse et massive.

D. Face antérieure de la colonne, avec tous les sépales et pétales enlevés : le rostellum s'est un peu abaissé dans la fleur ici représentée, et doit avoir été plus haut, de façon à cacher une plus grande partie des loges de l'anthère.

grande ressemblance générale entre ces pollinies
et celles des Ophrydées.

La ligne suivant laquelle les fils parallèles se dirigent en plus grand nombre, est la plus résistante ;
partout ailleurs les pollinies sont extrêmement friables, et même des masses de pollen s'en détachent facilement. Dans le bouton, le rostellum est un peu courbé en arrière et pressé contre l'anthère qui vient de
s'ouvrir ; les faisceaux de fils élastiques dont j'ai
parlé, étant un peu proéminents, contractent alors une
forte adhérence avec le pan postérieur du bonnet
membraneux du rostellum. Le point d'attache se
trouve un peu au-dessous du sommet des masses
polliniques ; mais sa position exacte est un peu variable, car j'ai vu des fleurs chez lesquelles ce point
était à un cinquième de la longueur des pollinies, à
partir de leur sommet. Cette variabilité offre un grand
intérêt, car c'est un pas conduisant à la structure des
Ophrydées, chez lesquelles les fils réunis ou caudicules naissent des extrémités inférieures des masses polliniques. Lorsque les pollinies se sont fermement attachées par leurs fils à la face postérieure
du rostellum, celui-ci s'incurve légèrement en
avant, ce qui les entraîne en partie hors des loges
de l'anthère. Le bout supérieur de l'anthère est
mousse, ferme, dépourvu de pollen ; il s'avance légèrement au delà de la surface du rostellum, circon-
stance qui, comme nous le verrons, est importante.

Les fleurs (*fig.* A) se détachent horizontalement de la tige. Le labellum a une curieuse forme, comme on peut le voir sur les dessins : la moitié terminale, qui s'avance au delà des autres pétales et forme un excellent pied-à-terre pour les insectes, est unie à la moitié basilaire par une charnière étroite; elle est naturellement un peu redressée (*fig.* A), et ses bords s'engagent en dedans de ceux de la portion basilaire. La charnière d'union est si flexible et si élastique, que le poids d'une seule mouche, M. More me l'assure, abaisse la portion terminale (la figure B représente une fleur dans cet état); mais le poids est à peine enlevé, qu'instantanément elle se redresse, reprend sa position première et habituelle (*fig.* A), et à l'aide des curieuses crêtes médianes dont elle est garnie, ferme en partie l'entrée de la fleur. La portion basilaire du labellum est une coupe qui, en temps opportun, se remplit de nectar.

J'ai dû décrire avec détail toutes ces parties; voyons maintenant comment elles fonctionnent. La première fois que j'étudiai cette fleur, je fus très-embarrassé : suivant la même marche que si c'eût été un véritable Orchis, je poussai délicatement vers le bas le proéminent rostellum, et il se déchira sans aucune peine; je retirai un peu de matière visqueuse, mais les pollinies restèrent dans leurs loges. Réfléchissant à la structure de la fleur, j'eus l'idée qu'un insecte y entrant pour aspirer le nectar, comme le

segment terminal du labellum s'abaisserait sous lui,
ne toucherait pas le rostellum; mais qu'une fois en-
tré dans la chambre florale, ce même segment s'étant
redressé, il serait presque forcé, pour sortir, de mon-
ter parallèlement au stigmate dans le haut de la fleur.
J'effleurai alors légèrement le rostellum en haut et
en arrière avec une plume d'oiseau ou quelque objet
semblable; je fus heureux de voir avec quelle facilité
le bonnet membraneux du rostellum se détachait, et
grâce à sa grande élasticité, s'adaptait à l'objet, quelle
que soit sa forme, puis s'attachait fermement à lui en
vertu de la viscosité de sa surface inférieure. Avec le
bonnet, de grosses masses de pollen qui lui étaient
unies par les fils furent nécessairement enlevées.

Néanmoins je n'enlevais pas les masses polliniques
aussi nettement que le font les insectes; j'ai fait la
même expérience sur une douzaine de fleurs, toujours avec ce résultat imparfait. J'ai pensé alors
qu'un insecte, en sortant de la fleur, doit naturellement heurter avec quelque partie de son
corps, l'extrémité supérieure, mousse et saillante de
l'anthère, qui s'avance au-dessus du stigmate. En
conséquence, j'ai dirigé ma plume de telle sorte que,
effleurant de bas en haut le rostellum, je l'ai poussée
contre le bout mousse et résistant de l'anthère (voy.
sect. C); ceci délivra dès la première fois les pollinies, et elles furent retirées en entier. C'est ainsi
qu'enfin je compris le mécanisme de la fleur.

L'anthère est grosse, située presque parallèlement au stigmate et derrière lui (sect. C), de sorte que les pollinies, quand un insecte les enlève, doivent naturellement s'attacher à son corps dans la position qui leur permet de frapper, dès que leur porteur s'abat sur une nouvelle fleur, la surface presque parallèle du stigmate. Il suit de là qu'ici et chez les autres Néottiées, le mouvement d'abaissement qu'exécutent si communément les pollinies des Ophrydées, n'a pas lieu. Lorsqu'un insecte portant des pollinies fixées à son dos ou à sa tête, entre dans une autre fleur, le facile abaissement du segment terminal du labellum joue sans doute un rôle important; car les masses polliniques sont extrêmement friables, et si, en entrant, elles venaient à heurter les extrémités des pétales, il pourrait se perdre beaucoup de pollen; mais, grâce à lui, un large passage s'ouvre, et le stigmate visqueux avec sa partie inférieure proéminente, située en face, est le premier objet contre lequel les masses polliniques, s'avançant au-devant du dos de l'insecte, doivent naturellement frapper[1]. Je n'ai pas compté les

[1] Craignant d'avoir exagéré l'importance de la conformation spéciale du labellum, j'ai prié M. A. G. More de couper le segment terminal et flexible de ce pétale sur quelques fleurs, avant leur épanouissement, mais je l'ai fait trop tard. Il n'a pu expérimenter ainsi que sur deux fleurs, situées près du sommet de l'épi. Les capsules qui succédèrent à ces fleurs étaient certainement petites; mais cela résultait peut-être de leur position. En outre, ces capsules me furent envoyées et perdirent malheureusement la plus grande partie de leurs graines pendant le voyage; je n'ai donc pu reconnaître si les graines étaient bien formées.

fleurs, mais, dans quelques épis que m'a envoyés
M. More, la grande majorité des pollinies avaient été
prises naturellement et nettement par un insecte
inconnu[1].

Sur le peu de graines qui restaient, beaucoup étaient mauvaises et
ridées.

[L'année suivante, M. More a repris cette expérience; il a enlevé le
segment flexible et terminal du labellum sur neuf fleurs : trois d'entre
elles n'ont pas produit de capsules séminifères, mais ceci est sans doute
accidentel. Sur les six bonnes capsules obtenues, deux avaient à peu
près autant de graines que les capsules provenant de fleurs non mutilées
du même pied; mais quatre en contenaient beaucoup moins. Quant aux
graines elles-mêmes, elles étaient bien conformées. Ces expériences,
dans la limite de leur étendue, permettent de croire que la portion terminale du labellum joue un rôle important en réglant l'entrée des
insectes dans la fleur et leur sortie, en vue d'une parfaite fécondation.]
C. D. mai 1869.

[1] [Mon fils, M. W. E. Darwin, a étudié avec soin pour moi cette plante,
dans l'île de Wight. Les abeilles de ruche semblent être les principaux
agents de la fécondation ; il a vu une vingtaine de fleurs environ visitées
par ces insectes qui, pour la plupart, avaient des masses polliniques
attachées au-devant de leur tête, juste au-dessus des mandibules. J'ai
supposé que les insectes s'introduisent dans les fleurs ; mais les abeilles
sont trop grosses pour pouvoir le faire ; elles s'attachaient toujours,
pendant qu'elles puisaient le nectar, au segment terminal et mobile du
labellum, qui se trouvait ainsi abaissé. Comme ce segment est élastique
et tend à se redresser, les abeilles, en quittant la fleur, semblaient
s'envoler en s'élevant un peu ; ceci favoriserait, selon moi, le parfait
enlèvement des pollinies, tout autant que le ferait l'insecte en se diri-
geant vers le haut lorsqu'il sort de la fleur. Peut-être, cependant, ne
serait-ce pas aussi nécessaire que je l'ai supposé ; car, à en juger par le
point d'attachement des pollinies sur le corps des abeilles, la partie
postérieure de la tête doit frapper, et par suite soulever l'extrémité
supérieure arrondie et ferme de l'anthère, ce qui dégagerait les masses
polliniques.

Beaucoup d'autres insectes, outre les abeilles, visitent cet *Epipactis*.
Mon fils a vu quelques grosses mouches (*Sarcophaga carnosa*) fréquenter
ces fleurs; mais elles ne le faisaient pas aussi nettement et aussi régulièrement que les abeilles ; néanmoins, deux d'entre elles avaient des

Epipactis latifolia. — Cette espèce ressemble à la précédente pour tous les détails que je viens de donner ; seulement le rostellum s'avance beaucoup plus loin en avant du stigmate, et l'extrémité supérieure de l'anthère s'avance moins. La matière visqueuse qui tapisse le bonnet élastique du rostellum met plus longtemps à durcir. Les sépales et pétales supérieurs sont plus largement ouverts que dans l'Epipactis palustris : le segment terminal du labellum est plus petit et fermement uni au segment basilaire (*fig.* 14); il n'est donc plus flexible et élastique : apparemment son unique rôle est de servir de pied-à-terre aux insectes. Pour que la fécondation ait lieu, il suffit qu'un insecte pousse en haut et en arrière le rostel-

masses polliniques attachées à leur tête. Quelques mouches plus petites (*Cœlopa frigida*) sont aussi entrées dans les fleurs, et à leur sortie, des masses polliniques étaient plus irrégulièrement attachées à la face dorsale de leur thorax. Trois ou quatre espèces d'Hyménoptères (l'un de petite taille, le *Crabro brevis*) visitaient aussi les fleurs ; et trois d'entre ces Hyménoptères portaient des masses polliniques sur la face dorsale de leurs corps. Des Diptères encore plus petits, des Coléoptères et des fourmis venaient également aspirer le nectar, mais ils paraissaient trop petits pour pouvoir transporter des masses polliniques. Il est étonnant que quelques-uns des insectes précédents visitent les fleurs ; M. F. Walker m'informe en effet que le *Sarcophaga* fréquente les matières animales en décomposition, et le *Cœlopa* une algue qui, par exception, produit des fleurs ; le *Crabro*, comme je l'apprends de M. Smith, cherche de petits Coléoptères (*Halticæ*) pour en approvisionner son nid. En voyant que de si nombreuses espèces d'insectes peuvent visiter cet *Epipactis* je m'étonne aussi d'avoir vu mon fils observer pendant quelques heures, à trois reprises différentes, des centaines de ces plantes, sans avoir surpris à s'arrêter sur ces fleurs une seule des nombreuses abeilles sauvages qui volaient autour d'elles.] C. D., mai 1869.

lum, qui est très-saillant; il doit pouvoir le faire en
se retirant, après avoir puisé à l'abondante source de
nectar que contient la cupule du labellum. Il ne paraît nullement être nécessaire que l'insecte pousse
en arrière le bout supérieur de l'anthère, qui est peu
proéminent; du moins j'ai vu que pour enlever aisément les pollinies, il suffit de tirer le bonnet du rostellum dans une direction postéro-supérieure.

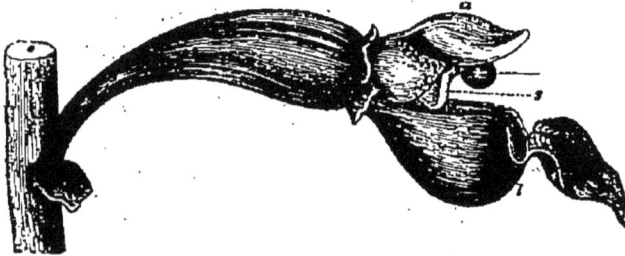

Fig. 14.

EPIPACTIS LATIFOLIA.

Fleur vue de côté, avec tous les sépales et pétales enlevés, sauf le labellum.
a. Anthère. — r. Rostellum. — s. Stigmate. — l. Labellum.

En Allemagne, C. K. Sprengel a pris une mouche
qui portait sur son dos des pollinies de cette espèce.
En Angleterre, les insectes aiment à visiter ces fleurs;
pendant les mois froids et pluvieux de 1860, dans le
Sussex, un de mes amis examina cinq épis portant
quatre-vingt-cinq fleurs ouvertes : cinquante-trois
d'entre elles avaient perdu leurs pollinies, et trente-
deux les avaient encore; mais comme plusieurs de
ces dernières étaient immédiatement au-dessous des
boutons, de nouvelles pollinies auraient presque cer-

tainement été enlevées dans la suite. Dans le Devon-
shire, j'ai trouvé un épi de neuf fleurs épanouies, et
toutes les pollinies étaient enlevées à une seule exception près : une mouche, trop faible pour enlever
ces petits corps, était demeurée engluée à eux et au
stigmate, victime d'une mort misérable[1].

[1] [Cette Orchidée n'est pas commune dans nos environs; cependant,
j'ai eu l'heureuse chance d'en voir croître quelques pieds dans une allée
couverte de gravier, près de ma maison ; j'ai pu les observer pendant
plusieurs années et j'ai découvert ainsi quels insectes les fertilisaient.
Quoique des abeilles de ruche et des abeilles sauvages de différentes
espèces fussent constamment autour de ces plantes, alors complétement
fleuries, je n'en ai jamais vu une, ni aucun insecte Diptère, visiter ces
fleurs ; d'autre part, j'ai vu à plusieurs reprises, chaque année, la guêpe
commune (*Vespa sylvestris*) en aspirer le nectar. J'ai vu également les
masses polliniques enlevées et transportées à d'autres fleurs sur les
têtes des guêpes, et la fécondation ainsi effectuée. En outre, M. Oxenden
m'a informé qu'un vaste groupe d'*E. purpurata* (forme dont certains
botanistes font une espèce et d'autres une variété), était fréquenté par
« des essaims de guêpes. » Il est très-remarquable que le suc mielleux
de cet Epipactis n'ait d'attrait pour aucune espèce d'abeille. Si les guêpes
venaient à disparaître de quelque district, il en serait de même de
l'*Epipactis latifolia*.

Le docteur H. Müller, de Lippstadt, a publié (*Verhandl. d. Nat. Verein*,
Jahr 35, III Folge, Bd., pp. 7–36) quelques observations très-impor-
tantes sur les différences dans la structure et le mode de fécondation
qui séparent les *Epipactis rubiginosa*, *microphyla* et *viridiflora*, et sur
les affinités qui les réunissent. La dernière espèce est très-remarquable
par son manque de rostellum et sa fécondation directe régulière; ceci
résulte de ce que le pollen non cohérent de la partie inférieure des
masses polliniques émet, lorsqu'il est encore dans les loges de l'anthère, et même lorsque la fleur est encore à l'état de bouton, des tubes
polliniques qui s'engagent dans le tissu du stigmate. Il est probable
cependant que cette espèce est visitée par les insectes, et que des croi-
sements ont lieu quelquefois ; car le labellum contient du nectar. L'*E.
microphylla* est également remarquable, étant intermédiaire entre
l'*E. latifolia* qui est toujours fertilisée par les insectes, et l'*E. viridiflora*

Cephalanthera grandiflora. — Cette Orchidée semble intimement liée aux Epipactis, bien que certains auteurs l'aient classée dans un rang très-différent. Le stigmate a relativement à l'anthère la même position que chez les Epipactis; mais, par une exception sans autre exemple (mes remarques ne s'appliquent jamais au groupe si différent des Cypripédiées), il n'y a point de rostellum. L'anthère est semblable à celle des Epipactis, mais elle située plus haut par rapport au stigmate. Le pollen est extrêmement friable, et s'attache promptement à tout objet qui vient à l'effleurer; ses granules sphériques sont isolés, au lieu d'être unis par groupes de trois ou de quatre, comme chez toutes les autres Orchidées[1]; ils sont reliés entre eux par des fils élastiques faibles et peu nombreux : ainsi l'état du pollen, aussi bien que l'avortement du rostellum, témoigne d'une dégradation dans la structure. L'anthère s'ouvrant avant l'éclosion de la fleur, rejette une partie du pollen, qui se groupe en deux colonnes verticales presque libres : chacune d'elles est presque divisée en deux moitiés longitudinales. Ces colonnes ainsi subdivisées se voient vis-à-vis du sommet quadrangulaire du stigmate, qui s'élève jusqu'au

qui n'exige pas forcément leur intervention. Tout le mémoire du docteur H. Müller mérite d'être étudié avec soin.] C. D., mai 1869.

[1] Cette séparation des grains de pollen a été observée et figurée par Bauer dans la planche publiée par Lindley dans ses splendides *Illustrations of orchidaceous plants.*

tiers environ de leur hauteur. (Voir la vue de face B et la vue latérale C.)

Avant l'épanouissement de la fleur, ou du moins avant qu'elle soit ouverte aussi complétement qu'elle doit l'être, les grains de pollen qui s'appuyent contre le bord supérieur aigu du stigmate (mais non ceux qui occupent les extrémités supérieures et inférieures de la masse) émettent une multitude de tubes qui pénètrent profondément dans le tissu de cet organe. Après cela, le stigmate s'infléchit en avant, d'où il résulte que les deux fragiles colonnes de pollen se dégagent tout à fait des loges de l'anthère et même restent suspendues au-dessus de lui : les tubes polliniques qui ont pénétré dans la substance du stigmate les relient à lui et leur servent de support en avant. Si elles n'avaient ce point d'appui, les colonnes ne tarderaient pas à tomber.

Contrairement à ce qui a lieu chez l'Epipactis, la fleur se tient droite ; la partie inférieure du labellum est redressée et parallèle à la colonne (fig. A), les bords des pétales latéraux ne s'écartent jamais beaucoup l'un de l'autre [1] ; ainsi les colonnes de pollen se trouvent protégées contre le vent, et comme la fleur est dressée, leur poids ne les entraîne pas en bas. Ces points sont d'une haute importance pour la plante, car autrement le pollen, au moindre souffle,

---

[1] Bauer figure des fleurs beaucoup plus largement ouvertes ; tout ce que je puis dire, c'est que je n'en ai vu aucune dans cet état

tomberait et serait perdu. Le labellum se compose de
deux parties, comme celui des Epipactis ; et quand la
fleur est à sa période de maturité, la portion termi-

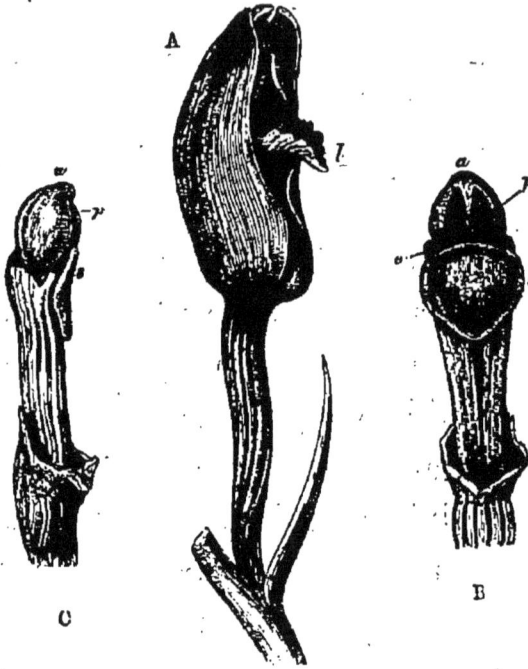

Fig. 15.

CEPHALANTHERA GRANDIFLORA.

a. Anthère ; sur la vue de face B, on voit les deux loges et le pollen.
o. Anthère rudimentaire ou auricule.
p. Masses de pollen.
s. Stigmate.
l. Segment terminal du labellum.
A. La fleur complète et entièrement épanouie, vue obliquement.
B. La colonne vue en face, avec tous les sépales et pétales enlevés.
C. Vue latérale de la colonne, avec tous les sépales et pétales enlevés; on peut
   à peine voir les minces colonnes de pollen, entre l'anthère et le stigmate.

nale, qui est petite et triangulaire, se rabat à angle
droit sur l'autre ; elle devient ainsi une sorte de
petit palier devant une porte triangulaire, placée à

la moitié de la hauteur d'une fleur figurant presque un tube, et par laquelle les insectes peuvent entrer. Je n'ai pas vu de nectar ; mais comme la partie inférieure du labellum forme une petit coupe et présente la même structure que chez les Epipactis, je présume qu'il s'en produit. Bientôt, dès que la fleur est parfaitement fécondée, le segment terminal du labellum se relève, ferme la porte triangulaire, et de nouveau recouvre entièrement les organes de la fructification.

Puisqu'une multitude de tubes polliniques pénètrent de bonne heure dans le tissu du stigmate, où j'ai pu les suivre fort loin, il semble que nous avons ici un second cas (le premier est celui de l'Ophrys Abeille) de fécondation sans croisement perpétuelle. Fortement surpris de cela, je me suis demandé pourquoi le segment terminal du labellum, pendant une courte période de temps, s'abat-il et ouvre-t-il la chambre florale ? Quel est l'usage de la grande masse de pollen, qui se trouve au-dessus et au-dessous de cette couche de grains dont les tubes pénètrent seuls dans le stigmate par son bord supérieur ? Le stigmate a une surface visqueuse, large et plate ; et pendant quelques années j'ai presque invariablement trouvé des masses de pollen adhérent à sa surface, tandis que par un mécanisme quelconque les fragiles colonnes polliniques s'étaient brisées [1].

---

[1] [Pendant l'année 1862, les fleurs de cet Orchis ont paru beaucoup moins fréquemment visitées par les insectes que pendant les année

J'ai pensé que, bien que les fleurs soient dressées et les colonnes bien protégées contre le vent, les masses polliniques pourraient à la longue s'affaisser, en vertu de leur propre poids, tomber ainsi sur le stigmate et déterminer une fécondation sans croisement. En conséquence, j'ai couvert d'un filet une plante portant quatre boutons, et j'ai examiné ces fleurs aussitôt qu'elles furent fanées ; les larges stigmates de trois d'entre elles n'avaient point reçu de pollen, mais quelques grains étaient tombés sur un coin du quatrième. De plus, sauf le sommet d'une colonne pollinique de cette dernière fleur, toutes les colonnes étaient encore droites et non brisées. J'ai examiné les fleurs de quelques pieds croissant dans les environs, et partout j'ai trouvé, comme je l'avais déjà fait si souvent, les colonnes brisées et les masses de pollen sur les stigmates.

On peut donc sûrement conclure que des insectes visitent ces fleurs, dispersent le pollen et en laissent quelques masses sur les stigmates. On voit dès lors que si le segment terminal du labellum se rabat pour établir momentanément un palier et une porte ; si le labellum est dressé, ce qui rend la fleur tubulaire

précédentes ; il y eut peu de masses de pollen brisées. Bien que j'aie examiné ces fleurs à plusieurs reprises, je n'ai jamais trouvé trace de nectar ; mais j'ai lieu de soupçonner que les crêtes dont est pourvue la base du labellum ont quelque attrait pour les insectes ; ils viendraient les ronger, comme ils le font sur beaucoup de fleurs de Vandées et d'autres Orchidées exotiques.] C. D., mai 1869.

et force les insectes à se glisser tout auprès du stigmate ; si le pollen s'attache de suite à tout objet qui
le touche et se groupe en colonnes fragiles, mais protégées contre le vent ; enfin, s'il y a de grosses masses de pollen au-dessus et au-dessous de la couche
pollinique dont les grains émettent seuls des tubes
pénétrant dans le stigmate : toutes ces dispositions
sont coordonnées et chacune d'elles est utile ; or elles
seraient sans usage, si la fleur était soumise à une
fécondation directe exclusive.

Afin de reconnaître jusqu'à quel point la cons-
tante et hâtive pénétration des grains de pollen par
le bord supérieur du stigmate , auquel ils se fixent,
entraîne une fécondation efficace , je couvris une
plante immédiatement avant l'épanouissement des
fleurs, et j'enlevai le léger filet dont je m'étais
servi, dès qu'elles commencèrent à se faner. Grâce
à une longue expérience, j'étais sûr qu'en les couvrant ainsi quelque temps, je ne nuirais pas à leur
fertilité. Ces quatre fleurs couvertes produisirent
autant de belles capsules qu'aucune de celles des
plantes voisines. Quand ces capsules furent mûres,
je les cueillis, ainsi que celles de quelques autres
plantes croissant dans des conditions semblables,
et je pesai les graines dans une balance chimique.
Les graines des quatre capsules cueillies sur des
plantes non couvertes pesaient un grain et demi,
et celles d'un même nombre de capsules prises

sur la plante couverte, moins d'un grain ; mais
ceci ne donne pas une bonne idée des différences
relatives de fertilité, car j'ai remarqué qu'un
grand nombre des graines de cette dernière plante
étaient réduites aux téguments atrophiés et ridés.
En conséquence j'ai mêlé les graines, puis j'ai pris
quatre petits lots dans l'un des tas et quatre dans
l'autre, et les ayant trempés dans l'eau, je les ai
comparés sous le microscope composé ; sur quarante graines provenant de la plante non couverte,
quatre seulement étaient mauvaises, tandis que sur
quarante graines de la plante couverte, vingt-sept au
moins ne valaient rien ; il y avait donc presque sept
fois plus de graines mauvaises sur la plante couverte
que sur celles auprès desquelles les insectes avaient
libre accès.

Ainsi, nous avons un cas complexe et curieux : par
les tubes polliniques qui pénètrent de bonne heure
dans le stigmate, fécondation directe perpétuelle
mais à un degré extrêmement imparfait ; ceci serait
fort utile à la plante, au cas où les insectes viendraient
à ne pas visiter ses fleurs. Cependant, le principal
rôle de cette pénétration des tubes polliniques semble
être de retenir les colonnes de pollen à leurs places,
afin que les insectes, en s'agitant dans la fleur, puissent se couvrir de la poussière fécondante. Les insectes concourent habituellement beaucoup à la
réalisation de cette fécondation directe imparfaite,

en transportant le pollen d'une fleur sur son propre stigmate ; mais un insecte ainsi enduit de pollen ne peut guère manquer d'unir aussi deux fleurs distinctes. Il semble même probable, d'après la situation relative des parties (quoique j'aie négligé de m'en assurer en enlevant d'avance les anthères, afin de voir si le pollen déposé sur le stigmate provenait d'une autre fleur) que l'insecte se couvrirait plus fréquemment de pollen en sortant d'une fleur qu'en y entrant, et sans doute ceci favoriserait l'union de deux fleurs distinctes. Le Cephalanthera n'offre donc qu'une demi-exception à cette règle générale qu'une fleur d'Orchidée est fécondée par le pollen d'une autre fleur de même espèce.

Goodyera repens[1]. — Ce genre, pour la plupart de ceux de ses caractères qui nous concernent, est intimement uni aux Epipactis. Le rostellum, en forme de bouclier et presque carré, s'avance au delà du stigmate ; il est soutenu de chaque côté par des crêtes inclinées, s'élevant du bord supérieur du stigmate, presque de la même manière que chez le Spiranthes, comme nous allons bientôt le voir. La surface de la partie saillante du rostellum est rude, et quand elle est sèche, on peut voir qu'elle est formée de cellules ; elle est délicate, et quand on la pique légèrement,

---

[1] Des plantes de cette rare espèce, qui croît dans les montagnes, m'ont été envoyées avec beaucoup d'obligeance par le Rév. G. Gordon, d'Elgin.

laisse exsuder une goutte de fluide laiteux et visqueux ; elle est couverte d'une couche de matière très-
adhésive, qui durcit promptement quand on l'expose
à l'air. La surface saillante du rostellum, quand on
la frotte doucement vers le haut, s'enlève aisément,
et entraîne avec elle un morceau de membrane à l'extrémité postérieure duquel sont attachées les pollinies.

Les crêtes inclinées qui soutiennent le rostellum
ne sont pas retirées en même temps, mais restent
saillantes en haut et figurant une fourche, puis bientôt se flétrissent. L'anthère repose sur un filet long
et large ; des deux côtés une membrane unit ce filet
aux bords du stigmate, ce qui forme imparfaitement une coupe ou clinandre. Les loges de l'anthère
s'ouvrent dans le bouton, et les pollinies s'attachent
par leurs faces antérieures, juste au-dessous de leurs
sommets, à la face postérieure du rostellum ; à la
fin, l'anthère s'ouvre largement, laissant les pollinies presque à découvert, quoique en partie abri-
tées par la coupe membraneuse ou clinandre. Chaque
pollinie est incomplétement divisée dans le sens de
sa longueur ; les grains de pollen sont groupés en
masses presque triangulaires, qui renferment une
multitude de grains ; chaque grain se compose de
quatre granules, et les masses sont liées entre elles
par des fils élastiques très-forts qui, à leurs extrémités
supérieures, se réunissent et forment une seule bande

brune, aplatie et élastique, dont le bout tronqué adhère à la face postérieure du rostellum.

La surface orbiculaire du stigmate est très-visqueuse, ce qui lui permet de rompre les fils unissant les paquets de pollen, dont la résistance est ici plus grande que de coutume. Le labellum est incomplétement partagé en deux parties : le segment terminal est réfléchi, et le segment basilaire, en forme de cupule, est plein de nectar. L'entrée de la fleur est un passage resserré entre le rostellum et le labellum. Depuis que j'ai étudié le Spiranthes, dont je vais parler de suite, j'ai soupçonné qu'à la maturité de la fleur la colonne s'écarte davantage du labellum, afin de permettre aux insectes portant des pollinies attachées à leur tête ou à leur trompe, d'entrer plus librement. Dans beaucoup des échantillons qu'on m'a envoyés, les pollinies avaient été enlevées par les insectes, et la petite fourche formée par les deux branches qui soutenaient le rostellum était demi flétrie [1].

[1] [M. R. B. Thomson m'informe que dans le nord de l'Écosse il a vu beaucoup d'abeilles sauvages visiter ces fleurs et enlever leurs pollinies, qui étaient attachées à leurs trompes. L'insecte qu'il m'a envoyé est le *Bombus pratorum*. Cette espèce existe aussi aux États-Unis; et le professeur Gray (*Amer. Journ. of Science*, v. XXXIV, 1862, p. 427) confirme les idées que j'ai émises sur sa structure et son mode de fécondation, qui sont également applicables à une espèce très-distincte, le *Goodyera pubescens*. M. Gray pense que le passage conduisant dans la fleur, très-étroit d'abord, devient plus large, comme je l'avais soupçonné, lorsque la floraison est plus avancée; mais il croit que c'est la colonne, et non le labellum, qui change de position.] C. D., mai 1869.

Le Goodyera nous intéresse ; c'est un anneau qui relie entre elles quelques formes très-distinctes. Aucune autre Néottiée ne m'a paru être plus près d'avoir un vrai caudicule[1], comme celui des Ophrydées ; et, chose curieuse, dans ce genre seul (autant que j'ai pu m'en assurer) les grains de pollen sont unis en gros paquets comme dans cette dernière tribu. Si les caudicules rudimentaires naissaient de l'extrémité inférieure des pollinies au lieu d'être fixés un peu au-dessous de leur sommet, les pollinies seraient presque identiques à celles d'un véritable Orchis. D'autre part, les deux crêtes inclinées qui soutiennent le rostellum et se flétrissent après l'enlèvement du disque visqueux, la cupule membraneuse ou clinandre qui se trouve entre le stigmate et l'anthère, et quelques autres détails, décèlent une affinité marquée avec le Spiranthes. La largeur du filet qui supporte l'anthère rappelle le Cephalanthera. Par la structure de son rostellum, à part l'existence

---

[1] Chez une espèce étrangère, le *Goodyera discolor*, que m'a envoyée M. Bateman, les pollinies se rapprochent encore plus par leur structure de celles des Ophrydées ; elles s'amincissent en de longs caudicules, rappelant beaucoup par leur forme ceux des Orchis. Le caudicule est formé d'un faisceau de fils élastiques, auxquels sont attachés de très-petits et très-fins paquets de grains de pollen, disposés comme les tuiles d'un toit. Les deux caudicules s'unissent près de leurs bases, et là, sont attachés à un disque membraneux tapissé de matière visqueuse. Près de la base, les paquets de pollen deviennent si petits et si fins, et ils sont si fermement attachés aux fils élastiques, que je les crois sans usage ; s'il en est ainsi, ces prolongements des pollinies sont de vrais caudicules.

des crêtes inclinées, et par la forme de son labellum, le Goodyera se trouve voisin des Epipactis. Le Goodyera nous montre sans doute comment étaient les organes reproducteurs dans un vaste groupe d'Orchidées, maintenant en grande partie éteint, mais d'où descendent beaucoup d'espèces actuellement vivantes.

Spiranthes autumnalis. — Cette Orchidée, gracieusement nommée en Angleterre *Ladies' tresses*, offre quelques particularités dignes d'intérêt[1]. Le rostellum est une lame saillante, longue, mince et aplatie, que des épaules inclinées relient au sommet du stigmate. Au milieu du rostellum, on peut voir un objet brun, étroit, vertical (*fig.* 16, C), bordé de chaque côté et couvert par une membrane transparente. Cet objet brun, je l'appellerai le *disque en forme de barque*. Il forme la partie médiane de la surface postérieure du rostellum, et consiste en une bande étroite de la membrane extérieure modifiée. Terminé en pointe au sommet (*fig.* E), arrondi à la base, légèrement bombé, il a tout à fait l'aspect d'une barque ou d'un canot. Il a un peu plus de $\frac{1}{100}$ de pouce de long, et moins de $\frac{1}{100}$ de large. Presque rigide et d'aspet fibreux, il est en réalité formé de cellules allongées et épaissies, en partie fondues entre elles.

[1] Je suis très-obligé envers le docteur Battersby, de Torqueay, et M. A. G. More, de Brembridge, qui m'ont envoyé des échantillons de cette espèce ; mais dans la suite, j'ai pu examiner beaucoup de plantes vivantes.

Ce bateau, placé verticalement sur sa poupe, est plein d'un fluide épais, laiteux, extrêmement adhésif,

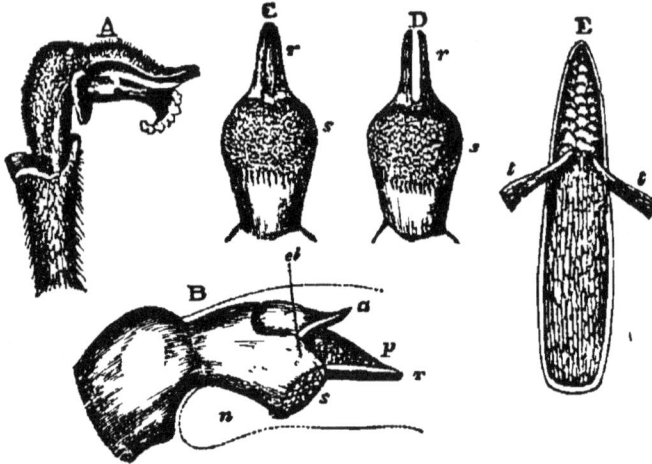

Fig. 16.

SPIRANTHES AUTUMNALIS (LADIES' TRESSES).

a. ANTHÈRE.

p. GRAINS DE POLLEN.

t. FILS DES MASSES POLLINIQUES.

cl. BORD DU CLINANDRE.

r. ROSTELLUM.

s. STIGMATE — *n.* RÉSERVOIR DU NECTAR.

A. Vue latérale de la fleur dans sa position naturelle, avec les deux sépales inférieurs seuls enlevés. On reconnaît le labellum à sa lèvre frangée et réfléchie.

B. Vue latérale d'une fleur arrivée à maturité, avec tous les sépales et pétales enlevés. La position du labellum (qui s'est éloigné du rostellum) et du pétale supérieur, est indiquée par des points.

C. Le stigmate, le rostellum et le disque visqueux qui en occupe le centre, vus par devant.

D. Le rostellum et le stigmate vus de même, mais après l'enlèvement du disque.

E. Le disque visqueux retiré du rostellum, très-amplifié, vu par derrière, avec les fils élastiques des masses polliniques qui lui sont attachés ; les grains de pollen en ont été enlevés.

qui, exposé à l'air, brunit rapidement, puis durcit et se coagule tout à fait au bout d'environ une minute.

Un objet s'attache à lui en quatre ou cinq secondes, et lorsque le ciment s'est desséché, l'adhérence est merveilleusement forte. Les bords transparents du rostellum, de chaque côté du disque, consistent en une membrane attachée en arrière aux bords du bateau et repliée au-dessus de lui en avant, de manière à former la face antérieure du rostellum. Cette membrane repliée sur elle-même recouvre ainsi, comme le pont, la cargaison de matière visqueuse renfermée dans le navire.

La face antérieure du rostellum est légèrement sillonnée par une ligne longitudinale, sur le milieu du bateau ; elle est douée d'une propriété vitale remarquable : en effet, qu'on touche très-doucement le sillon avec une aiguille, ou qu'on fasse glisser une soie de porc le long de ce sillon, immédiatement il se fend dans toute sa longueur, et une gouttelette de fluide adhésif et laiteux exsude au dehors. Cette action n'est pas mécanique ou due à la simple violence. La fente gagne toute la longueur du rostellum, depuis le stigmate qui est au-dessous jusqu'au sommet : au sommet elle se bifurque et court en bas sur la face postérieure du rostellum, de chaque côté et autour de la poupe du bateau. Quand cette rupture s'est opérée, le disque se trouve tout à fait libre, mais retenu entre les branches d'une fourche dans le rostellum. La rupture paraît ne jamais se produire spontanément. J'ai couvert d'un filet une plante dont les

fleurs n'étaient pas encore ouvertes, et cinq de ces
fleurs restèrent pendant une semaine complétement
épanouies sous le filet : j'examinai alors leurs rostellums, et pas un ne s'était fendu ; au contraire, sur
des épis voisins que je n'avais pas couverts, presque
chaque fleur, ayant été visitée et touchée par des insectes, après vingt-quatre heures seulement d'épanouissement, avait son rostellum fendu. Le rostellum se fend au bout de deux minutes quand on l'expose à un peu de vapeur de chloroforme ; et, dans la
suite, nous verrons qu'il en est de même pour quelques autres Orchidées.

Quand on laisse une soie de porc pendant deux
ou trois secondes dans le sillon du rostellum et
que par suite la membrane s'est fendue, la matière
visqueuse qui est dans le disque en forme de bateau
est si près de la surface (et même elle exsude un peu)
que le disque sera presque infailliblement attaché
dans le sens longitudinal à cette soie et retiré avec
elle. Quand le disque est enlevé, les deux branches
du rostellum (*fig*. D), que quelques botanistes ont décrites comme deux appendices foliacés distincts, de-
meurent en place et forment une sorte de fourche.
Tel est l'état ordinaire des fleurs, deux ou trois jours
après leur éclosion, lorsqu'elles ont reçu la visite des
insectes. La fourche se flétrit bientôt.

Quand la fleur est en bouton, la face postérieure
du disque est couverte d'une couche de grosses cel-

lules arrondies, de sorte que ce disque ne forme pas rigoureusement la surface extérieure du dos du rostellum. Ces cellules contiennent peu de matière visqueuse : elles restent intactes (comme le montre la figure E) vers le sommet du disque; mais au point où sont fixées les pollinies, elles disparaissent. J'ai conclu de là que la matière visqueuse renfermée dans ces cellules, quand celles-ci s'ouvrent, servait à lier au disque les fils intrapolliniques; mais, n'ayant pas vu trace de telles cellules chez plusieurs grandes Orchidées étrangères, je présume que cette vue est erronée.

Le stigmate est au-dessous du rostellum et se termine par une surface oblique (voy. la vue latérale B); son bord inférieur est arrondi et garni de poils. De chaque côté une membrane (cl, B) s'étend des bords du stigmate au filet de l'anthère, formant ainsi une cupule membraneuse ou clinandre, dans laquelle s'abritent les extrémités inférieures des masses polliniques.

Chaque pollinie consiste en deux feuilles de pollen, tout à fait disjointes à leurs bouts inférieurs, distinctes aussi à leurs sommets, mais unies par des fils élastiques sur la moitié environ de leur longueur : une très-légère modification convertirait les deux pollinies en quatre feuilles de pollen, ce qui a lieu dans le genre Malaxis et beaucoup d'Orchidées exotiques. Chacune des quatre feuilles consiste, d'ailleurs, en une double rangée de grains de pollen, unis seulement sur leurs bords. Les grains de pollen (chacun d'eux est composé de quatre granules) sont unis par des fils élastiques qui sont plus nombreux sur les bords des feuilles et convergent au sommet de chaque pollinie. Les lames ou feuilles de pollen sont très-fragiles, et quand on les place sur le gluant stigmate d'une fleur, de larges tranches en sont aisément détachées.

Longtemps avant que la fleur s'ouvre, les loges de l'anthère pressées contre la partie postérieure du rostellum s'ouvrent en haut et, par suite, les pollinies qu'elles renferment sont mises en contact immédiat avec le dos du disque en forme de barque; les fils qui sortent de la masse pollinique s'attachent alors fermement au dos de ce disque, un peu au-dessus de son milieu. Les loges de l'anthère s'ouvrent ensuite plus bas, leurs parois membraneuses se contractent et brunissent; ainsi, tandis que la fleur s'est complétement épanouie, les parties supérieures des pollinies sont tout à fait à découvert, leurs bases reposent dans de petites cupules formées par les loges flétries de l'anthère, et sur les côtés le clinandre les protége. Dès que les pollinies sont ainsi devenues libres, elles sont facilement enlevées.

Les fleurs sont tubulaires et décrivent une élégante spirale autour de la tige, se détachant d'elle dans une direction horizontale (*fig.* A). Le labellum est

creusé d'un sillon médian et muni d'une lèvre réfléchie et frangée, sur laquelle descendent les abeilles ; à ses angles internes ou basilaires on trouve deux
saillies globuleuses qui sécrètent du nectar en abondance. Le nectar s'amasse (*n*, *fig.* B) dans un petit
réservoir qui est au-dessous. Grâce à la proéminence
du bord inférieur du stigmate et des deux nectaires
latéraux infléchis, l'orifice qui conduit au réservoir
du nectar est fort étroit ; il est en outre central.
Quand la fleur commence à s'ouvrir, le réservoir est plein de nectar, et, à ce moment, la partie antérieure du rostellum, qui offre un sillon peu marqué,
est très-rapprochée du labellum ; par conséquent,
entre ces deux organes reste un passage, mais il est
si étroit qu'une soie très-fine peut seule y être introduite [1]. Après un jour ou deux, le labellum s'éloigne
un peu du rostellum et laisse ainsi, pour aller au
stigmate, un plus large passage. A ce léger mouvement du labellum est absolument liée la fertilisation
de la fleur.

Chez la plupart des Orchidées les fleurs restent

[1] Le professeur Asa Gray a bien voulu examiner les *Spiranthes gracilis*
et *cernua* aux États-Unis. Il a trouvé la même organisation générale que
chez le *S. autumnalis*, et a remarqué combien l'entrée de la fleur était
étroite. Comme à l'égard du Goodyera, le prof. Gray pense que c'est la
colonne qui s'éloigne du labellum à mesure que la fleur vieillit, et non,
comme je l'avais supposé, le labellum qui s'éloigne de la colonne. Il
ajoute que ce changement de position, qui joue un rôle si important
dans la fertilisation de la fleur, « est si frappant, qu'on s'étonne de ne
pas l'avoir remarqué. » (*Amer. Journ. of Science*, vol. XXXIV, p. 427.)

quelque temps ouvertes avant d'être visitées par les
insectes; mais, chez le Spiranthes, j'ai généralement
trouvé le disque en forme de barque enlevé presque
aussitôt après l'épanouissement de la fleur. Par exemple, des deux derniers épis que j'eus l'occasion d'examiner, l'un avait à son sommet de nombreux boutons, et parmi ses sept fleurs inférieures qui seules
étaient ouvertes, six avaient déjà perdu leurs disques
et leurs pollinies; l'autre avait huit fleurs ouvertes
et toutes les pollinies étaient enlevées. Nous avons
vu que la fleur doit être à même d'attirer les insectes dès qu'elle s'ouvre, car alors le réservoir
contient déjà du nectar; et à ce moment le rostellum est si rapproché du labellum, qu'une abeille
ou un papillon ne pourrait introduire sa trompe
dans le passage, sans toucher le sillon médian du
rostellum. J'en suis certain, je le sais par des expériences répétées à l'aide d'une soie.

Remarquons comme tout est merveilleusement
combiné pour qu'un insecte, visitant la fleur, enlève
les pollinies. Les pollinies sont dès l'abord attachées
au disque par leurs fils, et comme les loges de
l'anthère se fanent de bonne heure, elles restent librement pendantes, quoique le clinandre les abrite.
Au contact de la trompe d'un insecte, le rostellum se
fend en avant et en arrière : ceci met à nu un disque
long, mince et de la forme d'une barque, chargé
d'une matière extrêmement visqueuse qui ne peut

manquer de s'attacher longitudinalement à la trompe.
Ainsi, quand l'abeille reprend son vol, elle emporte sûrement avec elle les pollinies; celles-ci
étant attachées parallèlement au disque, se fixent
parallèlement à la trompe. Ici, cependant, sur-
git une difficulté : lorsque la fleur vient de s'ouvrir et que tout y est pour le mieux arrangé en
vue de l'enlèvement des pollinies, le labellum est
si rapproché du rostellum que les pollinies attachées à la trompe d'un insecte pourraient peut-
être ne pas pénétrer assez avant dans la fleur pour
atteindre le stigmate; elles seraient renversées ou
brisées; mais nous avons vu qu'après deux ou trois
jours le labellum se réfléchit davantage et s'écarte de
la colonne et du rostellum, ou ce dernier organe s'é-
carte du labellum, et le passage devient ainsi plus
large. La fleur étant dans cet état, j'ai fait des expériences avec des pollinies attachées à une soie fine;
en introduisant cette soie dans le réservoir du nectar (*n*, *fig*. B), on voit les lames de pollen rester parfaitement adhérentes à la surface visqueuse du stigmate. On peut voir par la figure B, que l'orifice conduisant au réservoir du nectar, grâce à la saillie que
fait le stigmate, est situé près du bord inférieur de
la fleur; les insectes doivent donc diriger leur trompe
de ce côté, et un large espace est ménagé pour que
les pollinies qui leur sont attachées soient entraînées,
sans se heurter contre rien, jusqu'au stigmate. Il est

clair que le stigmate n'est aussi proéminent qu'afin que les pollinies puissent plus sûrement le rencontrer.

Ainsi, chez le Spiranthes, non-seulement il faut que le pollen soit transporté d'une fleur à une autre, comme chez la plupart des Orchidées, mais une fleur nouvellement ouverte, dont les pollinies sont dans les meilleures conditions pour être enlevées, ne peut pas alors être fécondée. En général les vieilles fleurs seront fécondées par le pollen des jeunes, qui leur sera apporté, comme nous le verrons, d'une autre plante; conformément à cela, j'ai remarqué que la surface du stigmate est beaucoup plus visqueuse chez les fleurs avancées que chez les jeunes. Toutefois, une fleur qui n'aurait pas reçu de bonne heure la visite des insectes, ne serait pas forcément condamnée, dans la seconde période de sa floraison, à garder inutilement son pollen; car les insectes, en introduisant et en retirant leurs trompes, les courbent en avant, et ainsi, peuvent souvent frapper le sillon du rostellum. J'ai imité cet acte à l'aide d'une soie, et souvent j'ai réussi à retirer les pollinies. J'ai été conduit à faire cette expérience, en choisissant d'abord pour objet de mon examen des fleurs avancées; j'introduisis une soie de porc ou un brin d'herbe très-fin, en droite ligne dans le nectaire, et je ne pus jamais retirer les pollinies; mais je réussis en recourbant ma soie en avant. Ces fleurs dont les pollinies ne sont pas enlevées peuvent sans doute être fécondées, et j'ai vu bon nombre de fleurs dont les pollinies étaient encore en place, avoir des feuilles de pollen sur leurs stigmates.

A Torquay, j'ai examiné un certain nombre de ces fleurs qui croissaient ensemble, pendant environ une demi-heure, et j'ai vu trois abeilles sauvages de deux espèces différentes les visiter. J'en pris une et je regardai sa trompe : sur la face supérieure, à une petite distance du bout, étaient attachées deux pollinies entières et trois disques en forme de bateau, sans pollen ; cette abeille avait donc enlevé les pollinies de cinq fleurs, et probablement déposé sur les stigmates d'autres fleurs le pollen de trois d'entre elles. Le lendemain, j'ai observé les mêmes fleurs pendant un quart d'heure, et pris une abeille à l'œuvre ; à sa trompe étaient attachés une pollinie intacte et quatre disques, l'un placé sur le sommet de l'autre, ce qui montrait combien exactement chaque rostellum avait été touché par la même partie de la trompe.

Les abeilles s'arrêtaient toujours au bas de l'épi, puis, s'élevant le long de sa spirale, puisaient à chaque fleur l'une après l'autre. Je suppose qu'elles font de même toutes les fois qu'elles visitent une grappe de fleurs très-serrées, trouvant que cette marche leur convient davantage ; c'est ainsi que le pic-vert s'élève le long d'un arbre quand il cherche des insectes. Ceci semble une remarque très-insigni-

fiante, mais voyons ses conséquences. De grand matin, l'abeille va faire sa ronde; supposons qu'elle s'a-
batte au sommet de l'épi. Sûrement elle dépouil-
lera de leurs pollinies les fleurs supérieures, les
plus récemment écloses; mais ensuite, qu'elle visite la fleur voisine dont le labellum, selon toute probabilité, ne se sera pas écarté de la colonne (car ce
mouvement s'effectue lentement et par degrés), et
les masses polliniques seront souvent balayées hors
de sa trompe et perdues. La nature ne saurait souf-
frir une telle prodigalité. L'abeille va d'abord à la
fleur la plus basse, puis s'élève en spirale le long de
l'épi, ne fait rien sur le premier épi qu'elle visite
avant d'atteindre ses fleurs supérieures, et enlève à
ces dernières leurs pollinies; puis elle vole sur une
autre plante, et s'abattant sur les fleurs les plus basses et les plus avancées, dans lesquelles, grâce à la
réflexion du labellum, elle trouve un large passage,
elle fait frapper ses pollinies contre la saillie du stigmate : si maintenant le stigmate de la plus basse fleur
a déjà été bien fécondé, sa surface desséchée ne retient que peu ou point de pollen; mais sur la fleur
qui suit immédiatement celle-ci, le stigmate étant
visqueux, l'insecte dépose de larges feuilles de pollen. Puis dès que l'abeille approche du sommet de
l'épi, elle fait une nouvelle moisson de pollinies fraîches; elle vole alors sur les fleurs inférieures d'une
autre plante et les fertilise; tandis qu'elle fait sa

ronde et augmente sa provision de miel, sans cesse elle féconde de nouvelles fleurs et perpétue la race de notre Spiranthe d'automne, qui à son tour donnera du miel aux futures générations d'abeilles.

CHAPITRE IV

Malaxis paludosa : simples moyens de fécondation — Listera ovata : sensibilité du rostellum, explosion de la matière visqueuse; rôle des insectes ; parfaite disposition des divers organes — Listera cordata — Neottia nidus-avis : sa fécondation semblable à celle du Listera.

Nous arrivons aux dernières Orchidées anglaises, espèces chez lesquelles aucune partie de la surface extérieure membraneuse du rostellum n'est attachée d'une manière permanente aux pollinies. Dans cette subdivision, je ne connais que les trois genres Malaxis, Listera et Neottia, que je réunis simplement pour plus de commodité. Le Malaxis n'est pas une forme intéressante au point de vue de la fécondation ; mais les Listera et Neottia doivent être rangées parmi les Orchidées les plus remarquables par la manière dont les insectes enlèvent leurs pollinies, grâce à la soudaine explosion de la matière visqueuse contenue dans leurs rostellums.

Malaxis paludosa. — Cette rare Orchidée[1], la plus

---

[1] Je suis très-obligé envers M. Wallis, de Hartfield (Sussex), pour de nombreux pieds vivants de cette espèce.

petite des espèces anglaises, diffère des autres par la
position de ses fleurs. Le labellum du Malaxis occupe
le haut de la fleur[1], au lieu d'être en bas et d'être,
comme chez les autres Orchidées, la pièce sur laquelle
s'abattent les insectes; son bord inférieur embrasse
la colonne et rend tubulaire l'entrée de la fleur. Grâce
à sa position, il protége en partie les organes de la
fructification (*fig.* 17). Chez la plupart des Orchidées,
les pièces protectrices sont le sépale et les deux pétales
supérieurs; mais ici ils sont réfléchis d'une singulière façon (comme le montre le dessin, *fig.* A), sans
doute pour permettre aux insectes de visiter la fleur
plus librement. Cette position de la fleur est très-remarquable, car elle s'est réalisée dans un but déterminé, comme le montre l'ovaire contourné en spirale.
Chez toutes les Orchidées, le labellum est normale-
ment en haut de la fleur, et s'il devient ordinairement une *lèvre inférieure*, c'est par suite de la torsion de l'ovaire; mais chez le Malaxis la torsion
est portée à un tel degré que la fleur reprend la
position qu'elle aurait eue si l'ovaire n'était nullement tordu; cette position, l'ovaire la recouvre ensuite à la maturité, en se détordant peu à peu.

---

[1] Sir James Smith a, je crois, signalé le premier ce fait dans *English
Flora*, vol. IV, p. 47. 1828. Vers le sommet de l'épi, le sépale supérieur
n'est point pendant, comme le représente la gravure (*fig.* A), mais s'a-
vance presque horizontalement; la torsion de la fleur n'est prs non plus
toujours aussi complète.

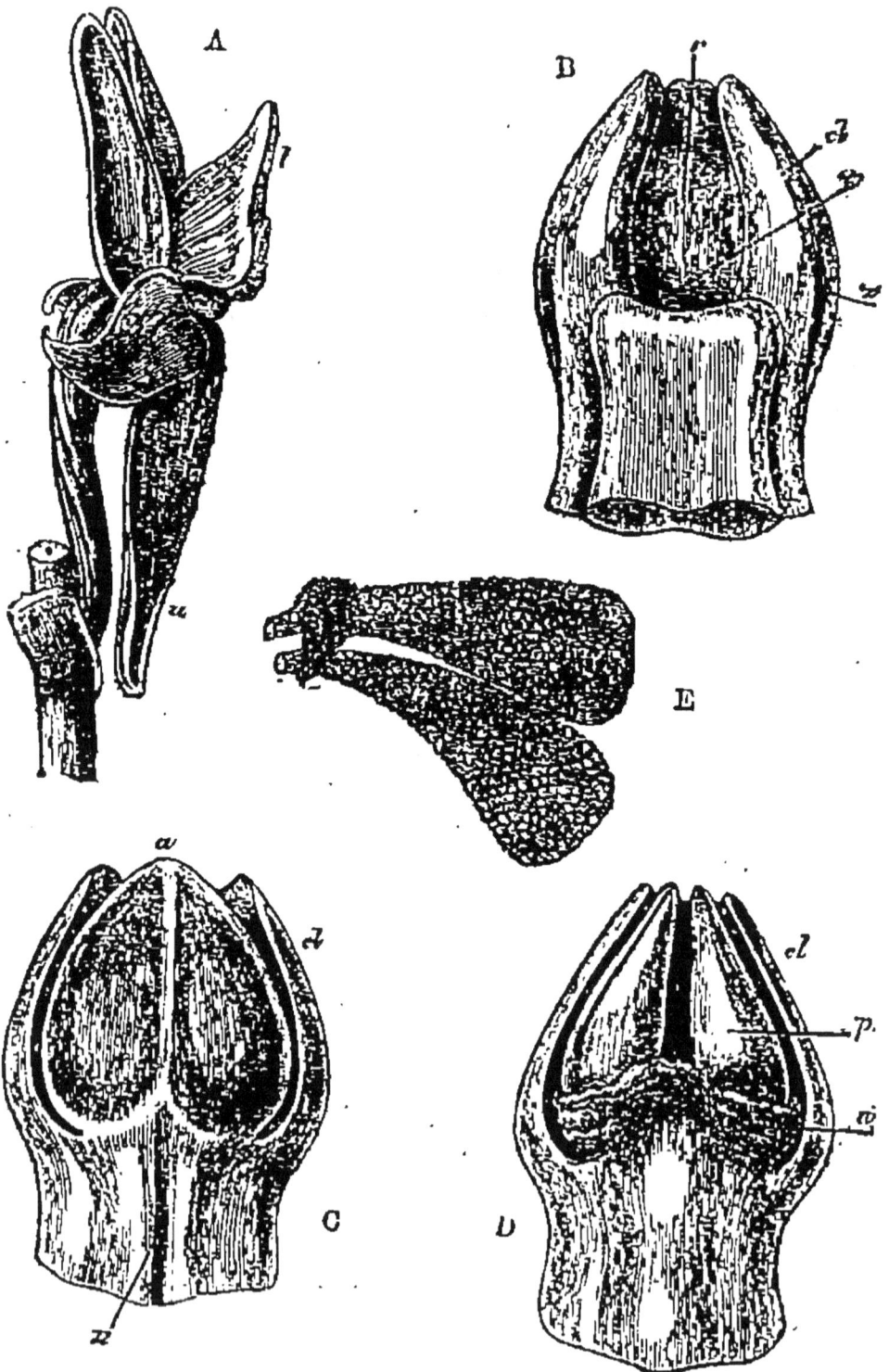

Fig. 17.

MALAXIS PALUDOSA.

(Copié en partie sur Bauer, mais modifié après l'examen des plantes vivantes)

a. ANTHÈRE.

p. POLLEN.

cl. CLINANDRE.

v. TRACHÉES.

r. ROSTELLUM.

s. STIGMATE.

l. LABELLUM.

u. SÉPALE SUPÉRIEUR

A. Fleur intacte, vue de côté, avec le labellum en haut, dans sa position naturelle.

B. Colonne vue par devant : on voit le rostellum, le stigmate en forme de gousset, et les parties antérieures et latérales du clinandre.

C. Colonne vue par derrière sur un bouton : on voit l'anthère, faiblement les pollinies pyriformes qu'elle contient, et les bords postérieurs du clinandre.

D. Fleur ouverte, vue par derrière ; l'anthère maintenant contractée et flétrie, laisse à découvert les pollinies.

E. Les deux pollinies attachées à une petite masse transversale de matière visqueuse, durcies par l'esprit de-vin.

Si l'on dissèque cette petite fleur, on voit que la colonne est divisée longitudinalement en trois parties; la moitié supérieure de la partie médiane est le rostellum (*fig.* B). Le bord supérieur de la moitié inférieure de la colonne s'avance au delà de son point d'union avec la base du rostellum et forme ainsi un pli ou creux très-profond. Ce pli est la cavité du stigmate et peut être comparé à un gousset. J'ai trouvé des masses polliniques dont les insectes avaient poussé les gros bouts dans cette poche; et un faisceau de tubes polliniques avait pénétré en ce point dans le tissu du stigmate.

Le rostellum, ou portion médiane, est une longue saillie membraneuse et blanchâtre, formée de cellules quadrangulaires et couverte d'une légère couche de matière visqueuse : il est un peu concave en arrière, et une petite langue de matière visqueuse surmonte sa crête. La colonne, avec son stigmate en forme de poche étroite, et au-dessus, son rostellum, s'unit de chaque côté à une expansion membraneuse de couleur verte, convexe extérieurement et concave à l'intérieur, dont les sommets, de chaque côté, sont terminés en pointe et sont situés un peu au-dessus de la crête du rostellum. Ces deux membranes (voy. les *fig.* C et D) entourent le filet, ou base de l'anthère, et s'unissent à lui; elles forment ainsi derrière le rostellum une cupule profonde ou clinandre. Cette cupule, comme nous allons le voir, est destinée à pro-

téger les masses polliniques. En traitant de l'homologie des différents organes, je montrerai en suivant
la distribution des trachées, que ces deux membranes
qui forment le clinandre sont les deux anthères supérieures du verticille interne, réduites à l'état rudimentaire, mais utilisées dans un but spécial.

Avant l'épanouissement de la fleur, on peut voir
une petite masse ou gouttelette de fluide visqueux
sur la crête du rostellum, débordant un peu la surface antérieure de cet organe. Quand la fleur est demeurée quelque temps ouverte, cette goutte se res-
serre et devient plus visqueuse. Elle n'a pas les mêmes propriétés chimiques que la matière visqueuse
de la plupart des Orchidées, car elle conserve sa flui-
dité plusieurs jours, quoique librement exposée à
l'air. Ces faits m'avaient amené à conclure que le
fluide visqueux exsude de la crête du rostellum;
mais par bonheur, j'ai eu l'occasion d'examiner une
espèce indienne très-voisine, le *Microstylis Rhedii*,
(que le docteur Hooker m'a envoyé de Kew), où j'ai
vu de même exsuder, avant l'ouverture de la fleur, une
goutte de matière visqueuse; mais, en ouvrant un
bouton moins développé, j'ai aperçu sur la crête du
rostellum une petite lame saillante, régulière, linguiforme, formée de cellules qui, pour peu qu'on les
agite, se résolvent en une gouttelette de matière visqueuse. A ce moment, toute la face antérieure du
rostellum, entre sa crête et la poche stigmatique,

était aussi revêtue de cellules pleines d'une matière analogue, brune et gluante ; il n'est donc pas douteux que si j'avais examiné un bouton de Malaxis assez jeune, j'aurais trouvé de même une petite langue cellulaire saillante sur la crête du rostellum.

L'anthère s'ouvre largement pendant que la fleur est en bouton, puis elle se flétrit et se contracte, de sorte que, lors du complet épanouissement de la fleur, les pollinies sont entièrement à découvert, sauf leurs larges extrémités inférieures qui reposent dans deux petites cupules formées par les loges desséchées et plissées de l'anthère. On peut comparer l'état de rétraction des anthères (*fig.* D) avec l'aspect qu'elles ont dans le bouton (*fig.* C). Les extrémités supérieures des pollinies, terminées en pointe, reposent sur la crête du rostellum, mais s'avancent un peu au delà d'elle ; dans le bouton elles sont libres, mais pendant que la fleur s'ouvre, elles sont toujours englobées par la surface postérieure de la gouttelette de matière visqueuse, dont la surface antérieure s'avance légèrement au delà du rostellum ; je me suis assuré, en faisant ouvrir quelques boutons dans ma chambre, qu'elles sont ainsi englobées sans aucun secours mécanique. Les pollinies figurées en E ne sont pas tout à fait dans leur position naturelle, mais exactement telles que je les ai retirées à l'aide d'une aiguille, sur une plante plongée dans de l'esprit-de-vin ; la petite masse irrégulière de matière visqueuse avait durci et adhérait fortement à leurs extrémités.

Les pollinies consistent en deux paires de feuilles très-minces que forme un pollen d'apparence cireuse ; ces quatre feuilles se composent de grains anguleux (chacun d'eux paraît subdivisé en quatre granules) qui ne se séparent jamais. Les sépales et les pétales ayant la direction qu'on leur connaît, quand les pollinies sont presque libres, n'étant plus retenues que par leurs sommets qui adhèrent au fluide visqueux et par leurs bases qu'enveloppent les loges de l'anthère repliées sur elles-mêmes, lorsque la fleur est complétement ouverte, elles seraient exposées d'une manière frappante et un souffle pourrait les chasser de leur place, s'il n'y avait des expansions membraneuses qui, de chaque côté de la colonne, forment un clinandre dans lequel elles reposent en sûreté.

Qu'un insecte engage sa trompe ou sa tête dans l'étroit espace qui sépare le labellum vertical du rostellum, infailliblement il touchera la petite masse visqueuse saillante, et, en s'envolant, il enlèvera les pollinies déjà attachées à la matière visqueuse, mais libres de tout autre part. C'est là ce que j'ai facilement imité, en introduisant un petit objet dans le tube floral, entre le labellum et le rostellum. Si l'insecte visite une autre fleur, les feuilles polliniques très-minces qui sont attachées parallèlement sur sa trompe ou sur sa tête seront poussées, leurs

gros bouts en avant, dans la poche du stigmate. J'ai
trouvé des pollinies dans cette position, engluées à
l'expansion membraneuse qu'émet en haut le rostellum, et de nombreux tubes polliniques pénétraient
dans le tissu du stigmate. L'usage de la fine couche
de matière visqueuse qui revêt la surface du rostellum dans ce genre et dans le genre Microstylis, couche qui ne sert pas au transport du pollen d'une fleur
à l'autre, semble être de maintenir les lames de pollen, pendant que les insectes les portent, dans la position nécessaire pour entrer et rester dans l'étroite
cavité du stigmate. Ce détail est très-intéressant
au point de vue homologique, car, comme nous
le verrons plus loin, la matière visqueuse du rostellum a la même nature et la même destination pri-
mordiales que la matière visqueuse du stigmate chez
la plupart des fleurs, étant chargée de retenir le
pollen lorsque, par une voie quelconque, il est apporté à sa surface.

Les fleurs du Malaxis, quoique si petites et si peu
apparentes, ont un puissant attrait pour les insectes ;
en effet, sur plusieurs épis, toutes les fleurs ont eu
leurs pollinies enlevées, sauf une ou deux placées
immédiatement au-dessous des boutons. Sur quelques épis à fleurs avancées, toutes les pollinies ont
été enlevées. Quelquefois les insectes n'enlèvent
qu'une des deux paires. J'ai remarqué une fleur dont
les quatre pollinies étaient en place et qui avait une

seule feuille de pollen dans la cavité de son stigmate;
il est clair qu'elle y avait été déposée par un insecte.
J'ai trouvé des feuilles de pollen sur les stigmates de
plusieurs autres fleurs. La plante produit beaucoup
de graines : sur un épi, treize des vingt et une fleurs
inférieures avaient formé de grosses capsules.

Listera ovata (ou *Tway-blade*). — La structure et le
rôle du rostellum de cette Orchidée ont fait l'objet
d'un mémoire très-remarquable, publié, dans les *Philosophical Transactions*, par le docteur Hooker[1], qui a
décrit minutieusement, et par conséquent avec exactitude, sa curieuse structure; toutefois, il n'a pas
fait attention au rôle que jouent les insectes dans la
fertilisation de cette fleur. C. K. Sprengel connaissait
bien l'importance de l'intervention des insectes,
mais il a méconnu à la fois la structure et la fonction
du rostellum.

Ce rostellum est de grande taille, mince et foliacé,
convexe en avant et concave en arrière; son sommet,
taillé en pointe, est légèrement creusé de chaque côté
et forme une voûte au-dessus du stigmate (*fig.* 18, *r*,
s, A). En dedans, selon le docteur Hooker, des cloisons
longitudinales le divisent en une série de loges qui
contiennent et plus tard expulsent violemment la matière visqueuse. Ces loges gardent des traces de leur
structure cellulaire originelle. Je n'ai retrouvé un

---

[1] *Philosophical Transactions*, 1854, p. 259.

rostellum ainsi fait que dans le genre Neottia, très-

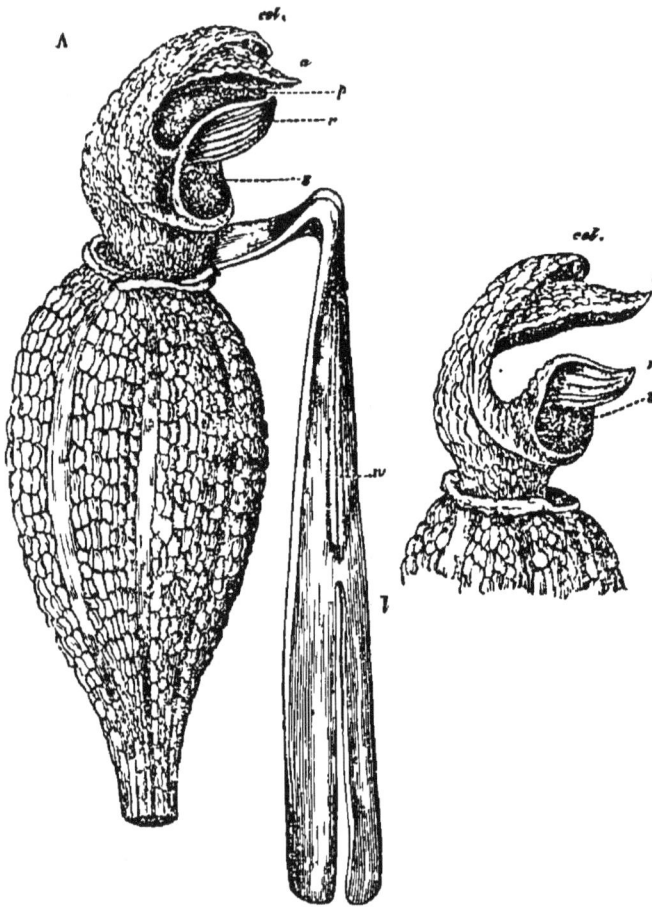

Fig. 18.

LISTERA OVATA (OU TWAY-BLADE).

(En partie copié sur Hooker).

col. SOMMET DE LA COLONNE.   s. STIGMATE.
a. ANTHÈRE.   l. LABELLUM.
p. POLLEN.   n. SILLON NECTARIFÈRE.
r. ROSTELLUM.

A. Fleur vue de côté, avec tous les sépales et pétales enlevés, sauf le labellum.
B. La même, avec les pollinies enlevées et le rostellum réfléchi après l'explosion.

voisin de celui-ci. L'anthère, placée derrière le rostellum, protégée par une large expansion du sommet de la colonne, s'ouvre dans le bouton. Les pollinies, quand la fleur est entièrement ouverte, restent tout à fait libres, supportées en arrière par les loges de l'anthère et appliquées en avant contre le dos con-cave du rostellum, dont la crête soutient leurs extré-mités supérieures terminées en pointe. Chaque pol-linie est presque divisée en deux masses. Les grains de pollen sont reliés les uns aux autres comme à l'or-dinaire par un petit nombre de fils élastiques ; mais ces fils sont faibles, et de grosses masses de pollen peuvent facilement se détacher. Quand la fleur est demeurée ouverte pendant longtemps, le pollen de-vient plus fragile. Le labellum est très-allongé, con-tracté à sa base et infléchi vers le bas, comme le montre le dessin ; il présente un sillon médian qui commence un peu au-dessus de sa bifurcation et va jusqu'au stigmate ; les bords de ce sillon sont glan-duleux et sécrètent beaucoup de nectar.

Aussitôt que la fleur s'ouvre, si l'on touche la crête du rostellum, quelque légèrement que ce soit, une large goutte de fluide visqueux en est aussitôt expri-mée ; cette goutte, comme l'a fait voir le Dr Hooker, se forme par la réunion de deux gouttelettes qui sor-tent des deux dépressions situées de chaque côté de la crête. Quelques plantes plongées dans de l'alcool faible m'ont donné une bonne preuve de ce fait : la matière visqueuse n'avait pu sans doute être expri-

mée qu'avec lenteur, et l'on voyait deux petites masses distinctes de cette matière, sphériques, durcies et
attachées aux deux pollinies. Le fluide est d'abord
légèrement opaque et laiteux ; mais si on l'expose à
l'air, en moins d'une seconde, il se recouvre d'une
pellicule, puis en deux ou trois secondes la goutte
entière devient dure, et prend aussitôt une teinte
brun pourpré. Le rostellum jouit d'une sensibilité
tellement exquise, que le contact du cheveu le plus fin
suffit pour provoquer l'explosion. Sous l'eau, le même
phénomène se produit. Une exposition d'une minute
environ aux vapeurs de chloroforme agit de même.
Le fluide visqueux, pressé entre deux plaques de
verre avant sa coagulation, paraît homogène ; mais il
prend un aspect réticulé, dû peut-être à ce que les
globules d'un fluide plus dense sont mêlés à un fluide
plus léger. Les bouts effilés des pollinies devenues
libres, reposant sur la crête du rostellum, sont toujours englobés par la goutte de fluide qui vient de
jaillir ; jamais je n'ai vu ce fait manquer de se produire. L'explosion est si rapide et le fluide si visqueux, qu'il est difficile de toucher le rostellum avec
une aiguille assez promptement pour ne pas enlever
les pollinies, déjà attachées à la gouttelette en partie
durcie. C'est pourquoi, si l'on porte à la main jusqu'à
sa maison une grappe de ces fleurs, quelques sépales
ou pétales se trouvant secoués, toucheront presque
sûrement le rostellum et enlèveront les pollinies ;

celles-ci paraîtront alors, ce qui serait faux, avoir été lancées violemment à distance.

Quand les loges de l'anthère se sont ouvertes et que les pollinies, mises à découvert, reposent sur le dos convave du rostellum, le rostellum s'incurve un peu en avant, et peut-être aussi l'anthère se rejette-t-elle légèrement en arrière. Ce mouvement est très-important, car sans lui, les extrémités de l'anthère seraient englobées dans la matière visqueuse qui vient de jaillir, et les pollinies seraient à tout jamais emprisonnées et rendues inutiles. J'ai eu l'occasion de voir une fleur chez laquelle une pression blessante avait fait jaillir la gouttelette visqueuse, avant l'épanouissement complet, et l'anthère, avec les masses polliniques qu'elle contenait, était engluée pour toujours à la crête du rostellum. Au moment où la goutte jaillit, le rostellum, qui déjà forme une voûte au dessus du stigmate, se courbe rapidement en avant et en bas, de façon à devenir (*fig.* B) perpendiculaire à la surface de cet organe. Les pollinies, si elles ne sont pas enlevées par l'objet dont le conctact a déterminé l'explosion, se fixent au rostellum, et son mouvement les entraîne un peu en avant. Si alors, à l'aide d'une aiguille, on dégage leurs extrémités inférieures des loges de l'anthère, elles se redressent brusquement ; mais ce mouvement ne leur permet pas d'atteindre le stigmate. En quelques heures, ou en un jour, non-seulement le rostellum recouvre

lentement sa position première et sa forme légèrement voûtée, mais il devient tout à fait droit et parallèle à la surface du stigmate. Ce mouvement qui le
porte en arrière est important, car si, après l'explosion, il continuait à s'avancer verticalement et
presque immédiatement au-dessus du stigmate, le
pollen ne pourrait pas aisément être déposé sur la
surface visqueuse de celui-ci. Lorsque le rostellum
est touché assez faiblement pour que les pollinies
ne soient pas enlevées, celles-ci, comme je l'ai dit,
sont entrainées légèrement en avant, au moment
de l'explosion, par le mouvement du rostellum ; mais
ensuite, le mouvement qui le porte en arrière les
repousse jusqu'à leur place primitive.

D'après ce que je viens d'exposer, on peut sûrement comprendre comment s'effectue la fécondation
de cette Orchidée. De petits insectes s'abattent sur la
large extrémité inférieure du labellum, attirés par le
nectar qu'elle sécrète en abondance ; en s'abreuvant
de ce nectar, ils s'élèvent lentement le long de cette
lame de plus en plus étroite, jusqu'au point où leur
tête se trouve directement au-dessous de la voûte du
rostellum ; en élevant leur tête ils atteignent cette
voûte : la gouttelette visqueuse en jaillit, et les pollinies se trouvent solidement attachées à eux. L'insecte
s'envole en emportant les pollinies, aborde à une
autre fleur, et laisse sur le visqueux stigmate de cette
fleur quelques masses du fragile pollen.

Sûr que les choses se passaient ainsi, j'ai voulu être témoin du fait : observant un groupe de plantes deux ou trois fois par heure, je vis chaque jour de nombreux insectes appartenant à deux petites espèces d'hyménoptères, des Hœmiteles et des Cryptus, voler tout autour des plantes et aspirer leur nectar ; plusieurs fleurs, qui furent visitées un grand nombre de fois, avaient déjà été dépouillées de leurs pollinies, mais à la fin je vis des insectes de ces deux espèces se glisser sur le labellum de fleurs plus jeunes, puis soudain se retirer avec une paire de pollinies d'un jaune brillant attachées au-devant de leur tête ; je les pris, et je vis que le point où les pollinies se fixaient était le bord interne de l'œil ; sur l'autre œil d'un de ces insectes il y avait une goutte de matière visqueuse durcie, attestant qu'il avait déjà enlevé une autre paire de pollinies, et qu'ensuite, selon toute probabilité, il l'avait laissée sur le stigmate de l'une de mes fleurs. Quand j'ai pris ces insectes, je n'ai pu constater l'acte même de la fertilisation ; mais maintenant, C.-K. Sprengel a vu un insecte hyménoptère déposer une masse pollinique sur un stigmate. Mon fils a examiné un autre groupe de ces Orchidées, croissant à une distance de quelques milles ; il m'a apporté les mêmes hyménoptères chargés de pollinies, et a vu des diptères visiter aussi les fleurs. Il a été frappé du grand nombre de toiles d'araignées qui se déployaient sur ces plantes ; il semble que les araignées

sachent combien le Listera a d'attrait pour les insectes, et combien ces derniers sont nécessaires pour le
fertiliser.

Pour montrer que le contact le plus délicat suffit
pour déterminer l'explosion du rostellun, je peux
mentionner ceci : j'ai trouvé un hyménoptère extrêmement petit, faisant de vains efforts pour dégager
sa tête, qui était ensevelie toute entière dans une
goutte durcie de matière visqueuse, et par suite collée
à la crête du rostellum et aux extrémités des pollinies ; l'insecte était moins gros qu'une des pollinies,
et après avoir fait jaillir le fluide visqueux, il n'avait
pas la force d'enlever son fardeau ; il fut puni d'avoir
entrepris un travail au-dessus de ses forces et périt
misérablement.

Chez le Spiranthes, les jeunes fleurs, dont les pollinies sont dans la meilleure condition pour être
enlevées, ne sauraient alors être fécondées ; elles
doivent rester à l'état virginal tant qu'elles ne seront
pas un peu plus avancées et que la colonne ne se sera
pas éloignée du labellum. Ici, il semble en être de
même, car les stigmates des anciennes fleurs sont
plus visqueux que ceux des nouvelles. Ces dernières
ont leurs pollinies parfaitement prêtes à être enlevées ; mais immédiatement après l'explosion le rostellum, comme nous l'avons vu, se courbe en avant
et en bas, et protége ainsi quelque temps le stigmate ; puis il prend insensiblement une direction

tout à fait plane, et le stigmate plus mûr reste librement exposé à l'air, prêt à être fécondé.

J'étais curieux de m'assurer si le rostellum, quand rien ne vient le toucher, finit par faire explosion de lui-même ; mais ce fait m'a paru très-difficile à observer, car ces fleurs ont tant d'attrait pour les insectes, et il suffit du contact de si petits insectes pour provoquer l'explosion, qu'il est presque impossible de l'éviter.

J'ai plusieurs fois couvert des plantes, et les ai laissées couvertes longtemps après que d'autres plantes eurent formé leurs graines ; sans entrer dans des détails inutiles, je peux dire positivement que dans quelques fleurs les rostellums n'avaient point fait explosion, bien que le stigmate soit flétri, et le pollen tout à fait moisi et incapable d'être enlevé. Cependant un petit nombre de ces fleurs très-avancées, pouvaient encore faire faiblement explosion quand on les touchait rudement. D'autres fleurs firent explosion sous le filet, et les extrémités de leurs pollinies se fixèrent à la crête du rostellum ; quelque insecte d'une petitesse extrême les avait-il touchées, ou l'explosion s'était-elle faite spontanément ? Il m'est impossible de le dire. Il est bon de noter que, chez ces dernières fleurs, aucun grain de pollen n'était tombé sur les stigmates (et j'ai regardé avec soin) et que les ovaires n'étaient nullement gonflés. Ces quelques faits montrent clairement que, chez cette espèce, la fécondation ne peut jamais avoir lieu sans que les insectes transportent les pollinies[1].

Les faits suivants témoignent du succès de l'œuvre des insectes : un très-jeune épi, portant encore en haut beaucoup de boutons, n'avait pas perdu les pollinies de ses sept fleurs supérieures, mais celles des dix fleurs inférieures étaient complétement enlevées ; six de ces fleurs inférieures avaient du pollen sur leurs stigmates. Sur deux épis cueillis ensemble, les vingt-sept fleurs inférieures avaient perdu leurs pollinies, et il y avait du pollen sur tous leurs stigmates ; au-dessus d'elles, cinq fleurs ouvertes avaient encore leurs pollinies, et leurs stigmates n'avaient point reçu de pollen ; le tout était surmonté par dix-huit boutons. Enfin, sur un épi plus avancé qui portait quarante-quatre fleurs, toutes bien épanouies, chacune de ces fleurs était dépouillée de ses pollinies ; et sur tous les stigmates que j'ai examinés il y

---

[1] [Ayant couvert quelques nouvelles plantes, j'ai trouvé que le rostellum perd la facilité de faire explosion après environ quatre jours, et qu'alors, dans l'intérieur de ses loges, la matière visqueuse brunit ; le temps, alors exceptionnellement chaud, peut avoir hâté ce résultat. Après quatre jours, le pollen s'était désagrégé et il en était tombé un peu sur deux coins, ou même sur la surface entière du stigmate, dans le tissu duquel s'étaient engagés des tubes polliniques ; par conséquent, si les insectes manquaient d'enlever les pollinies en déterminant l'explosion du rostellum, cette Orchidée pourrait certainement, semble-t-il, produire des graines par une fécondation directe accidentelle. Mais la dispersion du pollen désagrégé était grandement favorisée (et peut-être en dépendait-elle tout à fait) par la présence des *Thrips*, insectes si petits qu'aucun filet ne pouvait les exclure.] C. D. mai 1869.

avait du pollen, généralement en grande quantité.

Peut-être vaudra-t-il la peine que je résume les quelques combinaisons spéciales qui servent à la fécondation de cette Orchidée. Les loges de l'anthère s'ouvrant de bonne heure, les masses polliniques restent tout à fait libres et leurs extrémités reposent sur la lame concave du rostellum. Le rostellum s'incurve alors lentement au-dessus de la surface du stigmate, de sorte que sa surface d'explosion se trouve à quelque distance de l'anthère; ce mouvement est très-nécessaire, car sans lui l'anthère serait saisie par la matière visqueuse et le pollen emprisonné pour toujours. Cette flexion du rostellum sur le stigmate et la base du labellum vient à merveille en aide à l'insecte : elle lui permet de frapper plus sûrement la lame lorsqu'il relève la tête, après avoir gravi le labellum et aspiré la dernière goutte de nectar à la base de cet organe. Le labellum, comme le remarque Sprengel, devient plus étroit lorsqu'il rejoint la colonne, au-dessous du rostellum, afin qu'en ce point l'insecte ne puisse pas aller plutôt d'un côté que de l'autre. La crête rostellienne jouit d'une sensibilité tellement exquise, qu'au contact du plus petit insecte elle se rompt sur deux points, et à l'instant deux gouttes d'un fluide visqueux jaillissent et s'unissent. Ce fluide durcit avec une si merveilleuse promptitude, que rarement il manque de coller les extrémités des pollinies, qui étaient placées exactement sur le rostellum, sur la tête de l'insecte. Dès que le rostellum a fait explosion, il se courbe brusquement vers le bas, jusqu'à ce qu'il forme au-dessus du stigmate une saillie perpendiculaire à cet organe; dès lors il protége le stigmate, qui n'est pas encore mûr, en empêchant qu'il ne s'imprègne de pollen, de même que le labellum du Spiranthes, en embrassant la colonne, protége le stigmate de cette fleur. De même que chez le Spiranthes le labellum s'éloigne plus tard de la colonne, laissant aux pollinies à introduire un libre passage, de même ici le rostellum se déjette en arrière, et il ne recouvre pas seulement la forme voûtée qu'il avait d'abord, mais se redresse, laissant la surface du stigmate, qui est maintenant plus visqueuse, parfaitement accessible au pollen qui doit y être déposé. Les masses polliniques, quand une fois elles sont collées à la tête d'un insecte, lui restent en général fermement adhérentes, jusqu'à ce que le visqueux stigmate d'une fleur mûre délivre l'insecte de ce fardeau qui l'embarrasse, en brisant les faibles fils élastiques qui unissent les grains entre eux; et c'est ainsi qu'il reçoit en même temps le bienfait de la fécondation.

Listera cordata. — Le professeur Dickie, d'Aberdeen, a eu la bonté de me faire deux envois de plantes de cette espèce, mais je les ai étudiées trop tardivement. La structure est essentiellement celle de l'espèce précédente, et on voit très-bien les loges

du rostellum. Sur le milieu de la lame rostellienne,
se dressent deux ou trois petits poils, mais j'ignore
s'ils ont quelque importance fonctionnelle. Le labellum a deux lobes basilaires (dont le *L. ovata* offre
des vestiges) qui se recourbent vers le haut de chaque côté, et obligent peut-être l'insecte à s'avancer
directement en face du rostellum. Deux fleurs avaient
été touchées pendant le voyage, ou de bonne heure
par quelque insecte, et l'explosion avait eu lieu; en
conséquence, leurs pollinies étaient fortement engluées à la lame du rostellum; mais sur la plupart
des épis, les insectes avaient enlevé toutes les masses
polliniques[1].

Neottia nidus-avis. — J'ai fait de nombreuses recherches sur l'Orchis Nid-d'oiseau[2]; mais elles ne
méritent pas d'être publiées, car la structure et le
rôle de chaque organe sont presque identiquement

---

[1] [Le prof. Dickie a bien voulu examiner des fleurs sur des plantes
vivantes. Il m'informe que, lorsque le pollen est mûr, la lame rostellienne
est tournée vers le labellum, et que si on la touche, elle laisse aussitôt
jaillir la matière visqueuse, d'où résulte l'attachement des pollinies à
l'objet qui a provoqué l'explosion; que le rostellum s'incurve ensuite
vers le bas et s'étend sur la surface du stigmate, pour empêcher qu'elle
ne reçoive du pollen; que plus tard enfin il se relève, laissant désormais
le stigmate à découvert. Ainsi, tout ce passe comme chez le *Listera
ovata*. Les fleurs sont visitées par de petits diptères ou hyménoptères.]
C. D. mai 1869.

[2] Cette plante singulière et d'aspect maladif est généralement regardée comme parasite sur les racines des arbres à l'ombre desquels elle
vit; mais, d'après Irmisch (*Beiträge zur Biologie und Morphologie der
Orchideen*, 1853, s. 25), ceci est certainement faux.

les mêmes que chez le Listera ovata[1]. Le labellum
sécrète beaucoup de nectar, ce que je ne dis qu'avec
réserve; en effet, pendant une saison froide et humide, j'en ai cherché quelquefois et n'en ai pas pu
voir une seule goutte; j'étais étonné de voir cette
plante manquer en apparence de tout attrait pour les
insectes, mais si je l'avais examinée avec plus de
persévérance, j'aurais probablement trouvé du nectar.

Je ne veux pas affirmer que le rostellum, lorsque
rien ne vient à le toucher, finisse par faire explosion; mais il est certain qu'il reste longtemps sans se
rompre, quoique prêt à le faire; ayant trouvé en
1860 un grand nombre de fleurs dont l'explosion
était faite, avec un petit morceau de ciment pourpré
et durci, attaché à la crête du rostellum et aux pollinies qui étaient restées en place, je soupçonne qu'a-
près un certain temps l'explosion se fait d'elle-même,
sans que le rostellum ait été irrité par aucun objet[2].

[1] [Le docteur H. Müller, de Lippstadt, m'apprend qu'il a vu des
diptères aspirer le nectar et enlever les pollinies.] C. D. mai 1869.

[2] [J'ai couvert d'un filet quelques plantes, et j'ai vu que le rostellum
n'avait pas fait explosion spontanément après quatre jours, qu'il avait
même presque perdu la faculté de le faire. Le pollen s'était désagrégé,
et dans beaucoup de fleurs il en était tombé sur le stigmate, dans lequel
s'étaient engagés des tubes polliniques. La dispersion du pollen est due
en partie aux *Thrips*, qui couraient en grand nombre tout autour, tout
couverts de la poussière pollinique. — Les plantes que j'ai couvertes
ont produit beaucoup de capsules, mais la plupart de celles des plantes
voisines et non couvertes, cueillies sur l'épi à la même hauteur, étaient
beaucoup plus grosses et contenaient beaucoup plus de graines. Je dois

Sur un gros épi, chaque fleur avait reçu la visite des insectes et toutes les pollinies étaient enlevées. Un autre épi, remarquablement beau, qui m'a été envoyé du sud du comté de Kent par M. Oxenden, avait porté quarante et une fleurs et produisit vingt-sept belles capsules, outre quelques autres plus petites.

Le pollen ressemble à celui du Listera : il consiste en grains (chacun est formé de quatre granules) reliés par un petit nombre de fils faibles ; il en diffère en étant beaucoup moins adhérent, à tel point qu'après peu de jours, il se gonfle et s'avance au delà des bords et du sommet du rostellum ; il suit de là que, si le rostellum d'une fleur assez avancée est touché et fait explosion, les pollinies ne sont pas aussi nettement saisies par leurs bouts que chez le Listera ; une grande quantité de ce fragile pollen est donc souvent laissée en arrière dans les loges de l'anthère, et sans doute perdue. Une partie tombe sur la corolle, et comme dans cet état le pollen adhère sans peine à tout objet, il n'est pas improbable que les insectes qui circulent tout autour se couvrent de cette poussière et en laissent un peu sur le visqueux stigmate, sans avoir touché le rostellum et déterminé son explosion. Certainement, si le labellum était plus redressé, ce qui forcerait les insectes à effleurer

ajouter que j'ai découvert sur la lame rostellienne de petites rugosités qui semblaient *particulièrement* sensibles et propres à déterminer l'explosion.] C. D. mai 1869.

l'anthère et la colonne, ils s'enduiraient de pollen
dès que celui-ci serait devenu friable, et ils pourraient ainsi fertiliser efficacement la fleur.

Cette observation m'intéressait, car en examinant
naguère le Cephalanthera, son rostellum avorté, le redressement de son labellum, la fragilité de son pollen, je m'étais demandé comment, à l'aide de modifications graduelles utiles à la plante, pouvait s'être
effectuée une transition entre l'état du pollen et de
la fleur chez le genre Epipactis, où les pollinies sont
attachées à un rostellum très-développé, et l'état actuel du Cephalanthera. Or, le Neottia nidus-avis montre jusqu'à un certain point comment peut s'être faite
une semblable transition. Actuellement, cette Orchidée doit surtout sa fécondation à l'explosion du rostellum, qui n'a de résultat qu'autant que le pollen
reste cohérent ; mais quoique la prompte désagrégation des masses de pollen me semble fâcheuse pour
la plante, on doit admettre que le pollen, dans cette
condition, est quelquefois transporté sur le stigmate
parce qu'il s'attache aux corps velus des insectes. S'il
en est ainsi, on peut voir qu'il suffit d'un léger changement dans la forme de la fleur et dans l'évolution
du pollen dont la désagrégation serait plus hâtive encore, pour rendre cette chance de fécondation de plus
en plus grande, et l'explosion du rostellum de moins
en moins utile. Finalement, le rostellum deviendrait
ainsi un organe superflu ; et alors, d'après le grand

principe d'économie d'organisation, rendu si nécessaire par la concurrence vitale qui tend à épargner
les organes de chaque être, le rostellum avorterait
ou serait résorbé. Dans ce cas se réaliserait une nouvelle Orchidée dans la condition précise du Cephalanthera, éloignée autant que l'exigent ses moyens de
fécondation, mais cependant encore, par sa structure
générale, intimement alliée aux genres Neottia et
Listera.

CHAPITRE V

Cattleya, fertilisation très-simple. — Masdevallia, curieuse fleur fermée. — Dendrobium, dispositions favorables à la fécondation directe. — Vandées, structure variée des pollinies, importance de l'élasticité et des mouvements du pédicelle. — Élasticité et force du caudicule. — Calanthe et ses stigmates latéraux, mode de fertilisation. — Angræcum sesquipedale, merveilleuse longueur du nectaire. — Acropera, cas difficile.

Après avoir étudié les modes de fertilisation de tant d'Orchidées anglaises, choisies dans quatorze genres, j'ai voulu m'assurer si les formes exotiques, appartenant à des tribus tout à fait différentes, réclamaient de même l'intervention des insectes. Je désirais spécialement reconnaître si elles sont en général soumises à la même règle, d'après laquelle chaque fleur est nécessairement fécondée par le pollen d'une autre ; et en second lieu, j'étais curieux de savoir si les pollinies exécutent ces singuliers mouvements d'abaissement qui les placent, lorsqu'un insecte les a enlevées, dans la position convenable pour frapper le stigmate.

J'ai pu, grâce à l'obligeance de divers amis ou étrangers, examiner des fleurs fraîches de plusieurs

espèces, appartenant à quarante-trois genres exotiques très-dispersés parmi les subdivisions de la vaste
famille des Orchidées [1]. Mon intention n'est pas de
décrire les modes de fertilisation de tous ces genres,
mais seulement de choisir un petit nombre de cas
remarquables, ou d'exemples qui éclairent les descriptions précédentes. La diversité des combinaisons réa-
lisées presque toujours en vue du croisement entre
fleurs distinctes, semble être inépuisable.

[1] Je suis surtout obligé envers le docteur Hooker, qui m'a donné en
toute occasion son important avis, et ne s'est jamais fatigué de m'envoyer
des plantes du jardin royal de Kew.

M. James Veitch, jun., m'a généreusement donné beaucoup de belles
Orchidées, dont plusieurs m'ont été d'une utilité toute spéciale. M. R.
Parker m'a envoyé aussi une série d'espèces très-remarquables. Lady
Dorothy Nevill a mis très-obligeamment sa magnifique collection d'Orchidées à ma disposition. M. Rucker de West-Hill, Wandsworth, m'a
envoyé à plusieurs reprises de beaux épis de Catasetum, un Mormodes
d'une extrême valeur pour moi, et quelques Dendrobium. M. Rodgers
de Sevenoaks m'a donné des renseignements intéressants. M. Bateman,
si connu par son magnifique travail sur les Orchidées, m'a expédié
plusieurs formes remarquables, entre autres le merveilleux Angræcum
sesquipedale.

Je dois de grands remerciements à M. Turnbull, de Down, qui a mis
à ma disposition ses serres, et m'a donné quelques curieuses Orchidées;
à son jardinier, M. Horwood, qui m'a aidé dans quelques-unes de mes
recherches.

Le professeur Oliver m'a aidé avec bonté de sa vaste science, et a
dirigé mon attention sur quelques écrits. Enfin, le docteur Lindley m'a
envoyé des plantes, soit fraîches, soit desséchées, et m'a secouru de
diverses manières avec la plus grande obligeance.

A tous ces messieurs, je ne peux qu'exprimer ma vive reconnaissance
pour leur infatigable et généreux empressement à me rendre service.

ÉPIDENDRÉES

Dans la classification qu'a donnée Lindley dans son inappréciable travail *The vegetable Kingdom*, on rencontre d'abord les deux grandes tribus des Malaxidées et des Épidendrées. Elles sont caractérisées par leurs grains de pollen unis en grosses masses cireuses, qui ne sont pas congénitalement attachées au rostellum. Chez les Malaxidées, dont j'ai décrit une espèce anglaise, les pollinies n'ont à proprement parler point de caudicule; chez les Épidendrées, qui n'ont aucun représentant en Angleterre, elles en ont un, mais non attaché au rostellum.

Selon moi, on aurait pu fondre ces deux tribus en une seule; comme les pollinies de quelques Malaxidées ont un petit, mais véritable caudicule, leur distinction fondée surtout sur ce caractère, s'efface. Mais c'est là un obstacle contre lequel tout naturaliste vient se heurter, lorsqu'il tente de classer un groupe naturel et très-développé, dans lequel, relativement aux autres groupes, peu de formes se sont éteintes. Pour que le naturaliste puisse délimiter ses divisions d'une manière claire et précise, il faut que toutes les formes intermédiaires ou de transition aient complétement disparu; si çà et là un des degrés intermédiaires a échappé à l'extinction, il oppose une véritable barrière à toute définition rigoureuse.

Je commencerai par le genre *Cattleya*, dont j'ai vu quelques espèces ; sa fécondation se fait d'une manière très-simple, mais autrement que chez toute

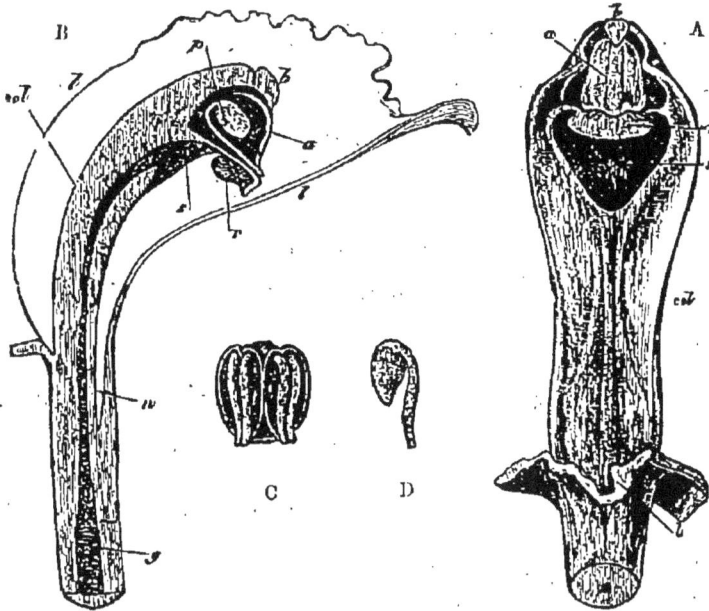

Fig. 19.

CATTLEYA

a. ANTHÈRE.
b. RESSORT, AU SOMMET DE LA COLONNE.
p. MASSES POLLINIQUES.
r. ROSTELLUM.
s. STIGMATE.

col. COLONNE.
l. LABELLUM.
n. NECTAIRE.
g. OVAIRE.

A. Face antérieure de la colonne, avec tous les sépales et pétales enlevés.
B. Coupe et vue latérale de la fleur, avec tous les sépales et pétales enlevés, excepté le labellum, qui est fendu en deux et seulement indiqué.
C. Anthère vue en dessous, montrant les quatre caudicules et leurs masses polliniques.
D. Une pollinie isolée, vue de côté, montrant la masse pollinique et le caudicule.

Orchidée anglaise. Le rostellum (*r*, *fig*. A, B) est une grosse saillie en forme de langue, formant un peu la

voûte au-dessus du stigmate : la face supérieure est
une membrane lisse ; la face inférieure et le centre
(originairement c'est une masse cellulaire) consistent
en une couche très-épaisse de matière visqueuse.
Cette masse visqueuse est à peine séparée de l'épaisse
couche gluante qui revêt la surface du stigmate,
située immédiatement au-dessous du rostellum. La
lèvre supérieure de l'anthère, généralement saillante, repose sur la base de la surface supérieure et
membraneuse du rostellum, et s'ouvre immédiatement au-dessus. En arrière, au point où l'anthère
s'attache au sommet de la colonne, se trouve une
sorte de ressort qui la maintient fermée. Les pollinies
se composent de quatre masses cireuses (huit chez le
Cattleya crispa) ; chacune d'elles (voy. *fig.* C et D) pos-
sède une *queue* semblable à un ruban, formée par
un faisceau de fils très-élastiques, auxquels s'attachent de nombreux grains de pollen. Ainsi le pollen est
de deux sortes, masses cireuses et grains libres, reliés par des fils élastiques (chaque grain se compose,
comme à l'ordinaire, de quatre granules). Le pollen
de cette dernière espèce est semblable à celui des
Épipactis et des autres Néottiées [1]. Les queues, quoique formées de véritable pollen, servent aussi de caudicules, et on leur donne ce nom, car c'est par elles

---

[1] Les masses polliniques du Bletia sont admirablement représentées
dans de gigantesques proportions dans les dessins de Bauer, publiés
par Lindley (*Illustrations*).

que les grosses masses cireuses sont entraînées hors
des loges de l'anthère. Les extrémités de ces caudicules sont généralement réfléchies, et dans les fleurs
avancées, dépassent un peu l'anthère (voy. *fig.* A);
elles reposent sur la base de la lèvre supérieure et
membraneuse du rostellum. Le labellum enveloppe
la colonne et donne à la fleur une forme tubulaire;
il s'allonge inférieurement en un nectaire qui pénètre dans l'ovaire.

Étudions maintenant l'action de ces organes. Si
quelque corps de dimensions en rapport avec celles
du tube floral, est introduit dans ce tube (une
abeille morte m'a très-bien servi pour cela), le rostellum linguiforme s'abaisse, et souvent l'objet s'enduit à peine de matière visqueuse; mais quand on le
retire, le rostellum se relève et une quantité surprenante de matière visqueuse est entraînée au-dessus
de ses bords et dans la lèvre de l'anthère; celle-ci est
légèrement soulevée par le redressement du rostellum. Alors les extrémités saillantes des caudicules
sont en un instant engluées au corps qui se retire, et
les pollinies sont enlevées. Ceci n'a presque jamais
manqué d'arriver dans mes nombreuses expériences.
Une abeille vivante ou quelque autre gros insecte,
s'abattant sur le bord frangé du labellum et se glis-
sant dans l'intérieur de la fleur, abaisserait le labellum, et le rostellum risquerait moins d'être atteint
jusqu'au moment où, ayant aspiré son nectar, l'insecte

11

commencerait à se retirer. Lorsqu'une abeille morte, au corps de laquelle pendent par leurs caudicules les quatre masses cireuses de pollen, est introduite dans une autre fleur, toutes ces masses ou quelques-unes d'entre elles sont sûrement retenues par le stigmate, dont la surface peu profonde, large et très-visqueuse arrache, pour ainsi dire, les grains de pollen aux filaments des caudicules.

Il est certain que les abeilles vivantes peuvent enlever ainsi les pollinies. Sir W. C. Trevelyan a envoyé à M. Smith, du Muséum Britannique, un *Bombus hortorum* pris dans sa serre chaude, où un Cattleya était en fleur, et celui-ci me l'a fait parvenir : tout le dos, entre les deux ailes, était enduit d'une matière visqueuse desséchée, et portait, fixées par leurs caudicules, quatre pollinies prêtes à être retenues par le stigmate de la première fleur que l'abeille aurait visitée.

Les caudicules des pollinies sont libres, la matière visqueuse du rostellum ne les atteint pas sans une intervention mécanique, et la fertilisation se fait, en général, de la même manière, chez les espèces que j'ai examinées dans les genres Lœlia, Chysis, Leptotes, Sophronitis, Barkeria, Phaius, Evelyna, Bletia et Cœlogyne. Chez le Cœlogyne cristata, la lèvre supérieure du rostellum est très-allongée. Chez l'Evelyna caravata, le pollen a huit masses cireuses qui se réunissent en un caudicule unique. Chez les Barkeria le labellum, au lieu d'envelopper la colonne, est appliqué contre elle, disposition qui paraît rendre plus sûr encore le contact des insectes et du rostellum. Les *Epidendrum* diffèrent un peu des genres précédents : la face supérieure du rostellum, au lieu de rester toujours membraneuse, est si tendre qu'au moindre contact elle se fond avec toute la région inférieure, en une masse de matière visqueuse. Dans ce cas le rostellum tout entier, avec les pollinies qui lui sont fixées, est enlevé par les insectes qui se retirent de la fleur. J'ai vu sur l'E. glaucum comme chez les Epipactis, la face supérieure du rostellum laisser exsuder, quand on la touche, de la matière visqueuse ; il est difficile de dire, dans de pareils cas, si la face supérieure du rostellum doit être appelée membrane ou matière visqueuse.

Chez l'Epidendrum floribundum il y a une différence plus grande ; les cornes antérieures du clinandre (cupule du sommet de la colonne, qui loge les pollinies) s'approchent assez l'une de l'autre pour atteindre les deux bords du rostellum, qui se trouve par conséquent dans une sorte d'entaille ; les pollinies sont au-dessus de lui, et comme, dans cette espèce, la face supérieure du rostellum se résout en matière visqueuse, elles s'attachent à lui sans aucune intervention mécanique. Les pollinies, bien qu'ainsi attachées, ne peuvent pas sortir des loges de l'anthère sans le secours des insectes. Chez cette espèce,

il pourrait arriver (quoique d'après la situation des
parties, ce ne soit pas probable) qu'un insecte livre
les pollinies à leur propre stigmate. Chez tous les autres Epidendrum que j'ai examinés et chez tous les
genres mentionnés plus haut, comme les pollinies
restent non attachées au-dessus du rostellum, il est
évident que la matière visqueuse doit être poussée
vers le haut et entraînée dans la lèvre de l'anthère
par un insecte sortant de la fleur, qui dès lors trans-
porte forcément les pollinies d'une fleur sur le stigmate de l'autre [1].

[1] [Le docteur Crüger dit (*Journal Linn. Soc.*, vol. VII. Botany, 1864,
p. 131) : « Il existe à la Trinidad trois plantes de la tribu des Épidendrées, un Schomburgkia, un Cattleya et un Epidendrum, dont les fleurs
s'ouvrent rarement, et lorsqu'elles ne s'ouvrent pas, sont invariablement
fécondées. On voit aisément que les masses polliniques ont subi l'action
du fluide du stigmate, et que des tubes polliniques descendent de ces
masses *in situ* dans le canal de l'ovaire. » M. Anderson, habile cultivateur
d'Orchidées en Écosse, m'informe (voy. aussi *Cottage Gardener*, 1863,
p. 206) que chez lui les fleurs du *Dendrobium cretaceum* ne s'ouvrent
jamais et produisent néanmoins beaucoup de graines; j'ai examiné ces
graines et les ai trouvées parfaitement bonnes. — Ces Orchidées produisant des fleurs ouvertes et des fleurs fermées rappellent beaucoup ces
cas de dimorphisme observés chez les Oxalis, les Ononis, les Viola,
dans lesquels la même plante produit habituellement des fleurs ouvertes
et parfaites, et d'autres imparfaites et fermées. J'ajouterai que chez
l'*Oxalis sensitiva* et le *Lathyrus nissolia*, les fleurs ont toutes la même
structure, mais quelques-unes ne s'ouvrent jamais et produisent cependant des graines.] C. D., mai 1869.

MALAXIDÉES

Voyons maintenant les Malaxidées : chez les Pleu-
rothallis prolifera et ligulata (?) les pollinies ont un
caudicule court, et il faut une intervention mécanique pour que la matière visqueuse soit entraînée de
la face inférieure du rostellum jusque dans l'anthère, pour que les caudicules soient atteints par
elle et les pollinies enlevées. D'autre part, chez notre
Malaxis indigène et chez le Microstylis Rhedii, de
l'Inde, la face supérieure de la petite langue qui représente le rostellum devient visqueuse et s'attache
aux pollinies sans aucun secours mécanique. Dans
ces deux genres, il existe une disposition curieuse :
la face inférieure aplatie du rostellum est revêtue
d'un léger enduit de matière visqueuse, sans doute
dans le but de maintenir les pollinies qu'apportent
les insectes, dans la position nécessaire pour entrer
et rester dans la fente que forme le stigmate. Sur un
Stelis racemiflora, les pollinies s'étaient aussi, du
moins apparemment (car les fleurs n'étaient pas en
bon état), attachées d'elles-mêmes au rostellum ; et
je mentionne cette fleur surtout parce que, dans la
serre chaude de Kew, un insecte avait enlevé la plupart des pollinies et avait laissé quelques-unes d'entre elles adhérentes aux stigmates latéraux. Ces curieuses petites fleurs sont largement ouvertes et

très-exposées ; mais après quelque temps les trois
sépales les ferment très-exactement et en défendent
l'entrée, de sorte qu'on peut à peine distinguer une
fleur avancée d'un bouton ; en outre, j'ai constaté
avec surprise que les fleurs ainsi fermées s'ouvrent
sous l'eau.

Le *Masdevallia fenestrata*, espèce voisine, est une
fleur extraordinaire. Les trois sé-
pales, au lieu de se fermer, comme
chez le Stelis, après que la fleur
est demeurée quelque temps ouverte, sont toujours unis et ne
s'ouvrent jamais. Deux fenêtres
petites, ovales et latérales (de là
le nom de *fenestrata*), situées dans
le haut de la fleur et opposées

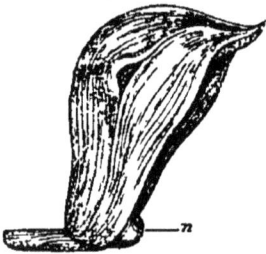

Fig. 20.

MASDEVALLIA FENESTRATA

L'une des fenêtres se détache en noir. — *n*. Nec-
taire.

l'une à l'autre, donnent seules accès dans cette fleur ;
mais la présence de ces deux petites fenêtres (*fig.* 20)
montre combien il est important que les insectes, ici
comme chez les autres Orchidées, puissent y pénétrer.
Je n'ai pu comprendre comme les insectes accomplissent ici leur œuvre de fertilisation. Au fond de la
chambre vaste et sombre que circonscrivent les sépales, se trouve une petite colonne ; en avant de
celle-ci s'étend le labellum, creusé d'un sillon et muni
d'une charnière très-flexible ; les deux autres pétales
sont placés de chaque côté, et tous ces organes réunis forment un petit tube. Quand un petit insecte

entre, ou, ce qui est moins probable, quand un insecte plus gros introduit sa trompe par l'une ou l'autre fenêtre, il doit chercher ce tube intérieur afin d'atteindre le singulier nectaire qui se trouve à sa base. Dans ce petit tube, formé par la colonne, le labellum et les pétales latéraux, s'avance à angle droit un large rostellum, relié par une charnière et dont la face inférieure est visqueuse ; les petits caudicules des pollinies, qui s'avancent hors de la loge de l'anthère, reposent sur la base de la face supérieure membraneuse du rostellum. La cavité du stigmate est profonde. J'ai vainement essayé, après avoir coupé les sépales, d'introduire une soie de porc dans le tube et de retirer les pollinies. Toute la structure de la fleur semble disposée avec soin pour empêcher l'enlèvement des pollinies, et leur introduction subséquente dans la chambre stigmatique ; il y a donc ici quelque mécanisme nouveau et curieux qui reste à découvrir.

J'ai examiné les curieuses petites fleurs de quatre espèces de *Bolbophyllum*, mais je n'essayerai pas de les décrire en entier. Chez les B. cupreum et cocoinum, les faces supérieure et inférieure du rostellum se résolvent en une matière visqueuse que des insectes doivent entraîner en haut jusque dans l'anthère, pour assurer le sort des pollinies. J'ai reproduit ce fait sans peine en introduisant une aiguille au-dessous, et la retirant ensuite de la fleur, que la position du labellum rend tubulaire. Chez le B. rhizophoræ, les loges de l'anthère se déjettent en arrière quand la fleur est complétement développée, laissant complétement à découvert les deux masses polliniques, qui s'attachent d'elles-mêmes à la face supérieure du rostellum. Les masses polliniques sont unies par de la matière visqueuse, et si l'on en juge à l'aide d'une soie, sont toujours enlevées ensemble. La chambre stigmatique est très-profonde ; son orifice est ovale, et l'*une* des masses polliniques le remplit exactement. Quelque temps après l'épanouissement de la fleur, les bords de cet orifice se rapprochent et le ferment complétement : fait que je n'ai observé sur aucune autre Orchidée, et qui, je pense, tire sa raison d'être de ce que la fleur est très-mal protégée contre l'extérieur. Quand les deux pollinies étaient attachées à une aiguille ou à une soie et poussées contre le stigmate, une de ces masses glissait dans l'étroit orifice plus facilement qu'on n'aurait pu le supposer. Cependant, il est évident que les insectes doivent prendre, dans leurs visites successives, précisément la même position, afin d'enlever d'abord les deux pollinies, et ensuite d'en engager une dans l'orifice qui conduit au stigmate. Les deux pétales supérieurs, qui sont filiformes, pourraient servir à guider l'insecte ; mais le labellum, au lieu de rendre la fleur tubulaire, pend exactement comme la langue hors d'une bouche largement ouverte.

Dans toutes les espèces que j'ai vues, et plus spécialement chez le B. rhizophoræ, j'ai remarqué que
le labellum est uni à la base de la colonne par une
petite courroie blanche, très-étroite, très-flexible et
montrant, quand on la distend, une grande élasticité, comme une bande de caoutchouc. Lorsque
les fleurs de cette dernière espèce sont agitées par
un peu de vent, les labellums linguiformes oscillent
d'une façon très-singulière. Chez quelques espèces
que je n'ai pas vues, telles que le B. barbigerum,
le labellum est couvert de poils fins, et grâce
à eux, le moindre souffle suffit pour le mettre en
mouvement. Je ne saurais dire pourquoi le labellum
est doué de cette extrême flexibilité et de cette tendance au mouvement, à moins que ce ne soit pour
attirer l'attention des insectes sur ces fleurs som-
bres, petites et sans apparence, comme le font sans
doute chez beaucoup d'autres Orchidées des odeurs
fortes ou de brillantes couleurs.

Parmi tant de curieuses propriétés des Orchidées,
on doit remarquer, chez plusieurs espèces très-différentes, l'irritabilité du labellum. Il se meut dès qu'on
le touche, selon des descriptions. C'est le cas de quelques espèces du genre Bolbophyllum, mais je n'ai
point trouvé d'irritabilité chez celles que j'ai examinées ; je n'ai même vu, à mon grand regret, aucune
Orchidée à labellum irritable. Le genre Calœna,
d'Australie, jouit de cette propriété à un degré très-

élevé; car lorsqu'un insecte se pose sur le labellum, celui-ci s'abat brusquement contre la colonne, enfermant sa proie comme dans une boîte. Le docteur Hooker[1] pense que ce mouvement sert de quelque manière à la fertilisation de la fleur.

Je citerai enfin parmi les Malaxidées le genre *Dendrobium;* une de ses espèces au moins, le D. chrysanthum, est intéressante, car ses fleurs semblent organisées pour se féconder directement, dans le cas où l'insecte qui les visite manquerait par hasard de retirer les masses polliniques. Le rostellum a deux faces membraneuses, l'une supérieure, l'autre inférieure plus petite; une masse épaisse de matière blanche comme du lait est enfermée entre elles deux, mais on peut facilement l'en faire sortir. Cette matière blanche est moins visqueuse que de coutume; quand on l'expose à l'air, une pellicule se forme à sa surface en moins d'une demi-minute, et bientôt elle se prend en une substance cireuse ou caséeuse. Au-dessous du rostellum se voit le stigmate, large et concave, mais peu épais et visqueux. La lèvre antérieure saillante de l'anthère (voy. A) couvre presque entièrement la face supérieure du rostellum. Le filet est d'une longueur considérable, mais caché sur la vue latérale A, derrière le milieu de l'anthère; on le voit en B, lorsqu'il s'est déjeté en avant : il est

---

[1] *Flora of Tasmania*, vol. II, p. 17, article *Calœna*.

élastique, et presse fortement l'anthère en bas sur les surface inclinée du clinandre (voy. B) qui se trouve derrière le rostellum. Après l'épanouissement de la

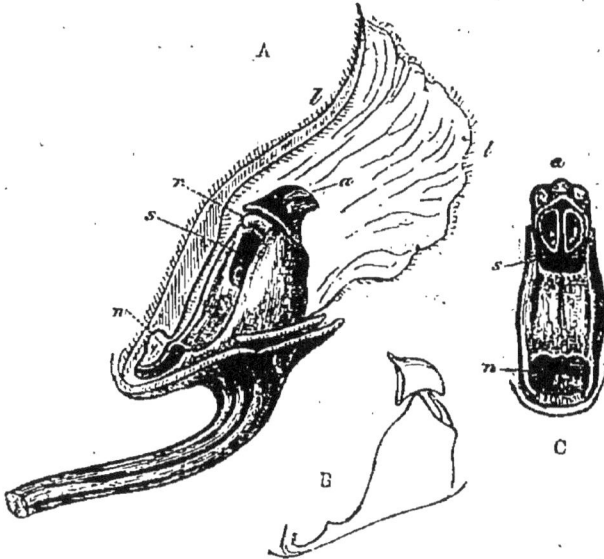

Fig. 21.

DENDROBIUM CHRYSANTHUM

a. ANTHÈRE.   *l*. LABELLUM.
r. ROSTELLUM.   *n*. NECTAIRE.
s. STIGMATE.

A. Vue latérale de la fleur, avec l'anthère dans sa position naturelle avant l'expulsion des pollinies. Tous les sépales et pétales sont enlevés excepté le labellum, qui est coupé en deux longitudinalement.

B. Esquisse d'une vue latérale de la colonne, après que l'anthère a lancé les pollinies.

C. Face antérieure de la colonne; on voit les loges de l'anthère vides, après l'expulsion des pollinies. On a figuré l'anthère trop déjetée vers le bas, et couvrant une plus grande partie du stigmate qu'elle ne le fait en réalité.

fleur, les deux pollinies, unies en une seule masse, sont complétement libres sur le clinandre et sous les loges de l'anthère. Le labellum embrasse la colonne,

laissant devant elle un passage tubulaire ; il est plus
épais dans sa partie moyenne (voy. sa section, *fig.* A),
région qui s'étend en haut jusqu'au sommet du stigmate. Sa partie inférieure se développe en un nectaire en forme de soucoupe, qui sécrète n suc mielleux.

Si un insecte s'introduit dans une de ces fleurs,
le labellum, qui est élastique, doit céder, et la lèvre
saillante de l'anthère doit empêcher que le rostellum
ne soit atteint ; mais quand l'insecte se retire, cette
lèvre se redresse et la matière visqueuse du rostellum est entraînée dans l'anthère, engluant la masse
pollinique à l'insecte, qui la transportera ainsi sur
une autre fleur. J'ai imité ceci sans peine ; mais
comme les masses polliniques n'ont pas de caudicule, et qu'elles sont placées très en arrière dans le
clinandre et sous l'anthère, comme d'ailleurs la matière qui sort du rostellum n'est pas extrêmement
visqueuse, elles sont quelquefois restées en arrière et
n'ont pas été enlevées.

Grâce à l'inclinaison de la base du clinandre, à la
longueur et à l'élasticité du filet, quand l'anthère se
redressait, elle venait toujours frapper contre le rostellum et restait là pendante, avec ses loges vides sur
la face inférieure (*fig.* C), suspendues au-dessus du
sommet du stigmate. Le filet (voy. *fig.* B) s'étend alors
dans l'espace qu'occupait primitivement l'anthère.
Quelquefois, ayant enlevé tous les pétales y compris

le labellum, et porté la fleur sous le microscope, j'ai soulevé avec une aiguille la lèvre de l'anthère sans toucher au rostellum; j'ai vu l'anthère prendre, comme d'un bond, la position dans laquelle elle est représentée, de côté sur la figure B, et en face sur la figure C. Par ce brusque mouvement, l'anthère chasse la masse pollinique hors du clinandre concave, et la lance en l'air avec juste assez de force pour qu'elle aille tomber sur le milieu du visqueux stigmate, qui la retient.

Toutefois, dans la nature, les choses ne peuvent se passer comme je viens de le décrire, parce que le labellum est incliné vers le bas; pour comprendre ce qui suit, il faudrait placer le dessin sens dessus dessous, dans une position presque opposée à la sienne. Si un insecte manquait d'enlever la pollinie à l'aide de la matière visqueuse du rostellum, la pollinie serait d'abord lancée en bas sur la surface proéminente du labellum, qui se trouve immédiatement au-dessous du stigmate. Mais il faut se rappeler que le labellum est élastique, et qu'à l'instant même où l'insecte, en sortant de la fleur, redresserait la lèvre de l'anthère et déterminerait ainsi l'expulsion de la masse pollinique, le labellum rebondirait en arrière et, frappant la masse pollinique, la lancerait vers le haut contre le visqueux stigmate. La fleur étant dans sa position naturelle, j'ai réussi deux fois à reproduire ceci en imitant les mouvements de l'insecte qui sort; et en ouvrant la fleur, j'ai trouvé la masse pollinique collée au stigmate.

Si l'on considère combien l'action doit être compliquée, cette explication de l'usage du filet élastique peut sembler un peu fantaisiste; mais nous avons vu tant et de si curieux mécanismes, que je ne saurais regarder la grande élasticité du filet et l'épaisseur de la partie moyenne du labellum comme des particularités inutiles. Si les choses se passent telles que je l'ai décrit, ce serait un avantage pour la plante que son unique et grosse masse pollinique ne soit pas perdue, dans le cas où elle manquerait de s'attacher à un insecte au moyen de la matière visqueuse du rostellum. Cette organisation n'est pas commune à toutes les espèces du genre; en effet, chez les D. bigibbum et formosum, le filet de l'anthère n'est pas élastique et le labellum n'est pas épaissi à son milieu. Chez le D. tortile, j'ai trouvé le filet élastique; mais n'ayant vu qu'une seule fleur, et avant d'avoir étudié la structure du D. chrysanthum, je ne connais pas son histoire.

VANDÉES

Nous arrivons à l'immense tribu des Vandées, de Lindley, qui renferme un grand nombre des plus extraordinaires productions de nos serres chaudes, mais n'a aucun représentant en Angleterre. J'en ai étudié vingt-quatre genres. Le pollen se compose de masses cireuses, comme dans les deux dernières tribus, et chaque masse est munie d'un caudicule, qui s'unit de bonne heure au rostellum. Il est rare que ce cau-

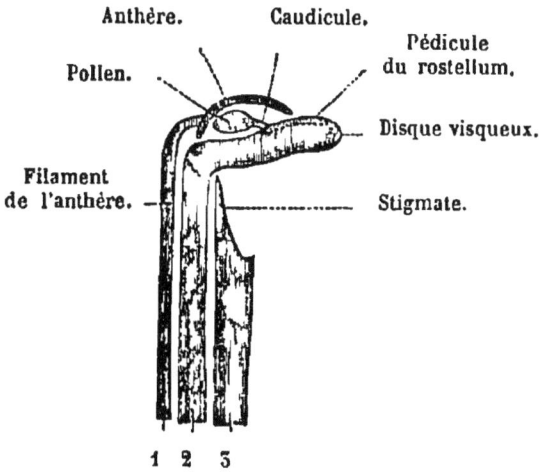

Fig. 22.

Figure théorique, expliquant la structure de la colonne chez les *Vandées*.

1. Le filet, portant l'anthère et ses masses polliniques : l'anthère s'est ouverte sur toute la longueur de sa face inférieure, ce qui ne peut se voir sur cette figure.

2. Le carpelle supérieur, modifié en haut pour former le rostellum.

3. Les deux carpelles inférieurs soudés, avec leurs stigmates soudés également.

dicule soit directement attaché au disque visqueux, comme chez les Ophrydées, mais il est uni à la face postérieure et supérieure du rostellum ; et cette partie doit être, ainsi que le disque, enlevée par les insectes. La figure théorique (*fig.* 22), où les parties sont disjointes, expliquera bien la structure-type des Vandées. L'organe médian (2) est le plus dorsal ou postérieur des trois carpelles qui existent toujours chez les Orchidées ; sa partie supérieure, recourbée au-dessus du stigmate, se modifie pour former le rostellum. Le stigmate est double, et dépend des deux autres carpelles soudés (3). A gauche, se trouve le filet (1) qui porte l'anthère. Celle-ci s'ouvre de bonne heure ; les extrémités des deux caudicules, incomplétement durcies, s'engagent dans une petite fente et s'attachent au côté postérieur du rostellum (le dessin ne représente qu'un seul caudicule et une seule masse pollinique). La surface du rostellum est généralement creusée pour recevoir les masses polliniques ; le dessin la représente lisse, mais en réalité elle est souvent munie de crêtes ou de nœuds pour servir à l'attachement des deux caudicules. Dans la suite, l'anthère s'ouvre plus largement sur sa face inférieure, laissant les masses polliniques libres, sauf qu'elles tiennent au rostellum par leurs caudicules.

Pendant cette première période du développement floral, il s'est effectué un changement remarquable dans le rostellum : soit l'extrémité, soit la face inférieure devient extrêmement visqueuse, et une ligne de séparation, apparaissant d'abord comme une simple zone de tissu hyalin, se forme graduellement, isolant l'extrémité visqueuse ou disque, ainsi que toute la face supérieure du rostellum jusqu'au point d'attache des caudicules. Si quelque objet vient alors à toucher le disque visqueux, ce disque, toute la partie postérieure du rostellum, les caudicules et les masses polliniques, peuvent être aisément enlevés d'un seul coup. Dans les ouvrages de botanique, on désigne sous le nom de caudicule tout ce qui est compris entre le disque (généralement appelé gland) et les masses cireuses de pollen ; mais comme cette portion de l'appareil qu'enlèvent les insectes joue un rôle essentiel dans la fertilisation de la fleur, et comme elle se divise en deux parties foncièrement différentes par leur nature et les détails de leur structure, je nommerai *caudicules* les deux cordons élastiques qui sont strictement renfermés dans les loges de l'anthère, et *pédicelle* la portion du rostellum à laquelle ces caudicules s'attachent (voy. la figure) et qui n'est pas visqueuse. J'appellerai disque visqueux, comme précédemment, la portion visqueuse du rostellum. Le tout sera convenablement nommé pollinie.

Les Ophrydées ont toutes, excepté l'Orchis pyramidalis, deux disques visqueux séparés ; les Vandées, sauf les Angræcum, n'en ont qu'un seul. Ce disque n'est pas enfermé dans une poche, mais à découvert. Chez les Habenaria les disques, comme nous l'avons vu, ne s'unissent aux deux caudicules que par l'intermédiaire de petits pédicelles en forme de tambour répondant à l'unique pédicelle des Vandées, qui est généralement beaucoup plus développé. Chez les Ophrydées les caudicules des pollinies, bien qu'élastiques, ont une certaine rigidité, et servent à mettre les paquets de pollen à une distance convenable de la tête ou de la trompe de l'insecte, afin qu'ils atteignent le stigmate. Chez les Vandées, le même résultat s'obtient à l'aide du pédicelle du rostellum. Les deux caudicules des Vandées sont enfouis et attachés dans une fente profonde dont chaque masse pollinique est creusée, et à moins d'être distendus, sont rarement visibles, car les masses polliniques font immédiatement suite au pédicelle. Ces caudicules répondent, par leur position et leurs fonctions, aux filaments élastiques qui, chez les Ophrydées, relient entre eux les paquets de pollen, au point où ils se réunissent pour former la partie supérieure du caudicule ; car la fonction du vrai caudicule des Vandées est de se briser quand les masses polliniques, transportées par les insectes, s'attachent à la surface du stigmate.

Chez beaucoup de Vandées les caudicules se brisent aisément, et la fertilisation de la fleur, sur ce point du moins, est chose simple ; mais dans d'autres cas, la force des caudicules et la longueur qu'ils peuvent atteindre par distension sans se briser, sont surprenantes. J'ai eu d'abord de la peine à comprendre à quel bon résultat pouvaient concourir la force si grande et l'extensibilité des caudicules. Il est clair que, si la pollinie fait une saillie considérable sur la tête de l'insecte, tandis que celui-ci vole (et l'insecte, pour les plus grandes fleurs d'Orchidées, doit être très-gros), la force de résistance du caudicule la protége contre un choc qui pourrait la faire tomber. De plus, lorsqu'un insecte porteur d'une pollinie visite, soit

une fleur trop jeune dont le stigmate n'est pas encore
assez visqueux, soit une fleur déjà fécondée dont le
stigmate commence à se dessécher, la résistance du
caudicule doit empêcher les masses polliniques d'être
inutilement déposées. Il faut se rappeler que les
masses polliniques sont précieuses, car dans la plupart des genres, chaque fleur n'en produit que deux ;
et dans beaucoup de cas, si l'on en juge par les dimensions du stigmate, un seul de ces organes doit
recevoir les deux masses ; dans d'autres cas néanmoins, l'entrée de la chambre stigmatique est assez
étroite pour qu'une seule masse pollinique puisse s'y
engager, de sorte que le pollen d'une seule fleur
suffit probablement à en féconder deux.

Bien que chez plusieurs espèces, notamment les
Phalænopsis et les Saccolabium, la surface du stigmate soit en temps convenable extraordinairement
visqueuse, cependant, ayant enlevé les pollinies par
leurs disques visqueux à l'aide d'un scalpel, j'ai introduit les masses de pollen dans la chambre stigmatique, et elles ne se sont pas attachées à sa surface avec
une force assez grande pour empêcher que je ne les retire. Je les ai même laissées quelques instants en contact avec la surface visqueuse, comme l'aurait fait un
insecte afin d'aspirer son nectar ; mais quand j'ai voulu
les entraîner hors de la chambre du stigmate, leurs
caudicules, bien que considérablement distendus, ne
se sont pas rompus, et le disque visqueux ne s'est pas

détaché du scalpel ; ainsi les masses polliniques n'ont pas été retenues par le stigmate. Il me vint alors à l'idée que l'insecte pourrait, en s'envolant, pousser les pollinies, non pas en droite ligne hors de la chambre du stigmate, mais presque perpendiculairement à son entrée. J'imitai cette action supposée, et les caudicules distendus effleurant les bords de la chambre, le frottement qu'ils subirent, joint à la viscosité du stigmate, détermina le plus souvent leur rupture ; les masses polliniques restèrent donc sur le stigmate. Ainsi, il semble que la grande force et l'extensibilité des caudicules, qui, tant qu'ils ne sont pas distendus, restent enfouis dans les masses polliniques, préservent à l'occasion celles-ci de la perte, tout en permettant en temps convenable et par l'intervention des insectes, lorsque le frottement brise leur résistance, que ces mêmes masses restent adhérentes à la surface du stigmate, ce qui assure la fécondation de la fleur.

Le disque et le pédicelle du rostellum présentent chez les Vandées une grande diversité de formes, et se prêtent à un nombre en apparence inépuisable de combinaisons. Même dans les espèces d'un seul genre, le genre Oncidium par exemple, ces parties diffèrent grandement. Je donne ici (*fig.* 23) un petit nombre de figures, prises presque au hasard. En général (d'après ce que j'ai pu examiner), le pédicelle est une pièce membraneuse simulant un ru-

ban mince (*fig.* A), long ou court ; mais il est parfois presque cylindrique (*fig.* C) et souvent de toutes
sortes de formes. Le pédicelle est généralement presque droit, mais chez le Mittonia Clowesii, il est naturellement incurvé ; et dans quelques autres cas,

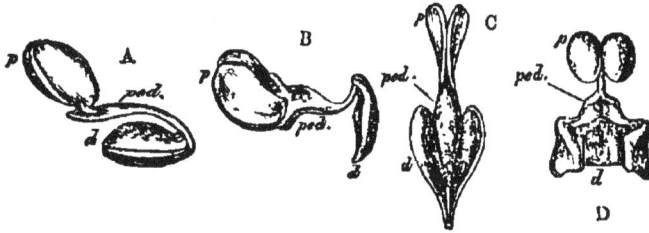

Fig. 23.

POLLINIES DES VANDÉES.

d. Disque visqueux. — *ped.* Pédicelle. — *p.* Masses polliniques.

Les caudicules, enfouis dans l'intérieur des masses polliniques, ne se voient pas.

A. Pollinie d'*Oncidium grande*, partiellement abaissée
B.· Pollinie de *Brassia maculata* (copié sur Bauer).
C. Pollinie de *Stanhopea saccata*, après abaissement.
D. Pollinie de *Sarcanthus teretifolius*, après abaissement.

comme nous allons le voir de suite, il prend après
son enlèvement des formes variées. Les caudicules
extensibles et élastiques qui relient les masses polliniques au pédicelle, ne peuvent se voir ici, enfouis
qu'ils sont dans une fente ou cavité, dans l'intérieur
de chacune de ces masses. Le disque, visqueux sur
sa face inférieure, est une pièce membraneuse fine
ou épaisse, de formes très-diverses. Chez l'Acropera,
c'est un bonnet terminé en pointe ; quelquefois il a la
forme d'une langue, d'un cœur (*fig.* C), d'une selle,

comme chez certains Maxillaria, ou d'un coussin épais (*fig.* A) comme chez plusieurs espèces d'Oncidium ; dans ce dernier cas, le pédicelle est attaché à l'un des bouts, au lieu de l'être, ce qui est plus ordinaire, près du centre. Chez les Angræcum distichum et sesquipedale le rostellum est échancré, et l'on peut enlever deux disques séparés, minces, membraneux ; chacun d'eux porte sur un court pédicelle sa masse pollinique. Chez le Sarcanthus teretifolius le disque (*fig.* D) est de forme très-bizarre ; comme la chambre du stigmate est très-profonde et d'une forme non moins singulière, on est porté à croire que le disque doit se fixer d'une manière très-précise sur la tête carrée et saillante de quelque insecte.

Il y a, le plus souvent, une relation manifeste entre la longueur du pédicelle et la profondeur de cette chambre du stigmate dans laquelle les masses polliniques doivent être introduites ; dans un petit nombre de cas cependant, le pédicelle étant long et le stigmate peu profond, de curieux phénomènes de compensation interviennent. Quand le disque et le pédicelle ont été enlevés, la forme du rostellum change; il est généralement un peu plus court et moins épais, quelquefois échancré : chez le Stanhopea, tout le pourtour de l'extrémité du rostellum est enlevé, et il ne reste qu'une saillie fine, terminée en pointe et semblable à une aiguille, qui originairement en formait le centre.

Jetons maintenant les yeux sur la figure théorique
qui précède (*fig.* 22, p. 119), supposons que le rostellum soit plus étroit, le stigmate plus rapproché de
sa face inférieure, et nous verrons que, si un insecte
ayant une pollinie attachée à sa tête vole à une autre
fleur et y prend presque exactement la position qu'il
avait lors de l'attachement du disque, les masses polliniques frapperont le stigmate, surtout si, sollicitées
par leur poids, elles se sont abaissées le moins du
monde. Voilà tout ce qui se passe chez les Lycaste Skin-
nerii, Cymbidium giganteum, Zygopetalum Mackai,
Angræcum eburneum, Miltonia Clowesii, chez un
Warrea, et, je crois, chez le Galeandra Funkii. Mais
supposons que, sur notre figure, le stigmate soit situé plus bas, au fond d'une cavité profonde, ou que
l'anthère soit située plus haut, de sorte que le pédicelle du rostellum soit relevé pour l'atteindre et se
trouve dans d'autres conditions qu'il est inutile de
détailler ; dans de tels cas, si un insecte visite une
fleur avec une pollinie attachée à sa tête, les masses
polliniques ne frapperont pas le stigmate, à moins
qu'un grand changement ne soit survenu dans leur
position, après leur attachement à leur porteur.

Chez beaucoup de Vandées, ce changement s'effectue suivant le procédé si commun chez les Ophrydées,
savoir, par un mouvement de la pollinie qui, en une
demi-minute environ, s'abaisse après avoir été détachée du rostellum. J'ai vu ce mouvement s'exécuter

d'une façon très-nette, la pollinie enlevée décrivant
en général à peu près un arc de 90° ou quart de circon-
férence, chez quelques espèces des genres Oncidium,
Odontoglossum, Brassia, Vanda, Aerides, Sarcanthus,
Saccolabium, Acropera et Maxillaria. Chez le Rodriguezia suaveolens, l'abaissement est remarquable par
son extrême lenteur[1]; chez l'Eulophia viridis, par son
peu d'extension. Chez quelques-unes des plantes no-
tées comme n'offrant pas de mouvement des pollinies, je ne suis vraiment pas sûr qu'il n'y ait pas un
très-léger abaissement. Chez les Ophrydées, les loges
de l'anthère sont placées parfois en dedans, parfois
en dehors par rapport au stigmate; les pollinies ont
donc à se porter, suivant le cas, en dedans ou en
dehors : mais chez les Vandées, les loges de l'anthère
se trouvent directement au-dessus du stigmate, et la
pollinie se porte toujours directement en bas. Chez
le Calanthe, cependant, les deux stigmates sont
placés extérieurement aux loges de l'anthère, mais
les pollinies, comme nous le verrons, les atteignent
par suite d'un arrangement mécanique des parties.

Chez les Ophrydées, la contraction qui détermine
l'abaissement des pollinies se produit à la surface

[1] [M. Ch. Wright, dans une lettre au professeur Asa Gray, dit avoir
vu à Cuba une pollinie d'Oncidium attachée à un Bombus, et il en a
conclu d'abord que je m'étais complétement trompé au sujet de cet
abaissement des pollinies; mais après quelques heures cette pollinie
prit elle-même la position nécessaire pour la fécondation de la fleur.]
C. D. mai 1869.

supérieure du disque visqueux, près du point d'attache du caudicule. Chez les Vandées, c'est aussi à la surface supérieure du disque visqueux, mais au point où il s'unit au pédicelle, et par suite à une distance considérable du point d'attache des vrais caudicules. La contraction et le mouvement qui la suit sont de nature hygrométrique (mais ce point, comme on le verra dans le septième chapitre, est assez obscur) et par conséquent n'ont pas lieu avant que la pollinie ait été détachée du rostellum et que le point d'union du disque et du pédicelle ait été exposé quelques secondes ou quelques minutes à l'air. Si, après la contraction et le mouvement subséquent du pédicelle, tout l'appareil enlevé est placé sous l'eau, le pédicelle se relève lentement et reprend, relativement au disque visqueux, la position qu'il avait quand il faisait partie du rostellum. Si alors on le retire de l'eau, il s'abaisse de nouveau. Il importe de noter ces faits; ils peuvent servir à distinguer ce mouvement de certains autres.

Le Maxillaria ornithorhyncha nous offre un cas tout spécial. Le pédicelle du rostellum est très-allongé, entièrement couvert par la lèvre antérieure saillante de l'anthère, et par suite reste humide. Après l'enlèvement, il ne se produit pas de mouvement à la jonction du disque et du pédicelle; mais le pédicelle lui-même, en un point un peu plus haut que le milieu de sa hauteur, s'infléchit rapidement en bas et sur lui-même, dans une direction opposée à celle qui est prise dans tous les autres cas. Placé sous l'eau, ce pédicelle se redresse et reprend sa forme première. Si l'on suppose que le long cou redressé d'un oiseau représente le pédicelle, et la tête les masses polliniques, le mouvement, dans tous les cas ordinaires, sera celui de l'oiseau pour saisir une graine sur le sol : les vertèbres inférieures seules décrivent une courbe en s'approchant de son corps ; chez ce Maxillaria, au contraire, le mouvement est celui que ferait l'oiseau pour porter sa tête en arrière au point d'atteindre presque son propre dos, la courbure ne portant ici que sur les vertèbres moyennes du cou. J'ai dit plus haut que si le pédicelle est long et la cavité du stigmate peu profonde, comme chez ce Maxillaria, il y a une action compensatrice ; en voici un exemple : le labellum présente vis-à-vis le stigmate une saillie quadrangulaire, ce qui rend plus étroite l'entrée de la fleur ; et si le pédicelle du rostellum ne venait d'une manière ou d'une autre à se raccourcir, la fleur serait difficilement fécondée. Or, après le mouvement de réflexion que je viens de décrire et l'accourcissement du pédicelle qui en résulte, la pollinie, attachée à quelque petit objet, peut être introduite dans la fleur, et les masses de pollen sont placées de telle sorte qu'elles adhèrent promptement à la surface du stigmate.

Dans quelques cas, ces mouvements hygrométri-

ques ne sont pas les seuls, et l'élasticité entre en jeu.
Chez les Aerides odorata et virens, et l'Oncidium (ro-
seum ?), le pédicelle du rostellum est maintenu en
ligne droite, attaché au disque par une de ses extrémités et à l'anthère par l'autre; cependant, il a une
tendance très-forte, due à son élasticité naturelle, à
se dresser perpendiculairement au disque. Par conséquent, quand le disque s'attache à quelque objet
et que la pollinie est enlevée, le pédicelle se dresse
instantanément et se place perpendiculairement à sa
position première, en élevant en l'air les masses polliniques. Ceci a déjà été remarqué par d'autres observateurs; et je crois comme eux que le résultat
ainsi obtenu est de mettre les masses polliniques
en liberté, hors de leurs loges. Aussitôt après ce
redressement élastique, commence le mouvement
hygrométrique d'abaissement qui entraîne assez
singulièrement le pédicelle, encore en arrière et, relativement au disque, presque dans la position qu'il
avait lorsqu'il était uni au rostellum. Cependant
l'extrémité du pédicelle à laquelle, chez les Aerides,
les masses polliniques sont appendues par de petits
caudicules, reste un peu courbée vers le haut ; et ceci
semble bien disposé pour faire tomber les masses polliniques, par-dessus un rebord, dans la profonde cavité du stigmate. J'ai bien saisi la différence entre le
premier mouvement, qui est élastique, et le second
(mouvement de réflexion) qui est hygrométrique,

lorsque la pollinie étant placée dans l'eau après ses deux mouvements, le pédicelle prit de nouveau la position qu'il avait d'abord acquise par son élasticité ; l'action de l'eau ne changea nullement cette dernière position. Aussitôt que la pollinie fut retirée de l'eau, le mouvement hygrométrique d'abaissement commença. Je n'ai fait cette expérience que sur l'Oncidium.

Chez le Rodriguezia secunda, je n'ai pas constaté comme chez le R. suaveolens mentionné plus haut, un abaissement lent du pédicelle, mais un abatte· ment rapide qui, là seulement, paraît dû à l'élasticité ; placé sous l'eau, le pédicelle n'a pas montré de tendance à recouvrer sa position primitive, comme chez toutes les autres et nombreuses Orchidées que j'ai examinées.

Chez les Phalænopsis grandiflora et amabilis, la cavité du stigmate est peu profonde et le pédicelle du rostellum est long. C'est pourquoi une action compensatrice est nécessaire ; mais, contrairement à ce qui a lieu chez les Maxillaria, elle s'effectue à l'aide de l'élasticité. Il n'y a pas de mouvement d'abaissement ; mais quand la pollinie est enlevée, le pédicelle, qui était droit, s'incurve soudain en son milieu, comme ceci : (·———⌒——). Le point à gauche peut représenter les masses polliniques, et on doit se figurer le disque, à droite, comme une pièce membraneuse triangulaire. Le pédicelle ne se redresse pas sous l'eau. Après la contraction, l'extrémité qui porte les masses polliniques est un peu relevée, et le pédicelle, grâce à cette inclinaison d'un de ses bouts et à la courbure de sa partie moyenne, convexe en haut, semble bien conformé pour faire glisser les masses polliniques, par-dessus une crête, jusque dans la profonde cavité du stigmate[1].

La structure du *Calanthe Masuca* et de l'hybride C. Dominii est très-différente. Il y a deux stigmates latéraux, petites fossettes ovales, placées exactement de chaque côté du rostellum (*fig.* 24). Le disque visqueux est ovale (*fig.* B); il n'a pas de pédicelle, mais huit masses de pollen s'attachent à lui par des caudicules très-courts et faciles à rompre. Ces masses polliniques se détachent du disque comme les rayons d'un éventail. Le rostellum est gros, et ses bords s'abaissent de chaque côté vers les fossettes stigmatiques. Quand on enlève le disque, on voit que le rostellum est profondément échancré au milieu (*fig.* C). Le labellum est uni à la colonne presque jusqu'à son sommet, mais il laisse une ouverture au long nectaire (*n*, A) qui se trouve immédiatement sous le

---

[1] [Je dois remarquer ici que Delpino (*Fecondazione nelle piante*, Firenze, 1867, p. 19) dit avoir examiné des fleurs de Vanda, Epidendrum, Phaius, Oncidium et Dendrobium, et confirme en général mes observations. Dernièrement le professeur Bronn, dans la traduction allemande de cet ouvrage (1862, p. 221), a donné une description de la structure et du mode de fertilisation du *Stanhopea devoniensis*.] C. D. mai 1869.

rostellum. Ce labellum est garni d'excroissances bizarres, verruqueuses et globuleuses.

Si on introduit une grosse aiguille dans l'orifice du nectaire(*fig.* A), puis qu'on l'en retire, on retirera avec

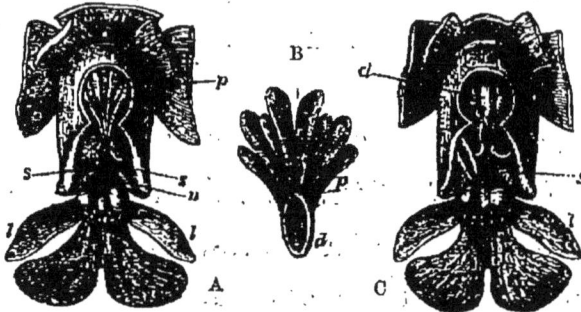

Fig. 24.

CALANTHE MASUCA.

p. MASSES POLLINIQUES.	*l.* LABELLUM.
s. s. LES DEUX STIGMATES.	*d.* DISQUE VISQUEUX.
n. ORIFICE DU NECTAIRE.	*d.* CLINANDRE, AVEC LES MASSES POLLINIQUES ENLEVÉES.

A. Fleur vue d'en haut; les loges de l'anthère sont enlevées et on voit les huit masses polliniques dans leur position naturelle, dans le clinandre. Tous les sépales et pétales sont coupés, excepté le labellum.

B. Masses polliniques attachées au disque visqueux, vues par leur face inférieure.

C. Fleur dans la même position qu'en *A*, mais dont le disque et les masses polliniques sont enlevés : le rostellum est alors échancré, et le clinandre, réceptacle des masses polliniques, est vide. On peut voir deux masses polliniques adhérant à la surface du stigmate du côté gauche.

elle le disque visqueux, portant son élégant éventail de masses polliniques rayonnantes ; ces masses polliniques ne changent point de position. Si maintenant on introduit l'aiguille dans le nectaire d'une autre fleur, les extrémités de ces masses viennent nécessairement frapper les bords supérieurs et latéraux du rostellum et, se divisant en deux groupes, s'engagent dans les deux fossettes latérales du stigmate. Les caudicules étant très-fins se brisent aisément, et les masses polliniques restent, semblables à de petits dards, adhérentes à la surface visqueuse des deux stigmates (voy. le stigmate gauche, *fig.* C) ; la fécondation de la fleur s'effectue ainsi d'une manière simple et intéressante.

J'aurais dû dire qu'une étroite bande transversale de tissu stigmatique relie, par-dessous le rostellum, les deux stigmates latéraux ; car il est probable que quelques-unes des masses polliniques médianes s'engagent dans l'échancrure du rostellum ou au-dessous de lui. Je suis d'autant plus incliné à le croire que j'ai trouvé chez l'élégant Calanthe vestita, un rostellum s'étendant tellement au-dessus des stigmates latéraux, qu'apparemment toutes les masses polliniques doivent s'engager au-dessous de sa surface.

Je crains de fatiguer le lecteur, mais je ne puis entièrement passer sous silence l'*Angræcum sesquipedale*, dont les grandes fleurs à six rayons, semblables à des étoiles formées d'une cire blanche comme la neige, ont excité l'admiration des voyageurs à Madagascar. Un nectaire vert, semblable à un fouet et d'une longueur surprenante, pend sous le labellum. Sur quelques fleurs que m'a envoyées M. Bateman, j'ai vu des nectaires longs de 11 pouces et demi, mais pleins sur une longueur d'un pouce et demi seulement, à l'extrémité inférieure, d'un très-doux nectar. Quel est l'usage, doit-on se demander, d'un nectaire d'une longueur si démesurée? Nous allons voir, je pense, que la fécondation de la plante dépend de cette longueur du nectaire, et de ce que le nectar n'est contenu que dans sa partie extrême et amincie. Il est toutefois étonnant qu'un insecte puisse atteindre ce nectar : en Angleterre, les sphinx ont bien des trompes aussi longues que leur corps ; mais à Madagascar, il faut qu'il y ait des papillons dont la trompe atteigne, en se déployant, une longueur de 10 à 11 pouces !

Le rostellum est large et foliacé ; il s'avance perpendiculairement au-dessus du stigmate et de l'orifice du nectaire : il présente une échancrure profonde, qui s'élargit en dedans. Ce rostellum ressemble donc beaucoup (voy. *fig.* 14, C) à celui du Calanthe après l'enlèvement du disque. Les deux bords de l'échancrure, près de l'extrémité large de celle-ci, sont bordés inférieurement par un étroit lambeau de membrane visqueuse, qui est facilement enlevée ; il y a donc deux disques visqueux distincts. Au milieu de chaque disque s'attache un petit pédicelle membraneux, et chaque pédicelle porte à son autre bout une masse pollinique. Sous le rostellum se trouve un stigmate visqueux, en forme de crête étroite.

Pendant quelque temps je n'ai pu comprendre comment les pollinies de cette plante sont enlevées, comment la fécondation peut s'opérer. J'ai introduit crins

et aiguilles dans le large orifice du nectaire et dans
l'échancrure du rostellum, sans obtenir de résultat.
Il me vint alors à l'idée que, vu la longueur du nectaire, la fleur doit être visitée par de grands papillons, dont la trompe serait épaisse à la base; et que
pour épuiser jusqu'à la dernière goutte de nectar,
même le plus gros de ces insectes aurait à dérouler
sa trompe et à l'étendre aussi bas que possible. Pour
cela le papillon, soit qu'il ait engagé d'abord sa
trompe dans le nectaire par le large orifice qui y
donne accès (et d'après la forme de la fleur, c'est le
plus probable), soit qu'il l'insère de suite dans l'é-
chancrure du rostellum, doit finalement l'introduire
dans cette fente, car c'est le plus court chemin, et
une légère pression suffit pour abaisser toute la
feuille rostellienne : la distance de l'extérieur de la
fleur au fond du nectaire se trouve ainsi raccourcie
d'un quart de pouce environ. Je pris donc un cylindre
d'un dixième de pouce de diamètre, et le poussai
vers le bas à travers l'échancrure du rostellum : les
bords de cette fente se disjoignirent aussitôt, et furent abaissés ainsi que tout le rostellum. Quand
j'ai doucement retiré cet objet, le rostellum s'est relevé en vertu de son élasticité, les bords de l'échancrure se sont retournés et ont embrassé le cylindre.
Alors les bandes de matière visqueuse qui bordent
inférieurement l'échancrure, se sont trouvées en contact avec le cylindre et se sont attachées à lui ; c'est

ainsi que les masses polliniques ont été enlevées. Ce procédé est le seul par lequel j'aie réussi à retirer les pollinies; et on ne saurait douter, je crois, qu'un gros papillon ne soit contraint d'agir ainsi, c'est-à-dire, de dérouler complétement sa trompe en l'engageant dans l'échancrure du rostellum, de manière à atteindre l'extrémité du nectaire, puis de la retirer chargée de pollinies.

Je n'ai pas réussi à reproduire la fécondation de la fleur aussi bien qu'à enlever les pollinies, mais cependant j'y suis arrivé deux fois. Comme les bords de l'échancrure du rostellum doivent se retourner avant que les disques s'attachent au cylindre, ceux-ci se fixent, pendant qu'on le retire, à quelque distance de sa base. Les deux disques ne s'attachent pas toujours à des points exactement correspondants. Maintenant, qu'un papillon engage sa trompe, portant des pollinies fixées près de sa base, dans l'orifice du nectaire, et probablement les masses polliniques seront d'abord introduites au-dessous du rostellum ; puis quand, dans un dernier effort, l'insecte fera passer sa trompe dans l'échancrure de ce dernier organe, elles seront presque nécessairement déposées sur le stigmate, crête étroite qui s'avance au-dessous du rostellum. En imitant ceci à l'aide de pollinies attachées à un cylindre, j'ai vu deux fois les masses polliniques arrachées, rester engluées à la surface du stigmate.

Si l'Angræcum, dans les forêts de son pays natal,

sécrète plus de nectar que les vigoureuses plantes que
m'a envoyées M. Bateman, de telle sorte que son nectaire en soit rempli, de petits papillons peuvent en
prendre leur part, mais sans aucun avantage pour la
plante. Les pollinies ne seront pas enlevées jusqu'à ce
qu'un très-gros papillon, muni d'une trompe merveilleusement longue, ait essayé d'aspirer la dernière
goutte. Si l'espèce de ces grands papillons venait à
s'éteindre à Madagascar, assurément il en serait de
même de l'Angræcum. D'autre part, comme le nectar,
au moins à l'extrémité du nectaire, se trouve hors de
la portée des autres insectes, la disparition de l'Angræcum serait probablement une sérieuse perte pour
ces lépidoptères. On peut en partie comprendre comment le nectaire a pu acquérir son étonnante longueur par voie de modifications successives. Certains
papillons de Madagascar étant devenus plus grands,
sous l'influence des conditions générales de vie et par
voie de sélection naturelle, soit à l'état de larve, soit
à celui d'insecte parfait, ou la trompe seule s'étant
allongée pour puiser le suc que l'Angræcum et d'autres fleurs logent au fond d'un long tube, les pieds
d'Angræcum qui avaient les plus long nectaires (le
nectaire varie beaucoup de longueur chez quelques Orchidées), et qui forçaient par conséquent les papillons
à introduire leur trompe tout entière, ont dû être
mieux fécondés. Ces plantes ont dû produire plus de
graines, et les jeunes plantes nées de ces graines

hériter le plus souvent de la longueur des nectaires; et de même dans les générations suivantes de la plante ou de l'insecte. Il semble qu'il se soit alors engagé une lutte pour la longueur, entre le nectaire de l'Angræcum et la trompe de certains papillons; mais l'Angræcum a triomphé, car il fleurit en abondance dans les forêts de Madagascar, et oblige encore chaque papillon d'introduire sa trompe aussi loin que possible pour aspirer la dernière goutte de nectar.

Pour finir, je signalerai le genre *Acropera*, remarquable à un point de vue spécial. Quoique le docteur Hooker m'ait envoyé maintes fois des fleurs fraîches de deux espèces (A. luteola[1] et Loddigesii), ce genre a été longtemps l'opprobre de mon travail. Toutes les parties de la fleur me semblaient manifestement disposées de manière à empêcher la fécondation. Je pense avoir enfin résolu une partie de cette énigme, bien que le rôle de quelques organes importants me soit encore totalement inconnu. Mais d'ailleurs je ne crois comprendre complétement le mécanisme de la fécondation chez aucune Orchidée; car plus j'étudie nos espèces les plus communes, plus je découvre de combinaisons nouvelles et admirables.

Le rostellum de l'Acropera, mince et allongé, s'a-

---

[1] Le docteur Lindley m'apprend qu'il ne connaît point cette espèce; l'origine de ce nom est également inconnue à Kew. Espèce ou variété, cette forme est très-voisine de l'*A. Loddigesii*, et n'en diffère peut-être que par sa couleur jaune uniforme.

vance perpendiculairement à la colonne (voy. la *fig.* 22); le pédicelle de la pollinie est aussi, par conséquent, long et très-mince ; le disque, extraordinairement petit, a la forme d'une calotte visqueuse en dedans, coiffant l'extrémité du rostellum. Après de nombreux essais, j'ai vu que le disque ne s'attache à aucun objet avant d'être entièrement détaché de la pointe du rostellum ; et on ne peut bien obtenir ce résultat qu'en poussant tout le rostellum vers le haut, afin qu'il glisse sur et contre l'objet avec lequel on le touche : quand le petit disque est ainsi enlevé, il s'attache bien à cet objet. Le sépale supérieur forme un capuchon qui enveloppe et protége la colonne. Le labellum est un organe extraordinaire, qui défie toute description : il articule avec la base de la colonne par une bande mince, tellement élastique et flexible que le moindre souffle la fait vibrer. Il est pendant, et ceci semble être important à noter, car la plante elle-même est pendante, et pour mettre le labellum dans cette position, le support de chaque fleur (ovaire) s'incurve en demi-cercle. De chaque côté, les deux pétales supérieurs peuvent guider un objet sous le capuchon que figure le sépale supérieur. Mais comment toutes ces pièces peuvent-elles conduire l'insecte à pousser quelque partie de son corps sous le capuchon, pour soulever le rostellum et en détacher le petit disque visqueux? Je ne peux nullement le comprendre.

La pollinie, lorsqu'elle s'est attachée à un objet par son disque, exécute le mouvement ordinaire d'abaissement ; et ceci semble inutile, car la cavité du stigmate est placée haut (voir *fig.* 22), à la base de la saillie perpendiculaire que forme le rostellum. Mais ce n'est là, relativement, qu'une petite difficulté ; la difficulté réelle provient de ce que l'orifice de la chambre stigmatique est tellement étroit qu'on a beaucoup de peine à y introduire les masses polliniques. J'ai essayé de le faire à plusieurs reprises et n'ai réussi que trois ou quatre fois. Même après avoir laissé les masses polliniques se dessécher pendant une heure, ce qui les fait diminuer un peu de volume, j'ai rarement pu les faire entrer. J'ai examiné de jeunes fleurs et des fleurs presque flétries, pensant que la largeur de l'orifice pourrait varier pendant la floraison, car nous avons vu que cet orifice se ferme chez une espèce de Bolbophyllum ; mais j'ai toujours eu la même peine à introduire les pollinies. Cependant, si l'on remarque que le disque visqueux est extrêmement petit, que par conséquent sa force d'adhésion n'est pas aussi grande que chez les Orchidées où il est de grande taille, et que le pédicelle est grêle et allongé, il semble presque indispensable, pour que l'introduction des pollinies soit facile, que la chambre stigmatique ait une largeur inaccoutumée. Or, nous avons vu que, loin d'être ainsi, elle est tellement resserrée que j'ai rarement pu faire entrer dans son intérieur même une seule masse pollinique. En outre, comme l'a également observé le docteur Hooker, la surface du stigmate est singulièrement peu visqueuse !

J'avais mis ce cas de côté comme inexplicable lorsqu'il me vint à l'esprit que, bien qu'on ne connaisse aucun exemple de séparation des sexes chez les Orchidées, l'Acropera que j'examinais pourrait bien être une plante mâle [1]. Je regardai alors les utricules

[1] [J'ai commis une grande erreur, en supposant que, dans ce genre, les sexes sont séparés. M. J. Scott, du Jardin botanique royal d'Édimbourg, m'a bientôt convaincu que l'Acropera est hermaphrodite, en m'envoyant des capsules pleines de bonnes graines, qu'il avait obtenues en ouvrant la chambre du stigmate et y introduisant alors des masses polliniques prises sur la même plante. Mon erreur a été causée par mon ignorance de ce fait remarquable, si bien décrit depuis par le docteur Hildebrand (*Botanische Zeitung*, 1863, Oct. 30 et Aug. 4, 1865), que chez plusieurs Orchidées, les ovules ne se développent que quelques semaines ou même quelques mois après la pénétration des tubes polliniques dans le tissu du stigmate. Si j'avais examiné les ovaires de l'Acropera quelque temps après que les fleurs se sont flétries, j'aurais certainement trouvé des ovules bien développés. Je sais maintenant que chez plusieurs Orchidées exotiques, outre l'Acropera (par exemple les Gongora, Cirrhœa, Acineta, Stanhopea, etc.), l'entrée de la chambre stigmatique est si étroite que les masses polliniques ne peuvent y être introduites sans les plus grandes difficultés. On ignore encore comment ces plantes sont fertilisées. Il est certain que les insectes concourent à leur fertilisation. Le docteur Crüger a vu une abeille (Euglossa) visiter un Stanhopea, avec une pollinie fixée sur son corps, et des abeilles du même genre visitent sans cesse les Gongora. Fritz Müller a remarqué (*Botan. Zeitung.*, Sept. 1868, s. 630) que si l'un des bouts de la masse pollinique s'engage dans l'étroit orifice de la chambre stigmatique d'un Cirrhœa, il est humecté par le fluide du stigmate et se gonfle, et la masse pollinique entière est ainsi graduellement attirée vers le stigmate. Mais, d'après des observations que j'ai faites sur l'Acropera et le Stanhopea dans ma propre serre chaude, je soupçonne que chez beaucoup de ces Orchi-

de la surface stigmatique sur des échantillons qui avaient séjourné dans de l'esprit-de-vin, et je les trouvai vides, semblables à de petites loges de verre, mais généralement pourvues d'une aréole pâle ou d'un noyau visible[1]. Puis, j'ai examiné les mêmes utricules sur un très-grand nombre d'Orchidées, et jusqu'ici je n'ai trouvé aucune exception à cette règle que l'esprit-de-vin y détermine la coagulation d'une quantité considérable de matière d'un brun jaunâtre. J'ai pris des Orchidées fraîches et les ai plongées dans l'esprit-de-vin ; après vingt-quatre heures, le contenu des utricules était coagulé et les noyaux avaient une teinte beaucoup plus sombre. Il faudrait de plus nombreuses observations pour qu'on puisse accorder une grande importance à ce fait, mais je peux en inférer dès à présent que les utricules du stigmate de l'Acropera ne sont pas semblables à celles des autres Orchidées. L'état de l'ovaire en donne une meilleure preuve.

Si l'on prend une fine tranche horizontale de cet ovaire et qu'on l'examine à un très-faible grossissement, on voit sur les trois segments ou arcs qui

___

dées, ce n'est pas le gros bout de la pollinie, mais le pédicelle, auquel fait suite le bout le plus mince, qui est introduit dans la chambre du stigmate. En introduisant ainsi la pollinie, j'ai pu accidentellement féconder quelques-unes des espèces nommées plus haut, et obtenir des graines.] C. D., mai 1869.

[1] Voir pour le noyau des utricules stigmatiques, Robert Brown (*Linnæan Transactions*, vol. XVI, p. 710), et les beaux dessins de Bauer dans le grand ouvrage de Lindley.

doivent porter les jeunes graines de petites saillies qui, à première vue, ressemblent à de vrais ovules. Mais, si on les examine avec plus de soin, on voit que ce sont de petites franges membraneuses, un peu ramifiées, tout à fait fines et transparentes, qui, chez certains échantillons, présentent la structure cellulaire beaucoup plus nettement que chez d'autres. Si ces franges sont les placentas, ils sont plus développés que chez les autres Orchidées ; si, comme je le pense, ce sont les ovules (ou plutôt les téguments des ovules) dans un état d'atrophie, ces corps sont plus fermement attachés aux placentas qu'à l'ordinaire, ils ne laissent pas voir de micropyle à leurs extrémités libres et on ne distingue pas de nucelle dans leur intérieur ; aucun d'eux enfin n'est anatrope. J'ai examiné six ovaires de fleurs vieilles et jeunes d'Acropera, les unes fraîches, les autres après immersion dans de l'esprit-de-vin, et les trois arcs ovulifères étaient toujours à peu près dans le même état. J'ai examiné aussi, pour comparer, des ovaires d'Orchidées appartenant à presque toutes les divisions principales, sur des fleurs vieilles ou jeunes, mais non fécondées, les unes fraîches, les autres après immersion dans l'esprit-de-vin, et invariablement les ovules avaient un aspect tout autre.

De ces quelques faits, savoir : le peu de largeur de l'entrée de la chambre stigmatique, dans laquelle les

masses polliniques peuvent à peine être introduites,
bien que la longueur et la finesse du pédicelle du rostellum, la petitesse du disque visqueux et le mouvement d'abaissement semblent commander une vaste
cavité stigmatique située plus bas, — la faible viscosité de la surface du stigmate, — l'état de vacuité
des utricules de cette surface, — et surtout l'état
des arcs ovulifères, je puis inférer que la plante
de Kew, sur laquelle on a cueilli à plusieurs reprises
des fleurs d'Acropera luteola, est une plante mâle.
Après avoir examiné beaucoup d'Orchidées de serre
chaude, je n'ai pas lieu de supposer que la culture
puisse affecter les organes femelles au point de les
rendre tels que je viens de les décrire. Il est à peine
possible d'admettre qu'elle puisse resserrer les so-
lides parois de la chambre du stigmate[1]. Je ne vois
donc rien qui infirme ma conclusion sur le sexe mâle
de cette plante.

La forme femelle ou hermaphrodite de l'Acropera
luteola ressemble-t-elle beaucoup à la forme mâle,
ou bien est-elle encore déguisée sous un autre nom
et attribuée à un genre distinct? il m'est impossible
de le dire. Chez l'Acropera Loddigesii, très-voisin de

[1] Sur un épi de *Goodyera discolor* (du Brésil), que m'a envoyé M. Bateman, et dont toutes les fleurs, déformées et monstrueuses, avaient des
stigmates imparfaits, j'ai trouvé des ovules pourvus de nucelles très-
saillants hors des téguments (exactement tels que les a figurés Brongniart sur un Epipactis dans les *Annales des sciences naturelles*, t. xxiv,
1831, pl. 9), et en apparence bien développés.

l'A. luteola et n'en différant que par la couleur, j'ai trouvé de même une difficulté presque insurmontable à faire entrer les masses polliniques dans la cavité du stigmate ; mais quand j'ai examiné cette espèce, je ne soupçonnais pas encore que toutes les plantes connues de ce genre fussent mâles, et je n'ai pas pris garde à l'ovaire.

J'ai maintenant décrit, peut-être avec trop de détail, quelques-unes des nombreuses combinaisons qui assurent la fécondation des Vandées. Position relative des organes, frottement, viscosité, mouvements élastiques ou hygrométriques, toutes choses parfaitement en harmonie les unes avec les autres, concourent au résultat. Mais la mise en œuvre de tous ces moyens est subordonnée à l'intervention des insectes ; sans leur aide, aucune plante dans cette tribu, parmi les vingt-quatre genres que j'ai examinés, sauf celles qui produisent des fleurs toujours closes et pourtant fécondes, ne pourrait produire une graine. De plus, il est évident que dans la grande majorité des cas, l'insecte n'enlève les pollinies qu'en se retirant de la fleur et, les transportant avec lui, effectue l'union de deux fleurs distinctes. Ceci est parfaitement clair dans les cas nombreux où les pollinies changent de position, après avoir été détachées du rostellum, et se placent de manière à frapper aisément le stigmate ; elles ne peuvent le faire, en effet, que lorsque l'insecte a quitté la fleur qui joue

le rôle de mâle, et avant qu'il en ait visité une seconde, destinée à jouer celui de femelle[1].

---

[1] [J'ai reçu de Fritz Müller plusieurs lettres contenant un nombre
étonnant d'observations neuves et très-curieuses, sur la structure et la
fécondation croisées de diverses Orchidées de la partie sud du Brésil. Je
regrette beaucoup que le manque de temps et d'espace ne me permette
pas de donner un extrait de ces nombreuses découvertes, qui viennent
à l'appui des conclusions générales de mon travail. Mais j'espère qu'un
jour leur auteur sera conduit à en publier un compte rendu détaillé.]
C. D., mai 1869.

CHAPITRE VI

Catasétidées, les plus remarquables de toutes les Orchidées. — Mécanisme par lequel les pollinies des Catasetum sont lancées à distance et transportées par les insectes. — Sensibilité des cornes du rostellum. — Différence extraordinaire entre les formes mâle, femelle et hermaphrodite du Catasetum tridentatum. — Mormodes ignea : curieuse structure de la fleur, expulsion de ses pollinies. — Cypripedium : importance de la forme du labellum, qui ressemble à un sabot. — Sécrétion du nectar. — Avantage qui résulte du temps que les insectes mettent à l'aspirer. — Bizarres excroissances du labellum, qui paraissent attirer les insectes.

J'ai réservé pour l'étudier séparément une sous-tribu des Vandées, celle des Catasétidées, la plus remarquable, selon moi, de toute la famille des Orchidées.

Je commencerai par le genre *Catasetum*, celui dont l'organisation est la plus complexe. Une rapide inspection de la fleur montre qu'ici, comme chez les autres Orchidées, une intervention mécanique est indispensable pour retirer les masses polliniques de leurs loges et les transporter sur la surface du stigmate. De plus, nous allons voir que les trois formes suivantes de Catasetum sont des plantes mâles. Il est donc certain que, pour que des graines se produisent, les masses polliniques doivent être transportées sur des plantes femelles. Dans ce genre, la pollinie est munie d'un disque visqueux de grande taille; mais ce disque, au lieu d'être placé, comme chez les autres Orchidées, de telle sorte qu'un insecte visitant la fleur ait grande chance de l'atteindre et de l'enlever, est tourné en dedans et accolé à la surface supérieure et postérieure d'une chambre que je dois nommer chambre stigmatique, bien qu'elle ne remplisse pas les fonctions de stigmate. Il n'y a rien dans cette chambre qui puisse attirer les insectes; et lors même qu'ils y entreraient, il serait difficile que le disque s'attache à eux, car sa surface visqueuse est en contact avec la paroi supérieure de la chambre.

Comment donc fait la Nature? Elle a doué ces plantes de ce que, faute d'un meilleur terme, j'appellerai sensibilité, et de la remarquable faculté de lancer fortement leurs pollinies à distance. C'est pourquoi, lorsque certains points déterminés de la fleur viennent à être touchés par un insecte, les pollinies sont lancées comme des flèches qui auraient, au lieu de barbes, un renflement très-gluant. L'insecte, troublé par le brusque coup qu'il reçoit ou après s'être rassasié de nectar, s'envole et s'abat tôt ou tard sur une plante femelle; il y reprend la position qu'il avait lorsqu'il a été frappé, l'extrémité pollinifère de la flèche est introduite dans la cavité du stigmate, et du pollen s'attache à la surface visqueuse de cet organe. C'est de cette manière seulement qu'au moins trois espèces du genre Catasetum sont fécondées[1].

Chez beaucoup d'Orchidées, par exemple les Listera, les Spiranthes et les Orchis, nous avons vu que la surface du rostellum est tellement sensible

[1] [Afin que le lecteur accepte avec confiance les détails qui suivent, je ferai quelques remarques préliminaires. A ma grande satisfaction, le docteur Crüger, directeur du Jardin botanique de la Trinité, a dernièrement, par lettres et dans un mémoire inséré dans un journal de la Société Linnéenne (vol. VIII, *Bot.*, 1864, p. 127), pleinement confirmé mes observations sur les Catasetum, et les conclusions que j'en avais déduites. Il m'a envoyé des abeilles qu'il avait vues rongeant le dedans du labellum'; elles appartiennent à trois espèces d'Euglossa, et avaient des pollinies attachées à la surface dorsale et velue de leur thorax, de telle sorte que, pendant leur vol, elles fussent étendues sur leur dos et leurs ailes. Le docteur Crüger a reconnu, en cherchant à fertiliser lui-même ces plantes, que les sexes sont séparés; Fritz Müller a fait de même sur le *Catasetum mentosum*, du Brésil méridional. Néanmoins, d'après deux notes qu'on m'a adressées, il paraît que le *Catasetum tridentatum*, bien que ce soit une plante mâle, produit accidentellement des capsules et des graines; mais tout botaniste sait que c'est là une anomalie susceptible de se montrer sur d'autres plantes mâles. Fritz Müller a donné (*Botanische Zeitung*, sept. 1868, s. 630) une description très-intéressante et s'accordant parfaitement avec la mienne, de l'état des petites pollinies sur les pieds femelles; l'anthère ne s'ouvre jamais, et les masses polliniques, n'étant pas attachées aux disques visqueux, ne sauraient être enlevées. Les grains de pollen, comme il arrive, si généralement aux parties ou organes rudimentaires, varient extrêmement de dimension et de forme. Cependant Müller a trouvé qu'en appliquant ces masses polliniques atrophiées et rudimentaires sur la surface du stigmate (ce qui ne peut jamais avoir lieu naturellement), on leur fait émettre des tubes polliniques! C'est là, selon moi, un exemple vraiment merveilleux de la gradation de structure et de fonction dans des parties devenues rudimentaires.] C. D., mai 1869.

que, si on la touche ou si on l'expose aux vapeurs du chloroforme, elle se rompt suivant certaines lignes déterminées. Il en est de même dans la tribu des Catasétidées, mais avec cette remarquable différence que chez les Catasetum le rostellum se prolonge en deux cornes recourbées et terminées en pointe, que j'appellerai les antennes ; elles pendent au-dessus du labellum sur lequel les insectes s'abattent, et l'excitation produite par le contact d'un corps est transmise le long de ces antennes jusqu'à la membrane qui doit se rompre ; puis, quand cette rupture a eu lieu, le disque de la pollinie se trouve subitement libre. Nous avons vu aussi que chez quelques Vandées les pédicelles des pollinies restent forcément abattus, mais sont élastiques et tendent à se redresser, de sorte qu'aussitôt libres ils s'enroulent brusquement sur eux-mêmes, sans doute afin de détacher les masses polliniques des loges de l'anthère. Dans le genre Catasetum, au contraire, les pédicelles sont retenus dans une position arquée, et, quand ils deviennent libres par la rupture des bords du disque auxquels ils s'attachaient, ils se redressent avec une telle force que non-seulement ils entraînent hors de leurs places les masses de pollen et les loges de l'anthère, mais toute la pollinie est lancée en avant, au-dessus et au delà de l'extrémité des appendices que j'ai nommés antennes, à la distance de deux ou trois pieds. Ici donc, comme ailleurs dans la nature, une même structure et de mêmes propriétés sont utilisées pour de nouveaux desseins.

Cataselum saccatum [1]. — J'entrerai maintenant dans les détails. On peut juger de l'aspect général de la fleur dans cette espèce, par la gravure suivante (*fig.* 25). On voit en B une vue latérale de la fleur entière, mais avec les pétales et les sépales enlevés, sauf le labellum ; en A, la face antérieure de la colonne. Le sépale et les deux pétales supérieurs entourent et protégent la colonne ; les deux sépales inférieurs s'avancent transversalement en dehors. La fleur se tient plus ou moins inclinée d'un côté, mais le labellum en occupe toujours le bas. Une couleur sombre et cuivrée, avec des taches orangées ; une ouverture béante dans un grand labellum bordé de franges ; deux antennes, dont l'une est simplement pendante et l'autre déjetée en dehors, donnent à ces fleurs un aspect étrange, sinistre, reptilien.

En avant, au milieu de la colonne, on peut voir la profonde cavité du stigmate (*fig.* A, *s*); on la voit aussi sur une coupe (*fig.* 26, *c*), où l'on a séparé un peu les disparties les unes des autres, afin de rendre leur position plus intelligible. Au milieu de la paroi supérieure de la chambre stigmatique, fort en ar-

---

[1] Je suis très-obligé envers M. James Veitch , de Chelsea, qui m'a donné le premier une fleur de cette espèce ; plus tard, M. S. Rucker, dont on connaît la magnifique collection d'Orchidées, m'a généreusement envoyé deux beaux épis, et m'a aidé de la manière la plus obligeante au moyen d'autres spécimens.

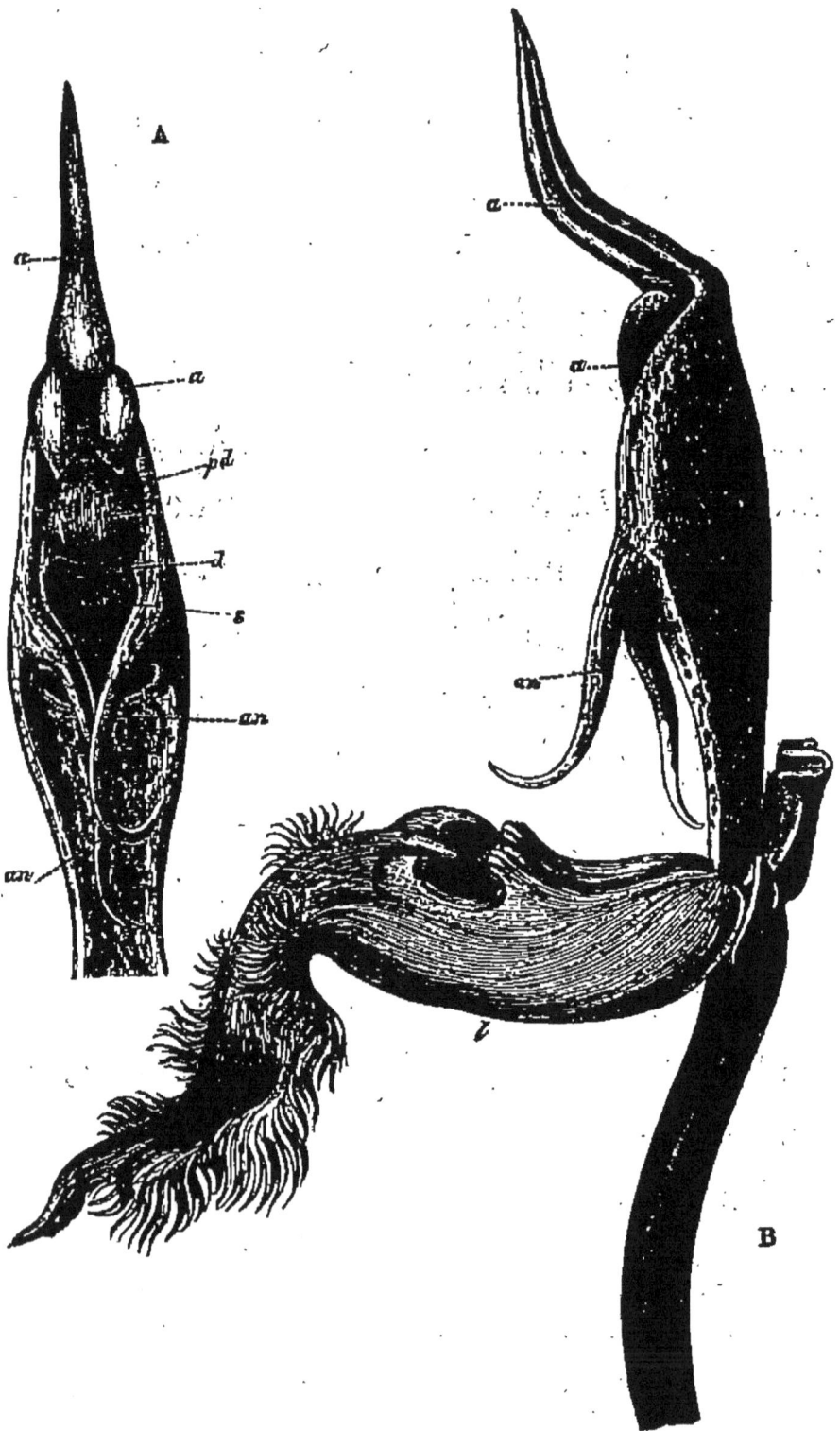

Fig. 25.

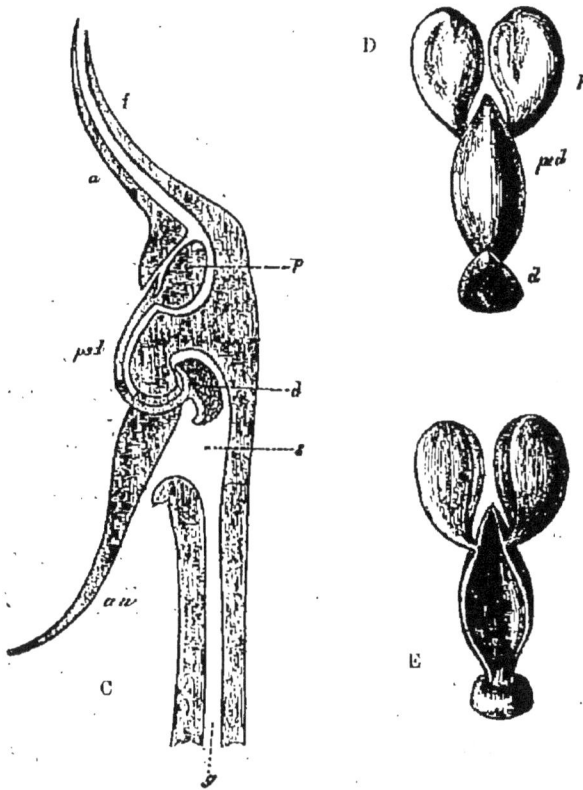

Fig. 26.

CATASETUM SACCATUM

a. ANTHÈRE.
an. ANTENNES DU ROSTELLUM.
d. DISQUE DE LA POLLINIE.
f. FILET DE L'ANTHÈRE.
g. OVAIRE.

l. LABELLUM.
p. MASSES POLLINIQUES.
pd. ou *ped.* PÉDICELLE DE LA POLLINIE.
s. CHAMBRE STIGMATIQUE.

A. Face antérieure de la colonne

B. Vue latérale de la fleur, avec les sépales et les pétales enlevés, sauf le labellum.

C. Coupe de la colonne, avec toutes les parties un peu disjointes.

D. Pollinie : face supérieure.

E. Pollinie : face inférieure, qui est en contact avec le rostellum.

rière (A,*d*), on peut distinguer l'extrémité antérieure
du disque visqueux de la pollinie. Ce disque se continue, de chaque côté, avec une petite frange membraneuse qui rejoint les bases des antennes. Au-dessus du disque, s'avance un rostellum proéminent,
cordiforme, sur lequel s'applique une fine membrane d'enveloppe. Cette membrane est le pédicelle
de la pollinie (ped., sur la coupe C et en A) : en bas,
il s'attache à la face supérieure du disque visqueux ; en
haut, il s'engage sous les loges de l'anthère et va s'unir
aux deux masses polliniques. Dans sa position naturelle, le pédicelle est fortement arqué pour recouvrir la
convexité du rostellum ; mais dès qu'il devient libre,
il se redresse avec vigueur, et en même temps, ses
bords latéraux s'enroulent en dedans. Dans le bouton, quand le développement est encore peu avancé,
ce pédicelle membraneux fait partie du rostellum,
mais dans la suite il s'en sépare par suite de la disso
lution d'une couche de cellules.

La pollinie, après qu'elle est devenue libre et qu'elle
s'est redressée, est représentée en D (*fig.* 26) ; sa face
inférieure, qui est en contact avec le rostellum, se voit
en E ; les bords latéraux du pédicelle sont maintenant
très-recourbés en dedans. Sur cette dernière figure,
on voit la fente située sur la face inférieure de chaque
masse pollinique. Dans la base de cette fente, se trouve
une couche de tissu très-extensible, formant le cau
dicule par lequel les masses polliniques sont unies au

pédicelle. Par une disposition toute spéciale à ce genre, l'extrémité inférieure du pédicelle s'unit au disque à l'aide d'une charnière mobile, de telle sorte que ce pédicelle peut se mouvoir d'arrière en avant aussi loin que le permet l'extrémité du disque visqueux, tournée vers le haut (*fig.* D). Le disque est gros et épais ; il se compose d'une membrane supérieure forte, à laquelle s'attache le pédicelle, et au-dessous, d'un coussin d'une grande épaisseur, amas de matière pulpeuse, floconneuse et gluante. La face postérieure (qui est inférieure sur la figure D) est de beaucoup la plus visqueuse, et c'est forcément elle qui frappe la première un objet, après l'expulsion de la pollinie. La matière visqueuse est prompte à durcir. Toute la surface du disque reste fraîche avant l'expulsion, car elle est appliquée contre la paroi supérieure de la chambre stigmatique. Sur la coupe (*fig.* C), elle est représentée, comme les autres parties, un peu séparée de cette paroi.

Le connectif de l'anthère (*a*, dans les figures) se prolonge en une pointe, qui adhère lâchement à l'extrémité effilée de la colonne ; cette extrémité (*f, fig.* C), homologiquement, est le filet de l'anthère. Sans doute l'anthère est ainsi conformée afin de pouvoir se déchirer plus aisément lorsqu'elle est poussée par son extrémité inférieure, que la pollinie est mise en liberté et violemment expulsée, grâce à l'élasticité du pédicelle.

Le labellum se tient perpendiculairement à la colonne ou un peu incliné vers le bas ; ses lobes latéraux et basilaires se recourbent sous la portion médiane, afin qu'un insecte ne puisse s'abattre qu'en face de la colonne. Au milieu du labellum est une cavité profonde, bordée de crêtes saillantes ; les parois de cette cavité ne sécrètent point de nectar, mais sont épaisses et charnues et ont une saveur légèrement douce et succulente. Je pense, comme nous le verrons plus loin, que les insectes visitent les fleurs du Catasetum pour ronger ces parois et ces crêtes charnues. La pointe de l'antenne gauche se trouve immédiatement au-dessus de la cavité, et serait presque infailliblement atteinte par un insecte conduit à visiter, dans un but quelconque, cette partie du labellum.

Les antennes, qui n'existent chez aucun autre genre, sont les plus singuliers organes de cette fleur. Ce sont deux cornes rigides, recourbées, se terminant en pointe. Elles sont formées d'une étroite bande membraneuse, dans les bords se replient en dedans et viennent se toucher, mais ne se soudent pas ; chaque corne est donc un tube semblable à la dent à venin d'une vipère, et fendu sur un de ses côtés. Elles se composent de cellules nombreuses, très-allongées, généralement hexagonales, effilées à leurs deux bouts, pourvues (comme celles de beaucoup d'autres tissus de la fleur) de nucléus et de nucléoles. Les antennes sont les prolongements des côtés de la face antérieure du rostellum. Comme le disque visqueux est en continuité avec la petite frange membraneuse de chaque côté, et que cette frange se continue avec les bases des antennes, ces derniers organes sont mis en relation directe avec le disque. Le pédicelle de la pollinie passe entre les bases des deux antennes. Celles-ci ne sont pas libres dans toute leur longueur; leurs bords externes, sur une étendue considérable, s'unissent intimement et se confondent avec ceux de la chambre stigmatique.

Dans toutes les fleurs que j'ai examinées, et qui avaient été cueillies sur trois plantes, les deux antennes avaient la même position ; mais quoique semblables d'ailleurs, elles n'étaient pas placées symétriquement. La partie terminale de l'antenne gauche se recourbe vers le haut (voir *fig.* B, où cette position est mieux indiquée qu'en A), et en outre un peu en dedans, de sorte que sa pointe est sur la ligne médiane et défend l'entrée dans la fossette du labellum. L'antenne droite est pendante, la pointe tournée un peu en dehors; par suite de cette position, le pli ou sillon, formé par l'union de ses deux bords, se voit à l'extérieur; tandis que sur l'autre antenne, il est caché le long de la face inférieure. Nous allons voir que l'antenne droite est un organe secondaire, presque paralysé et apparemment sans fonctions.

Étudions maintenant l'action de tous ces organes.

Si l'on touche, dans cette espèce, l'antenne gauche (l'une ou l'autre antenne dans les deux espèces qui suivent), les bords de la membrane supérieure du disque, qui sont en continuité avec la surface environnante, se rompent instantanément, et le disque se trouve libre. Le pédicelle, qui est très-élastique, lance aussitôt le disque pesant hors de la chambre stigmatique, et avec une telle force que toute la pollinie est expulsée, y compris les deux masses de pollen, et que la longue pointe lâchement attachée de l'anthère, se détache du sommet de la colonne. La pollinie est toujours lancée avec son disque visqueux en avant. J'ai imité cette action avec un petit fragment de baleine, portant à l'un de ses bouts un léger poids qui représentait le disque; l'ayant courbé contre un objet cylindrique, j'ai retenu doucement son extrémité supérieure sous la tête arrondie d'une épingle, pour simuler l'action ralentissante de l'anthère, puis, laissant tout à coup l'extrémité inférieure libre, j'ai vu la baleine violemment lancée, comme la pollinie du Catasetum, avec le petit poids en avant.

Je me suis assuré que le disque est lancé le premier, en pressant avec un scalpel sur le milieu du pédicelle, et touchant ensuite l'antenne; le disque sortit aussitôt, mais à cause de la pression exercée sur le pédicelle, la pollinie resta en place. L'élasticité du pédicelle, cause de ce brusque redressement qui entraîne l'expulsion des pollinies, se manifeste encore dans le sens

transversal : si l'on fend en deux un tuyau de plume,
et qu'on en fasse glisser la moitié sur un crayon trop
épais, dès que la pression qu'on a dû employer cesse,
il se contracte et se détache du crayon ; or, le pédicelle de la pollinie se comporte d'une manière analogue, car ses deux bords, dès qu'ils le peuvent, se
recourbent en dedans. Ces forces combinées suffisent
pour lancer violemment la pollinie à une distance de
deux ou trois pieds. Quelques personnes m'ont rapporté, qu'ayant touché des fleurs de ce genre dans
leurs serres chaudes, elles ont été frappées à la figure
par les pollinies. J'ai touché moi-même les antennes
du C. callosum, en tenant la fleur à 92 centimètres environ de la fenêtre, et j'ai vu la pollinie frapper un
carreau de vitre et s'attacher par son disque adhésif
à la surface lisse et verticale du verre.

Les observations suivantes sur la nature de l'excitation par suite de laquelle le disque se sépare des
parties voisines, ont été faites quelquefois sur les deux
espèces dont je parlerai après celle-ci. Quelques fleurs
qu'on m'a envoyées par la poste ou le chemin de fer,
ont dû éprouver beaucoup de secousses, et cependant
l'expulsion des pollinies n'avait pas eu lieu. J'ai laissé
deux fleurs tomber de la hauteur de deux ou trois
pouces sur une table, sans que ce phénomène se produise. A l'aide d'une paire de ciseaux, j'ai coupé l'o-
vaire immédiatement au-dessous de la fleur, les sépales, et même dans quelques cas la masse épaisse du

labellum ; mais cette mutilation n'a pas eu le résultat attendu. Des piqûres profondes dans diverses parties de la colonne et même dans la chambre stigmatique, n'ont pas eu plus d'effet. Un coup, assez fort pour faire tomber brusquement l'anthère, comme il m'est arrivé une fois par accident, détermina l'expulsion des pollinies. Deux fois, j'ai pressé assez fortement sur le pédicelle, et par conséquent sur le rostellum qu'il recouvre, mais sans résultat. J'ai comprimé le pédicelle et doucement écarté l'anthère ; alors l'extrémité pollinifère de la pollinie jaillit au dehors en vertu de son élasticité, et ce mouvement entraîna la séparation du disque d'avec les parties voisines. Cependant M. Ménière[1] a montré que l'anthère se détache quelquefois d'elle-même, ou peut être détachée délicatement, sans que le disque devienne libre, et qu'alors le pédicelle reste pendant en avant du stigmate.

Après avoir expérimenté sur quinze fleurs appartenant à trois espèces, je reconnais qu'une violence modérée, exercée sur une partie quelconque de la fleur à l'exception des antennes, reste sans effet. Mais quand on touche l'antenne droite chez le C. saccatum, ou l'une ou l'autre antenne chez les deux espèces suivantes, la pollinie est lancée à l'instant même. Les antennes sont sensibles à leur pointe et

[1] *Bulletin de la Soc. bot. de France*, t. I, 1854, p. 367.

dans toute leur longueur. Sur une fleur de C. tridentatum, il m'a suffi de les toucher avec une soie de
porc ; cinq fleurs de C. saccatum ont exigé le léger
contact d'une fine aiguille ; enfin, pour quatre autres,
un petit coup fut nécessaire. Même sur le C. tridentatum, un courant d'air ou d'eau froide, dirigé au
moyen d'un petit tuyau, ne suffisent pas ; dans aucun
cas un cheveu d'homme n'est assez fort : ainsi, les
antennes sont moins sensibles que le rostellum du Listera. Mais une extrême sensibilité n'eût pas été utile
à cette plante, car il y a lieu de croire que les fleurs
en sont visitées par de gros insectes.

Il est presque certain que la mise en liberté du disque ne résulte pas simplement d'un mouvement des
antennes ; car celles-ci, sur une longueur considérable, adhèrent fermement aux bords de la chambre
stigmatique, et sont ainsi fixées et inamovibles près
de leurs bases. Quelques fleurs, lorsque je les ai re-
çues, n'étaient pas sensibles ; mais elles le sont devenues après une immersion d'un jour ou deux dans
l'eau. J'ignore si ce fait est dû à une maturation plus
complète ou à l'absorption de l'eau. Deux fleurs de C.
callosum, dont la sensibilité était tout à fait engour-
die, furent plongées dans de l'eau tiède pendant une
heure, et leurs antennes devinrent très-sensibles ;
ceci indique que le tissu cellulaire des antennes doit
devenir turgescent pour être à même de recevoir et
de transmettre les effets du contact, et me conduit

à supposer qu'une vibration se transmet d'un bout à l'autre de ces organes ; s'il en est ainsi, la vibration doit être de quelque nature spéciale, car l'action ordinaire de diverses forces plus grandes n'entraîne pas la rupture. Deux fleurs placées dans de l'eau chaude, pas assez chaude cependant pour me brûler les doigts, lancèrent spontanément leurs pollinies. Ayant perdu une plante sur laquelle je me proposais de faire d'autres expériences, je n'ai pas vu comment agissent les gouttes ou la vapeur des fluides âcres. D'après ces derniers faits, on peut se demander si c'est bien une vibration, produite par le léger contact d'une aiguille, qui est transmise d'un bout à l'autre des antennes. J'ai constaté que, chez le C. tridentatum, les antennes ont un pouce et un dixième de long, et que si l'on touche doucement avec une soie leur extrême pointe, la vibration qui en résulte est transmise, autant que j'ai pu en juger, instantanément dans toute leur longueur. J'ai mesuré la longueur de plusieurs cellules du tissu des antennes, et par un grossier calcul, j'ai trouvé que cette transmission doit se faire à travers non moins de soixante-dix à quatre-vingts cellules fermées.

Nous pouvons, du moins, sûrement conclure que les antennes, qui caractérisent le genre Catasetum, sont spécialement destinées à recevoir les effets d'un contact et à les transmettre au disque de la pollinie ; ce qui amène la rupture d'une membrane et, par un

phénomène d'élasticité, l'expulsion de toute la pollinie. S'il faut une preuve de plus, elle est fournie par
la plante dont on a fait le genre Monachanthus, et qui,
comme nous le verrons plus loin, est le pied femelle
du Catasetum tridentatum ; comme elle n'a point de
pollinies à lancer, elle manque entièrement d'antennes.

J'ai dit que, chez le C. saccatum, l'antenne droite
est invariablement pendante, avec la pointe tournée
un peu en dehors, et qu'elle est presque paralysée.
Cette opinion repose sur cinq expériences, dans lesquelles j'ai violemment frappé, ployé et piqué cette
antenne, sans produire aucun effet; tandis qu'à peine
avais-je touché l'antenne gauche avec une force bien
moindre, la pollinie était lancée en avant. Dans un
sixième cas, un grand coup sur l'antenne droite détermina l'expulsion : cette antenne n'est donc pas
complétement paralysée. Mais comme elle ne défend
pas l'abord du labellum qui, chez toutes les Orchidées,
semble être chargé d'attirer les insectes, sa sensibilité
eût été inutile.

La grande dimension de cette fleur, celle surtout
de son disque visqueux, et la merveilleuse puissance
d'adhésion de celui-ci, me font admettre que le C. saccatum est visité par de gros insectes. La matière
visqueuse, quand elle a durci, devient si adhérente,
et le pédicelle est si fort (bien qu'il soit très-mince et
large seulement d'un vingtième de pouce à sa base),

qu'à ma grande surprise, il a pu supporter pendant quelques secondes un poids de 1,262 grains,
c'est-à-dire près de 90 grammes ; il a résisté
pendant un temps considérable à un poids un peu
moins fort. Quand la pollinie est lancée, la grande
pointe de l'anthère est généralement entraînée avec
elle. Quand le disque va frapper une surface plane,
comme celle d'une table, l'extrémité pollinifère de
la pollinie est souvent entraînée au delà du disque par
suite de la pesanteur de l'anthère, et la pollinie, si
elle s'attachait au corps d'un insecte, se fixerait ainsi
dans une position fâcheuse au point de vue de la fertilisation. De plus, elle décrit souvent un arc trop
accentué[1]. Mais il ne faut pas oublier que, dans la

[1] M. Baillon (*Bull. de la Soc. bot. de France*, t. I, 1854, p. 285) dit que
le *Catasetum luridum* lance toujours sa pollinie en ligne droite et dans
une direction telle qu'elle s'attache de suite au fond de la concavité du
labellum : dans cette position, selon lui, elle féconde la fleur suivant un
procédé qui n'est pas clairement expliqué. Dans un mémoire inséré
dans le même recueil (p. 367), M. Ménière attaque avec raison la conclusion de M. Baillon. Il remarque qu'on peut facilement détacher l'anthère, qui se détache quelquefois d'elle-même ; dans ce cas, grâce à
l'élasticité du pédicelle, les pollinies restent pendantes, et le disque
visqueux reste encore adhérent au plafond de la chambre du stigmate.
M. Ménière donne ensuite à entendre que, par le retrait subséquent et
progressif du pédicelle, les masses polliniques pourraient être entraînées dans la chambre stigmatique. Ceci ne saurait avoir lieu sur les
trois espèces que j'ai examinées et y serait inutile. M. Ménière continue
en montrant de quelle importance sont les insectes pour la fertilisation
des Orchidées ; il paraît croire que leur intervention est nécessaire chez
les Catasetum, que ces plantes ne pourraient se féconder elles-mêmes.
M. Baillon et M. Ménière décrivent tous deux correctement la position
recourbée du pédicelle élastique lorsqu'il n'est pas encore libre. N!

nature, l'expulsion résulte du contact des antennes avec un gros insecte posé sur le labellum, et dont la tête et le thorax doivent être peu éloignés de l'anthère. Un objet arrondi, mis dans la même position, est toujours frappé exactement à son milieu, et si on le retire avec la pollinie qui s'est attachée à lui, celle-ci s'abat sous le poids de l'anthère à partir de son articulation avec le disque ; alors l'anthère tombe, laissant les masses polliniques libres et dans une position convenable pour la fertilisation. L'utilité d'une expulsion aussi violente de la pollinie est sans doute d'appliquer le coussin doux et gluant du disque sur le thorax velu de quelque gros hyménoptère ou le dos sculpté d'un scarabée qui cherche sa nourriture sur les fleurs. Quand le disque et le pédicelle se sont attachés à l'insecte, celui-ci ne peut certainement s'en débarrasser ; mais les caudicules se brisant assez aisément, les masses polliniques doivent être déposées sur le stigmate visqueux d'une fleur femelle.

Catasetum callosum. — Cette fleur [1], plus petite que la précédente, lui ressemble à beaucoup d'égards. Le bord du labellum est couvert de papilles ; sa cavité médiane est petite, et derrière elle se trouve une longue saillie en forme d'enclume ; je mentionne ces

l'un ni l'autre de ces botanistes ne semble savoir que les espèces du genre Catasetum (du moins les trois espèces que j'ai examinées) ne sont en réalité que des plantes mâles.

[1] Un bel épi de ces fleurs m'a été très-obligeamment envoyé par M. Rucker et déterminé par le docteur Lindley.

détails parce que cette forme est voisine du Myanthus barbatus, que je vais décrire de suite. Le pédicelle est coloré enjaune, très-arqué, uni par une charnière à un disque extrêmement visqueux. Quand l'une ou l'autre des antennes est atteinte, les pollinies sont lancées avec beaucoup de force. Les deux antennes sont placées symétriquement de chaque côté de la saillie en forme d'enclume, et leurs pointes sont dans la cavité du labellum. Les parois de cette cavité ont un goût succulent et agréable. Les antennes ont cela de remarquable, que toute leur surface est hérissée de papilles. La plante que je décris ainsi n'est qu'une forme mâle.

Catasetum tridentatum. — L'aspect général de cette fleur est tout autre que celui des deux premières ; la figure 27 la représente, avec un sépale enlevé de chaque côté. Le labellum occupe le haut de la fleur, situation opposée à celle qu'il a chez la plupart des Orchidées ; il a la forme d'un casque ou d'un seau, qui serait terminé par trois petites pointes. Il est clair, d'après cette position, qu'il ne peut contenir de nectar ; mais ses parois sont épaisses, et ont, comme chez les fleurs précédentes, un goût succulent et agréable. La chambre stigmatique, bien qu'elle ne remplisse pas les fonctions de stigmate, est de grande taille. Le sommet de la colonne et la pointe effilée de l'anthère sont moins allongés que chez le C. saccatum. Pour le reste, il n'y a pas de différence importante. Les antennes sont plus longues et leurs pointes, sur un vingtième environ de leur longueur, sont hérissées de cellules papilliformes.

Comme précédemment, le pédicelle de la pollinie s'articule avec le disque à l'aide d'une charnière ; l'extrémité antérieure du disque est tournée vers le

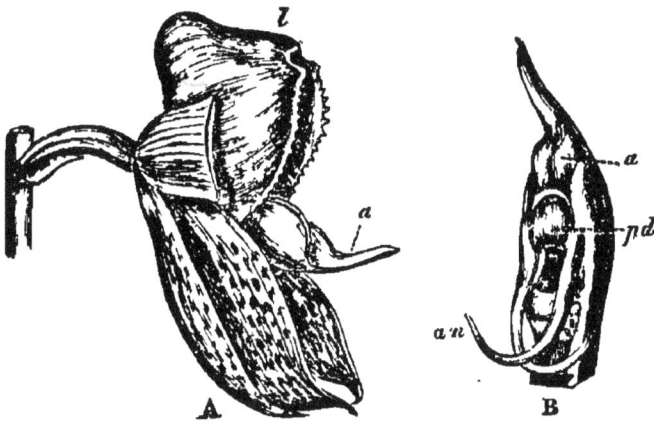

Fig. 27.

CATASETUM TRIDENTATUM.

a. ANTHÈRE. an. ANTENNES.
pd. PÉDICELLE DE LA POLLINIE. l. LABELLUM.

A. Vue latérale de la fleur dans sa position naturelle ; les deux sépales inférieurs sont coupés.
B. La colonne vue par devant et dressée.

haut, de sorte que le pédicelle, quand il est attaché à la tête d'un insecte, ne peut se porter en arrière, mais seulement en avant, mouvement qui paraît intervenir dans la fertilisation de la plante femelle. Comme dans les autres espèces, le disque est de grande taille, et son extrémité postérieure qui, lors de l'ex-

pulsion, va frapper l'objet la première, est beaucoup
plus visqueuse que le reste de la surface. Cette surface est humectée par un fluide laiteux qui, exposé à
l'air, brunit rapidement et se prend en une matière
de la consistance du fromage. La face supérieure du
disque est une membrane forte et formée de cellules
polygonales ; chacune de ces cellules contient une
ou plusieurs masses d'une matière brune et translucide. Cette membrane recouvre, en lui adhérant, une
couche épaisse composée de masses arrondies de matière brune (dans la partie inférieure, leur forme devient extrêmement irrégulière) séparées l'une de
l'autre, et enfouies dans une substance transparente,
homogène et très-élastique. Vers l'extrémité postérieure du disque, cette couche se transforme en une
matière extrêmement visqueuse qui, solidifiée, devient brune, translucide et homogène. Ainsi, le
disque a une structure beaucoup plus complexe que
chez les autres Vandées.

Je ne décrirai rien de plus dans cette fleur, si ce
n'est la position des antennes. Sur les six fleurs que
j'ai examinées, elles étaient placées exactement de
même. Elles ne sont pas symétriques. Toutes deux sont
sensibles, mais j'ignore si c'est au même degré. Toutes
deux se recourbent sous la voûte du labellum : l'antenne gauche s'élève plus haut, et sa pointe s'incurve
en dedans vers le milieu ; l'antenne droite est plus
basse et mesure toute la base du labellum, mais sa

pointe dépasse à peine le bord gauche de la base de la
colonne. Grâce à la disposition des pétales et des sépales, un insecte visitant la fleur doit presque sûrement s'abattre sur la crête du labellum; mais il lui sera
difficile de ronger une partie quelconque de la grande
cavité du labellum sans toucher une des deux antennes, car la gauche en défend la partie supérieure,
et la droite l'inférieure ; et dès que l'une d'elles sera
touchée, la pollinie sera infailliblement lancée et viendra frapper la tête ou le thorax de l'insecte. .

On peut se représenter la position des antennes chez
ce Catasetum en supposant un homme dont le bras
gauche serait soulevé et plié de façon que la main
soit en avant de la poitrine, et dont le bras droit croi-
serait ce dernier en passant plus bas, ses doigts
atteignant un peu au delà du côté gauche. Chez le C.
callosum, les deux bras descendent plus bas et s'étendent symétriquement. Chez le C. saccatum, le bras
gauche est plié et dirigé en avant, comme chez le C.
tridentatum, mais plus bas ; tandis que le bras droit
est pendant, presque paralysé, avec la main tournée
un peu en dehors. Dans chacun de ces cas, dès qu'un
insecte visite le labellum, les antennes transmettent
admirablement bien leur message, et le moment est
dès lors venu où la pollinie est lancée et transportée
à la plante femelle.

Le Catasetum tridentatum intéresse à un autre point
de vue. Les botanistes furent surpris, quand sir

R. Schomburgk [1] affirma qu'il avait vu trois formes,
regardées comme constituant trois genres distincts, le
Catasetum tridentatum, le Monachanthus viridis et le
Myanthus barbatus, croître toutes trois sur un même
pied. Lindley fit observer [2] «qu'un tel fait ébranle
jusque dans leurs fondements toutes nos idées sur
la stabilité des genres et des espèces.» Sir R. Schomburgk affirme avoir vu des centaines de pieds de C. tridentatum dans l'Essequibo, sans en trouver un seul
qui portât des graines [3] ; tandis qu'il fut surpris de
voir les gigantesques loges séminifères du Monachanthus. Il remarque avec justesse «qu'on a ici des indices de différence sexuelle chez les fleurs des Orchidées. »

Le cours de mes recherches m'a conduit à examiner moi-même avec soin les organes femelles des C.
tridentatum, callosum et saccatum. Dans aucun cas la

[1] *Transactions of the Linnæan Society*, vol. XVII, p. 522. — Le docteur Lindley a publié (*Botanical Register*, fol. 1951) le cas d'une autre
espèce de Myanthus et de Monachanthus se rencontrant sur la même
tige : il parle aussi d'autres cas analogues. Quelques fleurs étaient dans
un état intermédiaire, ce qui n'est pas étonnant, car on trouve parfois
des plantes dioïques qui reprennent partiellement les caractères de
l'hermaphrodisme. M. Rodgers, de Riverhill, m'a fait savoir qu'ayant
apporté de Demerara un Myanthus, il le vit, à la seconde floraison,
métamorphosé en Catasetum. Le docteur Carpenter (*Comparative Phy-
siology*, 4° édit., p. 633) fait allusion à un fait semblable observé à
Bristol.

[2] *The Vegetable Kingdom*, 1853, p. 178.

[3] M. Brongniart dit (*Bull. de la Soc. bot. de France*, tom. II, 1855,
p. 20) que M. Neumann, habile à pratiquer la fécondation artificielle des
Orchidées, n'a jamais réussi à féconder les Catasetum.

surface du stigmate n'était visqueuse, comme cela a
lieu chez toutes les autres Orchidées excepté les Cypripedium, et bien qu'elle ne puisse, sans cela, briser les
caudicules et retenir les masses polliniques : j'ai soi-
gneusement étudié ce point sur des fleurs jeunes et
avancées de C. tridentatum. Si on enlève en grattant,
sur les trois espèces ci-dessus, la surface de la chambre et du canal stigmatiques, après immersion dans
l'esprit-de-vin, on trouve qu'elle est composée d'utricules contenant des noyaux semblables pour la forme
à ceux des autres Orchidées, mais beaucoup moins
nombreux. Les utricules adhèrent mieux entre elles
et sont plus transparentes ; pour comparer, j'ai examiné les mêmes utricules sur plusieurs espèces d'Orchidées que j'avais plongées dans de l'esprit-de-vin,
et je les ai toujours trouvées beaucoup moins transparentes. Chez le C. tridentatum, l'ovaire est plus
court, beaucoup moins profondément sillonné, plus
étroit à la base et plus plein intérieurement, que chez
le Monachanthus. De plus, chez les trois espèces de
Catasetum, les cordons ovulifères sont courts, et les
ovules diffèrent considérablement de ceux d'un grand
nombre d'autres Orchidées, auxquels j'ai pu les comparer ; ils sont plus fins, plus transparents et moins pulpeux. Ils n'étaient pourtant pas aussi complétement
atrophiés que ceux de l'Acropera. Bien que, par leur
aspect général et leurs connexions, ils correspondent
si clairement à de véritables ovules, peut-être n'ai-je

pas rigoureusement le droit de les désigner ainsi, car dans aucun cas je n'ai pu découvrir le micropyle et le nucelle intérieur; en outre, ils ne sont jamais ana-tropes.

En résumé, l'ovaire est étroit et court, sa surface est plus unie, les cordons ovulifères sont moins longs, les ovules eux-mêmes sont presque atrophiés, la surface du stigmate n'est pas visqueuse et ses utricules sont vides : si l'on rapproche de ces faits le témoignage de sir R. Schomburgk, qui n'a jamais vu le C. tridentatum produire des graines dans sa propre patrie, on peut regarder avec confiance cette prétendue espèce, aussi bien que les deux autres, comme exclusivement mâle.

Pour le Monachanthus viridis et le Myanthus barbatus, j'ai dû à l'obligeance du président et des directeurs de la Société linnéenne, de pouvoir examiner l'épi qui portait ces deux fleurs, conservé dans l'esprit-de-vin et envoyé par sir R. Schomburgk. Elles sont représentées par la figure 18. Chez le Monachanthus, comme chez le Catasetum, le labellum occupe le haut de la fleur ; sa cavité n'est pas à beaucoup près aussi profonde, surtout sur les côtés, et son bord est crénelé. Les autres pétales et les sépales sont tous réfléchis, et moins tachetés que ceux du Catasetum. La bractée qui est à la base de l'ovaire est beaucoup plus grande. Toute la colonne, surtout le filet et la pointe de l'anthère, sont de bien plus petite dimension ; le rostel-

lum est beaucoup moins saillant. Les antennes manquent complétement, et les masses polliniques sont
rudimentaires. Ces faits sont intéressants, parce qu'ils
confirment l'opinion émise sur la fonction des anten-

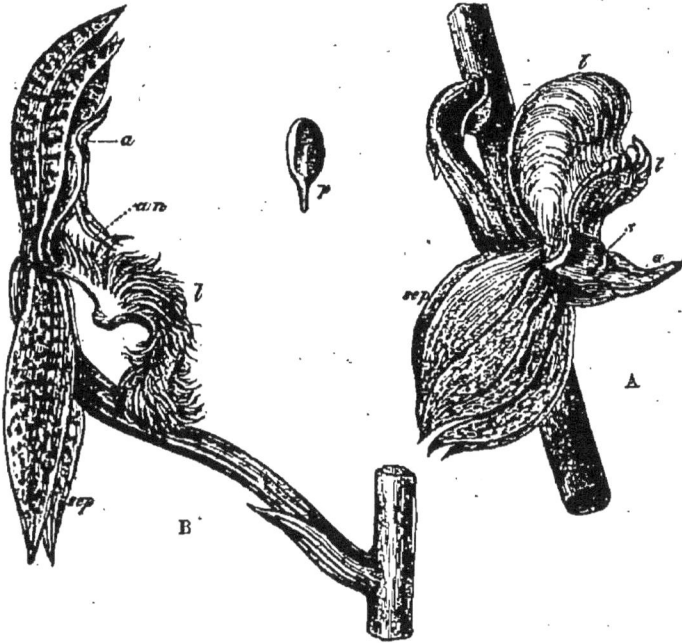

Fig. 28.

MYANTHUS BARBATUS.	MONACHANTHUS VIRIDIS.
a. ANTHÈRE.	*p.* MASSE POLLINIQUE RUDIMENTAIRE.
an. ANTENNES.	*s.* FENTE STIGMATIQUE.
l. LABELLUM.	*sep.* LES DEUX SÉPALES INFÉRIEURS.

A. Vue latérale d'une fleur de Monachanthus viridis dans sa position naturelle. (Ces deux dessins sont ombrés d'après le dessin de M. Reiss dans
les *Linnæan Transactions.*)
B. Vue latérale d'une fleur de Myanthus barbatus dans sa position naturelle.

nes ; en effet, puisqu'il n'y a pas ici de vraies pollinies
à lancer, il était inutile qu'un organe spécial trans-
mette l'ébranlement dû à son contact avec un corps

étranger, jusqu'au rostellum. Je n'ai pas trouvé trace de disque visqueux ou de pédicelle ; si ces organes existent, il faut qu'ils soient extrêmement rudimentaires, car il n'y a presque point d'espace pour loger le disque.

Au lieu d'une vaste chambre stigmatique, on trouve une fente transversale étroite, immédiatement au-dessous de la petite anthère. J'ai pu introduire une des masses polliniques du Catasetum mâle dans cette fente, qui pour avoir été plongée dans l'esprit-de-vin, était couverte de gouttelettes coagulées de matière visqueuse, et d'utricules. Ces cellules du stigmate différant de celles que nous avons étudiées chez le Catasetum, étaient pleines (après leur immersion dans l'esprit-de-vin) d'une matière brune. L'ovaire est plus long, plus épais vers sa base, plus franchement sillonné que chez le Catasetum ; les cordons ovulifères sont aussi beaucoup plus longs, les ovules plus opaques et plus pulpeux, comme chez toutes les Orchidées communes. Je crois avoir vu le micropyle à l'extrémité semi-anatrope du testa, avec un gros nucelle saillant ; mais comme les échantillons étaient restés plusieurs années plongés dans l'esprit-de-vin et qu'ils étaient un peu altérés, je n'ose rien affirmer. Ces seuls faits montrent d'une manière presque certaine que le Monachanthus est une plante femelle ; et, en effet, sir R. Schomburgk l'a vu couvert de graines abondantes. Sa fleur diffère de la manière la

plus frappante de la fleur mâle du Catasetum tridentatum, et il ne faut pas s'étonner que ces deux plantes
aient été d'abord rangées dans deux genres distincts.

Les masses polliniques nous donnent un exemple
si curieux et si juste d'une organisation rudimentaire
qu'elles méritent une description spéciale; mais je
dois décrire auparavant les masses polliniques parfaites de la plante mâle. On peut les voir en D et en
E, figure 26, attachées au pédicelle; ce sont deux
grosses lames composées de grains de pollen cohérents et cireux, courbées en dessus de manière à former un sac, avec une fente ouverte le long de la face
inférieure; dans cette fente se loge un tissu cellulaire,
pendant que le pollen est en voie de développement.
Dans la partie inférieure et allongée de chacune
d'elles, se trouve une couche de tissu très-élastique,
formant le caudicule; son extrémité s'attache au pédicelle du rostellum. Les grains de pollen les plu
extérieurs sont plus anguleux, plus jaunes et ont des
parois plus épaisses que les grains intérieurs. Dans
un jeune bouton, les deux masses polliniques sont
enveloppées dans deux sacs membraneux accolés, que
percent bientôt leurs extrémités inférieures et leurs
caudicules; et alors les extrémités des caudicules
s'unissent au pédicelle. Avant l'épanouissement de
la fleur, les sacs membraneux s'ouvrent, et les masses
polliniques qu'ils renfermaient reposent dès lors à
découvert sur la face postérieure du rostellum.

Chez le Monachanthus au contraire, les deux sacs membraneux qui renferment les masses polliniques rudimentaires ne s'ouvrent jamais; ils se séparent aisément l'un de l'autre et se dégagent de l'anthère. Leur tissu est épais et pulpeux; comme la plupart des parties rudimentaires, ils varient beaucoup de dimensions et de forme. Les masses polliniques qui y sont renfermées, et par conséquent restent sans usage, n'ont pas le dixième du volume de celles du mâle; elles ont la forme d'une poire à poudre (*fig.* 28, *p*), avec leur extrémité inférieure ou la plus mince, très-développée et perforant presque le sac membraneux extérieur. Elles sont entières, sans fente le long de la face inférieure. Les grains de pollen les plus extérieurs sont quadrangulaires et ont des parois plus épaisses, exactement comme sur la plante mâle; et ce qui est très-curieux, chaque cellule a son nucléus. R. Brown a établi[1] que dans les premières phases de formation des grains de pollen, chez les Orchidées ordinaires, on peut souvent distinguer une petite aréole ou un nucléus; de sorte que les grains de pollen rudimentaires du Monachanthus ont sans doute gardé, comme il arrive si généralement aux organes atrophiés dans le règne animal, un caractère embryonaire. Enfin, à la base, dans l'intérieur du flacon que figure la masse pollinique, se trouve une petite masse

---

[1] *Transactions of the Linnæan Society,* vol. XVI, p. 711.

de tissu brun élastique, vestige du caudicule, qui court dans l'extrémité mince du flacon, mais (du moins sur quelques échantillons) n'atteint pas la surface extérieure, et ne peut avoir été attachée à aucune partie du rostellum. Ces caudicules rudimentaires sont, par conséquent, complétement sans usage.

Nous voyons donc que chaque détail de structure caractérisant les masses polliniques de la plante mâle, se retrouve, avec quelques parties plus développées et d'autres légèrement modifiées, dans les simples rudiments de la plante femelle. De tels faits sont familiers à tout observateur, mais on ne peut jamais les étudier sans un nouvel intérêt. A une époque peu éloignée, les naturalistes apprendront avec surprise, peut-être avec mépris, que des hommes sérieux et instruits admettaient autrefois que ces organes sans usage ne sont pas des restes arrêtés de bonne heure par le principe d'hérédité à des périodes correspondantes de leur développement, mais ont été créés à part et disposés à leurs places respectives comme des plats sur une table (c'est la comparaison qu'a employée un naturaliste distingué) par une main toute-puissante, « pour compléter le plan de la nature. »

Arrivons maintenant à la troisième forme, le Myanthus barbatus (*fig.* 28, B), qui se développe souvent sur le même pied que les deux précédentes. Cette fleur, par son aspect extérieur, mais non par sa

structure essentielle, diffère plus des deux autres
que celles-ci ne diffèrent entre elles. Elle se tient généralement dans une position opposée à la leur, c'est-
à-dire que le labellum en occupe le bas. Ce labellum
est garni d'un nombre extraordinaire de longues
franges ; il n'a qu'une cavité médiane tout à fait in-
signifiante, au bord postérieur de laquelle fait saillie
une singulière corne recourbée et aplatie. Les autres
pétales et les sépales sont tachetés et allongés, et les
deux sépales inférieurs sont seuls réfléchis. Les antennes ne sont pas aussi longues que dans la fleur
mâle du C. tridentatum ; elles s'avancent symétriquement de chaque côté de l'appendice en forme de
corne qui se trouve à la base du labellum, et leurs
pointes, qui ne sont pas hérissées de papilles, atteignent presque la cavité médiane. La chambre stigmatique tient à peu près le milieu, pour la dimension,
entre celle du Catasetum et celle du Monachanthus ;
elle est tapissée de cellules chargées d'une matière
brune : l'ovaire droit est franchement sillonné et presque deux fois aussi long que celui du Monachanthus,
mais moins épais au point où il s'unit à la fleur ; les
ovules ne sont pas aussi nombreux que ceux de la fleur
femelle, mais deviennent comme eux pulpeux et opaques après avoir séjourné dans l'esprit-de-vin, et leur
ressemblent à tous égards. Comme·chez le Monachanthus, je crois, sans oser l'affirmer positivement, avoir
vu le nucelle faire saillie hors du testa. Les pollinies

ont environ le quart du volume de celles de la fleur
mâle, mais leur disque et leur pédicelle sont parfaitement bien développés. Les échantillons que j'ai examinés avaient perdu leurs masses polliniques ; mais
par bonheur, M. Reiss a donné de ces masses (*Linnæan
Transactions*) un dessin montrant qu'elles ont proportionnellement la taille nécessaire, et qu'elles présentent la fente ordinaire et la forme voulue : on ne
peut donc guère douter qu'elles ne soient assez parfaites pour jouer leur rôle physiologique. On voit que,
sur cette fleur, les organes de l'un et de l'autre sexe
paraissent en état de fonctionner ; aussi peut-on con-
sidérer le Myanthus barbatus comme la forme hermaphrodite d'une seule et même espèce, dont le
Catasetum est la forme mâle et le Monachanthus la
forme femelle.

Chose curieuse, le Myanthus, forme hermaphrodite, se rapproche beaucoup plus, par toute son
organisation, de la forme mâle des deux autres espèces
(le Catasetum saccatum, et surtout le C. callosum)
que de la forme mâle ou de la forme femelle de sa
propre espèce.

En résumé, le genre Catasetum offre un intérêt
tout spécial sous certains rapports. La séparation des
sexes est inconnue aux autres Orchidées, sauf probablement, comme nous allons le voir, au genre voisin
Cycnoches. Chez les Catasetum, nous trouvons trois
formes sexuelles, généralement portées sur des pieds

distincts, mais quelquefois réunies sur le même ; et ces trois formes diffèrent étonnamment l'une de l'autre, beaucoup plus, pour citer un exemple, qu'un paon ne diffère d'une paonne. Mais leur réunion sur une même plante cesse maintenant d'être une anomalie, et ne peut plus être regardée comme un exemple hors ligne de variabilité.

Ce genre est encore plus intéressant par son mode de fertilisation. Nous voyons une fleur attendre patiemment, ses antennes tendues en avant dans une position bien calculée, prêtes à donner le signal dès qu'un insecte introduira sa tête dans la cavité du labellum. Le Monachanthus, forme femelle, n'ayant point de pollinies à lancer, est dépourvu d'antennes. Dans les formes mâle et hermaphrodite, qui sont le Catasetum tridentatum et le Myanthus, les pollinies sont repliées sur elles-mêmes comme des ressorts, prêtes à être lancées instantanément, dès que les antennes auront été touchées ; elles sont toujours lancées le disque en avant, et ce disque est enduit d'une matière visqueuse qui, durcissant vite, fixe fortement le pédicelle qui lui est lié, au corps de l'insecte. L'insecte vole d'une fleur à l'autre, et finit par visiter une plante femelle ou hermaphrodite : il introduit alors une des masses de pollen dans la cavité du stigmate. Quand il s'envole, le caudicule élastique qui est assez faible pour céder à la viscosité de la surface du stigmate, se rompt et abandonne la masse pol-

linique; alors les tubes polliniques se forment lentement et s'engagent dans le canal du stigmate; l'acte
de la fécondation s'accomplit. Qui aurait été assez
hardi pour soupçonner que la propagation d'une
espèce pouvait dépendre d'un mécanisme si complexe,
si artificiel en apparence, et pourtant si admirable?

J'ai pu étudier deux autres genres de la sous-tribu
des Catasétidées, les genres Mormodes et Cycnoches.

Mormodes ignea. — Pour montrer combien il est
parfois difficile de comprendre le mode de fertilisation
des Orchidées, je dois dire que j'ai examiné avec soin
douze fleurs de cette espèce[1], en les soumettant à des
expériences variées dont j'enregistrais les résultats,
sans pouvoir aucunement saisir la signification et le
rôle des diverses parties. Il était clair que les pollinies
étaient lancées, comme chez les Catasetum, mais
comment chaque partie de la fleur prenait-elle part
à cet acte? Je ne pouvais pas même le conjecturer.
J'avais abandonné ces recherches désespérantes,
quand, résumant mes observations, j'eus tout d'un
coup l'idée d'expliquer les faits comme il suit, idée
que je reconnus ensuite conforme à la vérité par de
nombreuses expériences.

L'aspect de la fleur est extraordinaire, et son

---

[1] Je dois exprimer ma cordiale reconnaissance envers M. Rucker, de
West-Hill, qui m'a prêté une plante de Mormodes portant, sur deux épis,
une abondance de fleurs, et m'a permis de la garder pendant un temps
considérable.

organisation plus curieuse encore que son aspect
(*fig.* 19). A sa base la colonne se dirige en arrière,

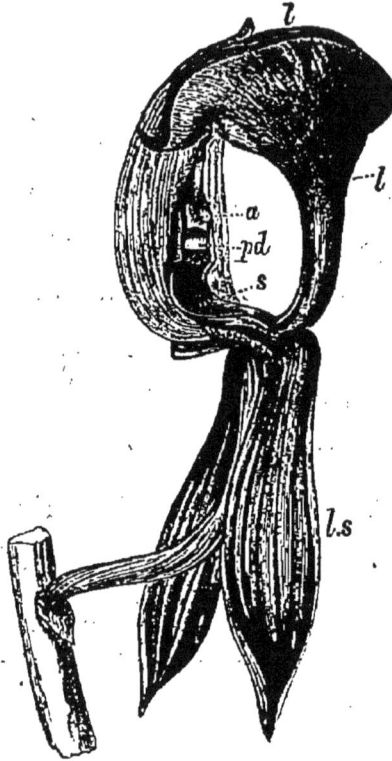

Fig. 29.

MORMODES IGNEA.

Vue latérale de la fleur ; le sépale supérieur et le pétale supérieur voisin
sont coupés.

N. B. Le labellum est un peu relevé, afin qu'on puisse voir son échancrure,
qui devrait s'appliquer immédiatement sur le sommet recourbé de la
colonne.

a. ANTHÈRE.   *l.* LABELLUM.
pd. PÉDICELLE DE LA POLLINIE.   *ls.* SÉPALE INFÉRIEUR.
s. STIGMATE.

perpendiculairement à l'ovaire qui tient lieu de pédoncule, puis elle prend une direction verticale jus-

que près de son sommet, puis s'infléchit de nouveau. De plus, elle est tordue d'une manière toute spéciale, de telle sorte que sa surface antérieure, qui comprend l'anthère, le rostellum et la partie supérieure du stigmate, regarde latéralement à droite ou à gauche, selon que les fleurs sont d'un côté ou de l'autre de la tige. La surface du stigmate qui participe à cette torsion singulière, s'étend jusqu'au bas de la colonne : à sa partie supérieure elle forme une cavité profonde, au-dessous de la saillie du rostellum (*pd*), cavité dans laquelle est logé le gros disque visqueux de la pollinie.

L'anthère, allongée et triangulaire, ressemble beaucoup à celle du Catasetum : elle ne s'étend pas en haut jusqu'au sommet de la colonne. Ce sommet est un filament mince et aplati que, par analogie avec le Catasetum, je suppose être le prolongement du filet de l'étamine, mais ce pourrait être aussi un prolongement de la colonne. Il est droit dans le bouton, mais avant l'ouverture de la fleur, se courbe sous la pression du labellum. Un groupe de trachées court vers le haut de la colonne jusqu'au sommet de l'anthère ; là, ces vaisseaux se réfléchissent et redescendent un peu le long de cet organe. Le [point où ils se réfléchissent forme une petite charnière très-fine, par laquelle l'extrémité échancrée de l'anthère s'articule avec la colonne, immédiatement sous la pointe recourbée de celle-ci. Cette charnière, quoique moins grosse que la

16

tête d'une épingle, est de la plus haute importance,
car elle est sensible et transmet l'ébranlement produit
par le contact d'un corps au disque de la pollinie;
elle sert aussi de guide dans le phénomène de l'expulsion. Puisqu'elle communique au disque l'indispensable ébranlement, on pourrait soupçonner qu'une
partie du tissu du rostellum, qui est en contact immédiat avec le filet de l'anthère, se prolonge jusqu'à
elle ; mais je n'ai pu découvrir aucune différence de
structure avec les parties correspondantes du Catasetum. Le tissu cellulaire qui entoure la charnière est
gorgé de fluide, car lorsque l'anthère se déchire,
pendant l'expulsion de la pollinie, une grosse goutte
en exsude. Cet état de réplétion facilite peut-être la
rupture finale de la charnière.

La pollinie ne diffère pas beaucoup de celle du Catasetum (voy. *fig.* 26, D) : elle suit la courbure du
rostellum, qui est moins proéminent que dans ce
dernier genre. Toutefois, le sommet épais du pédicelle se dilate sous les masses polliniques, que de
plus faibles caudicules attachent à une crête médiane
de sa surface supérieure.

Le disque est grand; sa surface visqueuse est en
contact avec le plafond de la chambre stigmatique,
et ne saurait être atteinte par les insectes. Son extrémité antérieure est pourvue d'un petit rideau qui en
dépend (on le voit obscurément sur la *fig.* 29), et
qui, avant l'expulsion, est en continuité de chaque

côté avec les bords supérieurs de la fossette stigmatique. Le pédicelle s'unit à l'extrémité postérieure du
disque; mais quand le disque devient libre, la partie
inférieure du pédicelle se recourbe doublement, de
telle sorte qu'il semble alors attaché au centre du
disque par une charnière.

Le labellum est vraiment remarquable : il s'atténue
à sa base en une sorte de pédoncule à peu près cylindrique, et ses bords sont tellement recourbés, qu'ils
se rencontrent presque en arrière. Il s'élève d'abord
verticalement, puis forme une voûte au-dessus et en
arrière du sommet de la colonne, contre lequel il
s'applique fortement. En ce point (et cela, même dans
le bouton), il est creusé d'une petite cavité qui reçoit
la pointe, finalement courbée, de la colonne. Il est
clair que ce petit enfoncement représente la vaste
fosse à parois épaisses et charnues qui, creusée dans
le labellum des diverses espèces de Catasetum et
d'autres Vandées, doit attirer les insectes. Ici, par un
singulier changement de destination, il sert à retenir
le labellum dans sa position normale sur le sommet
de la colonne; toutefois, il serait possible que les
insectes viennent le ronger, et qu'ainsi, il contribue
encore à les attirer. Sur le dessin (*fig.* 19), le labellum est fortement relevé, afin qu'on puisse voir
cette légère échancrure et le filament incliné. Dans
sa position naturelle, il peut presque être comparé à
un énorme chapeau tricorne, s'appuyant sur un

support allongé et posé sur la tête de la colonne.

Par suite de la torsion de la colonne, que je n'ai observée chez aucune autre Orchidée, tous les organes importants de la fructification regardent à gauche dans les fleurs placées au côté gauche de la tige, et à droite dans les fleurs du côté droit. Ainsi deux fleurs prises de chaque côté de la grappe et mises dans la même position relative, paraissent avoir été tordues en sens inverse. Une seule fleur, perdue parmi les autres, était peu tordue et sa colonne regardait le labellum. Le labellum est aussi un peu tordu : par exemple, sur la fleur que représente la gravure et qui regarde à gauche, sa nervure médiane se porte d'abord à droite, puis revient, mais à un moindre degré, vers le côté gauche, de façon à presser contre la surface postérieure du sommet de la colonne. La torsion de toutes les parties de la fleur commence avant la floraison.

La position que prend ainsi chaque organe est de la plus haute importance ; car si la colonne et le labellum ne se tournaient pas de côté, les pollinies, lorsqu'elles sont lancées, iraient frapper la voûte du labellum qui s'arrondit au-dessus d'elles et seraient repoussées en arrière, comme il advint sur la seule fleur dont la colonne était, par anomalie, presque droite. Si tous les organes ne se tordaient pas en sens opposé de chaque côté de la grappe, de manière à regarder tous en dehors, comme les fleurs sont très-

serrées, les pollinies n'auraient pas assez d'espace
pour être librement lancées et s'attacher aux insectes.

Quand la fleur est entièrement développée, les trois
sépales sont pendants, mais les deux pétales supérieurs
sont presque dressés. Ces pièces, les deux pétales
surtout, sont épaisses, gonflées et jaunâtres à leur
base; à leur parfaite maturité, elles sont en ce point
tellement gorgées de liquide que, si on les pique, avec
un fin tube de verre, le fluide s'élève à une certaine
hauteur dans ce tube en vertu de la capillarité. Ces
bases renflées des sépales et des pétales, ainsi que
celle du labellum, qui s'atténue en une sorte de pédoncule, ont une saveur vraiment douce et agréable;
je ne doute pas qu'elles ne servent à attirer les insectes, car aucun réservoir ouvert ne se remplit de
nectar.

Je vais maintenant essayer de montrer comment
toutes les parties de la fleur sont coordonnées et
agissent de concert. Comme précédemment, la pollinie se courbe autour du rostellum ; dans le genre
Catasetum, lorsqu'elle devient libre, elle se dresse
seulement avec force : mais chez ce Mormodes il y
a quelque chose de plus. Le lecteur pourra voir plus
bas, sur la figure 50, la coupe du bouton d'une autre
espèce de Mormodes, qui ne diffère de celle-ci que par
la forme de l'anthère et parce que le rideau annexé
au disque visqueux est beaucoup plus profondément.

Supposons maintenant que le pédicelle de la pollinie
soit assez élastique pour que, devenu libre, non-seulement il se redresse, mais il s'incurve brusquement
en arrière en sens inverse de sa première courbure,
en formant une sorte de cercle irrégulier ; et nous
verrons qu'alors la surface extérieure du rideau, qui
n'est pas visqueuse, s'appliquera sur l'anthère, la
surface visqueuse du disque se trouvant au côté extérieur du cercle. C'est là précisément ce qui se passe
chez notre Mormodes. Mais la pollinie se courbe en
sens inverse avec tant de force (sans doute les deux
bords du pédicelle aident ce mouvement en se recourbant transversalement en dehors), qu'elle rebondit
aussitôt, repoussée par la surface bombée du rostellum. Comme les deux masses polliniques adhèrent
d'abord assez fortement à l'anthère, lorsqu'elles re-
bondissent, cette dernière se déchire par sa base ; et
comme le petite charnière qui est au sommet de l'anthère ne se brise pas tout d'abord, la pollinie et sa
loge restent un instant pendantes comme le balancier
d'une horloge : mais bientôt les oscillations font céder la charnière, et la masse entière est lancée en
l'air verticalement, à un pouce ou deux au-dessus,
en avant et près de la partie terminale du labellum.
Quand la pollinie ne rencontre aucun objet sur son
parcours, elle retombe généralement et s'attache,
quoique peu fermement, dans le pli qui est sur la
crête du labellum, directement au-dessus de la co-

lonne. J'ai constaté à plusieurs reprises l'exactitude de tout ce que je viens de décrire.

Le rideau du disque qui, lorsque la pollinie s'est courbée en cercle, se trouve reposer sur l'anthère, rend un service considérable en empêchant que la matière visqueuse du disque ne s'attache à elle, et ne retienne ainsi pour toujours la pollinie dans la position qu'elle vient de prendre. Ceci, comme nous allons le voir, aurait entravé un mouvement ultérieur de la pollinie, nécessaire à la fertilisation de la fleur. C'est ce qui arriva dans quelques-unes de mes expériences, comme je mettais des obstacles au jeu naturel des organes, et la pollinie et l'anthère restèrent engluées l'une à l'autre en figurant un cercle irrégulier.

J'ai déjà dit que la petite charnière par laquelle l'anthère s'articule avec la colonne, un peu au-dessous du filament incliné qui termine celle-ci, est sensible au toucher. A quatre reprises, j'ai trouvé que je pouvais toucher avec une certaine force toute autre partie ; mais qu'à peine avais-je atteint ce point avec la plus fine aiguille, instantanément la membrane qui unit le disque aux bords de la cavité dans laquelle il est logé se rompait, la pollinie était lancée vers le haut et retombait sur la crête du labellum, comme je viens de le décrire.

Supposons maintenant qu'un insecte s'abatte sur la crête du labellum (c'est la seule partie de la fleu où il puisse convenablement s'arrêter), et qu'il se penche en avant de la colonne pour ronger ou sucer les bases des pétales, qui sont remplies d'un suc mielleux. Son poids et ses mouvements abaisseront et feront bouger le labellum, ainsi que le sommet incliné de la colonne, qui est au-dessous ; et celui-ci, en pressant sur la charnière, déterminera l'expulsion de la pollinie, qui viendra infailliblement frapper la tête de l'insecte et s'attacher à elle. J'ai mis mon doigt, revêtu d'un gant, sur le sommet du labellum, son bout avançant un peu au delà du bord, et l'agitant alors légèrement, je fus réellement émerveillé de voir avec quelle promptitude la pollinie fut lancée vers le haut, et avec quelle précision la surface visqueuse du disque tout entière vint frapper mon doigt et s'attacher fermement à lui. Cependant, je doute que le poids et les mouvements d'un insecte suffisent pour agir ainsi indirectement sur le point sensible ; mais si l'on jette les yeux sur la gravure, on verra combien il est probable que l'insecte, pour mieux s'appuyer en cherchant à atteindre les bases des pétales, aille poser ses pattes antérieures par-dessus le bord du labellum sur le haut de l'anthère, et touche ainsi lui-même le point sensible ; la pollinie serait alors lancée, et le disque visqueux frapperait certainement la tête de l'insecte et s'attacherait à elle.

Avant de passer outre, je crois devoir mentionner quelques-unes de mes premières expériences. J'ai piqué profondément diverses parties de la colonne ou le stigmate, et j'ai coupé les pétales, ou même le labellum, sans que la pollinie soit lancée ; une seule fois, en coupant plus rudement la base étroite et épaisse du labellum, j'ai déterminé l'expulsion, sans nul doute pour avoir ainsi causé l'ébranlement du filament terminal de la colonne. J'ai soulevé doucement l'anthère à sa base ou sur un de ses côtés, et la pollinie a été lancée ; mais alors la charnière sensible s'est nécessairement fléchie. Lorsque la fleur est ouverte depuis longtemps et qu'elle est presque prête à lancer spontanément sa pollinie, un léger tiraillement sur l'une ou l'autre de ses parties provoque ce phénomène. La compression de son mince pédicelle, et par conséquent du rostellum saillant qu'il recouvre, vers la base de l'anthère, entraîne l'expulsion ; mais ceci n'est pas surprenant, puisque l'excitation produite par le contact d'un corps sur la charnière sensible, doit toujours être transmise à travers cette partie du rostellum jusqu'au disque. Chez les Catasetum, on peut presser légèrement sur ce point sans causer l'expulsion ; mais dans les fleurs de ce genre, la partie saillante du rostellum n'est pas située sur le trajet que suit l'excitation dans sa transmission des antennes au disque. Une goutte de chloroforme, d'esprit-de-vin ou d'eau bouillante, placée sur cette partie du rostellum, ne produit pas d'effet; j'ai été surpris de voir qu'il ne s'en produit pas non plus, quand on expose la fleur entière à l'action de la vapeur de chloroforme

Voyant que cette partie du rostellum est sensible à la pression et que la fleur est largement ouverte de chaque côté, préoccupé d'ailleurspar l'exemple dse Catasetum, je fus d'abord convaincu que les insectes devaient entrer par la partie inférieure de la fleur et toucher le rostellum. Je pressai donc sur le rostellum avec des objets de différentes formes, mais pas une seule fois le disque visqueux ne s'attacha bien à eux. Si je me servais d'une grosse aiguille, la pollinie expulsée se courbait en cercle autour d'elle, avec sa surface visqueuse en dehors; si je prenais un objet large et plat, la pollinie s'agitait autour de lui et se roulait quelquefois en spirale, mais le disque ne s'attachait pas ou ne s'attachait que très-imparfaitement. Après la douzième tentative, je me laissai aller au déssespoir. L'étrange situation de ce labellum qui vient s'appuyer sur le haut de la colonne, aurait dû me montrer dans quel sens j'avais à expérimenter. J'aurais dû repousser l'idée que le labellum n'était ainsi placé dans aucun but utile ; négligeant ce guide naturel, j'ai pendant longtemps tout à fait méconnu l'organisation de cette fleur.

Nous avons vu que, lorsque la pollinie est librement lancée vers le haut, elle s'attache, par toute la surface visqueuse de son disque, à tout objet qui s'avance au delà du bord du labellum, directement au-dessus de la colonne. Ainsi attachée, elle figure un cercle irré-

gulier ; l'anthère déchirée couvre encore les masses
polliniques et se trouve en contact immédiat avec le
disque, mais le rideau empêche qu'elle ne lui adhère.
Tant que cette position subsiste, le pédicelle saillant
et recourbé doit empêcher efficacement les masses
polliniques d'être déposées sur un stigmate, même
en supposant que l'anthère soit tombée. Admettons
maintenant que la pollinie soit attachée à la tête d'un
insecte, et voyons ce qui a lieu. Le pédicelle, lorsque
l'expulsion le sépare du rostellum, a sa face inférieure
très-humide : pendant qu'elle se dessèche, le pédicelle
se redresse lentement, et quand il est parfaitement
droit, l'anthère ne tarde pas à tomber. Les masses polliniques sont dès lors à découvert, et des caudicules
faciles à rompre les lient à l'extrémité du pédicelle,
à une distance convenable et du côté qui se trouvera
naturellement en contact avec le visqueux stigmate,
lorsque l'insecte visitera une autre fleur ; de sorte
que chaque détail est maintenant parfaitement favorable à la fertilisation.

Quand l'anthère tombe, elle s'est acquittée de ses
trois fonctions : sa charnière a agi comme organe sensible ; grâce à son faible attachement à la colonne,
la pollinie est restée d'abord un instant suspendue ;
enfin son bord inférieur a concouru, avec le rideau du
disque, à empêcher que les masses polliniques ne
soient pour toujours engluées au disque visqueux.

D'après des observations faites sur quinze fleurs,

le pédicelle se redresse en douze ou quinze minutes. Le premier mouvement, qui provoque l'expulsion, est élastique : le second, qui est plus lent et en sens contraire, résulte du desséchement de la surface externe ou convexe ; mais ce mouvement diffère de celui que j'ai vu se produire chez tant de Vandées et d'Ophrydées, car, si l'on plonge dans l'eau la pollinie de ce Mormodes, elle ne recouvre pas la forme circulaire que son élasticité lui avait donnée.

Le Mormodes ignea est hermaphrodite. Les pollinies sont bien developpées. La surface du stigmate, si singulièrement allongée, est extrêmement visqueuse et couverte d'innombrables utricules, dont le contenu se contracte et se coagule par une immersion de moins d'une heure dans l'esprit-de-vin. Si cette immersion dure un jour, l'action subie par les utricules est si grande qu'elles se dissolvent, fait que je n'ai remarqué chez aucune autre Orchidée. Les ovules, soumis à l'action de l'esprit-de-vin pendant un ou deux jours, prennent cet aspect demi-opaque, pulpeux, qu'ils ont en pareil cas chez toutes les Orchidées femelles ou hermaphrodites. La longueur inusitée de la surface du stigmate m'a fait supposer que, si les pollinies n'étaient par expulsées, l'anthère se détacherait elle-même et les masses polliniques, oscillant librement, féconderaient leur propre fleur. En conséquence, j'ai mis quatre fleurs à l'abri de tout contact; huit ou dix jours après leur éclosion, l'élasticité du pédicelle triompha de toute résistance, et les pollinies furent, mais inutilement, spontanément expulsées.

Bien que le Mormodes ignea soit hermaphrodite, il doit être, de fait, aussi véritablement dioïque que le Catasetum, en ce qui concerne le concours de deux individualités distinctes dans l'acte de la reproduction : en effet, comme il faut douze ou quinze minutes, après l'expulsion, pour que la pédicelle de la pollinie se redresse et que l'anthère tombe, il est presque certain que l'insecte ayant la pollinie attachée à sa tête, doit pendant ce temps quitter la plante où il l'a prise et s'abattre sur une autre [1].

Cycnoches ventricosum. — J'ai reçu d'abord de M. Veitch quelques gros boutons de cette espèce, qui m'ont fourni le sujet de la figure 50, puis quelques fleurs développées, qui arrivèrent trop tard pour être dessinées. Les pétales et les sépales, d'un vert jaunâtre, sont réfléchis; le labellum est épais, et d'une forme curieuse : il ressemble à un vase peu profond et renversé, sa face supérieure étant convexe. La colonne, mince et extraordinairement longue, se recourbe

[1] [J'ai maintenant examiné une autre espèce de Mormodes, le rare *M. luxatum*. Par les principaux points de sa structure, la sensibilité du filament et le jeu des différents organes, il est semblable au *M. ignea*; mais la fossette du labellum est beaucoup plus grande et n'est pas fortement pressée contre le filament qui termine la colonne. Je pense que, comme chez le Catasetum, elle sert à attirer les insectes, qui rongent ses parois. Les fleurs sont tout à fait irrégulières, le côté droit et le côté gauche différant beaucoup l'un de l'autre.] C. D. mai, 1869.

comme le cou d'un cygne au-dessus du labellum ; de sorte que la fleur entière a un très-singulier aspect. Sur une coupe on voit le pédicelle élastique de la pollinie courbé comme chez le Catasetum ou le Mormo-

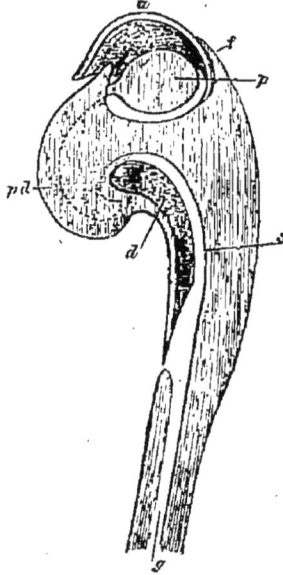

Fig. 30.

COUPE D'UN BOUTON DE CYGNOCHES.

a. ANTHÈRE.	*d*. DISQUE DE LA POLLINIE.
f. FILET DE L'ANTHÈRE.	*s*. CHAMBRE STIGMATIQUE.]
p. MASSE POLLINIQUE.	*g*. CANAL STIGMATIQUE CONDUISANT A
pd. PÉDICELLE DE LA POLLINIE, DONT	L'OVAIRE.
LA SÉPARATION AVEC LE ROS-	
TELLUM EST INDIQUÉE.	

des : mais à la période du développement que représente la gravure, il est encore uni au rostellum, et la future ligne de séparation n'est marquée que par une couche de tissu hyalin, indistincte vers l'extrémité supérieure du disque. Celui-ci est de taille gigantes-

que, et son extrémité inférieure se prolonge en un
grand rideau frangé, pendant en avant de la chambre
stigmatique. La matière visqueuse durcit très-promp-
tement, en changeant de couleur. Le disque s'attache
à un objet avec une force surprenante. L'anthère
diffère beaucoup par sa forme de celle du Catasetum
ou du Mormodes, et paraît retenir avec plus de force
les masses polliniques. Une partie du filet de l'anthère,
placée entre deux petits appendices foliacés, est sensible ; quand on touche cette partie, la pollinie est
lancée vers le haut, comme chez le Mormodes, et avec
une force suffisante pour atteindre, si aucun objet ne
l'arrête, la distance d'un pouce. Sans doute quelque
gros insecte s'abat sur le labellum pour en ronger la
surface convexe, ou sur l'extrémité de la colonne qui
se recourbe vers le bas ; venant alors à toucher le point
sensible, il provoque l'expulsion des masses polliniques, qui s'attachent à son corps et sont transportées
par lui sur une autre fleur et peut-être une autre
plante. J'ajouterai qu'on sait, grâce à Lindley [1], que
le C. ventricosum produit sur la même hampe des
fleurs à labellum simple, d'autres à labellum très-dé-
coupé, et d'autres enfin dans un état intermédiaire.
Comme chez les Catasetum, le labellum présente des
différences analogues suivant les sexes, on peut croire

[1] *Vegetable Kingdom*, 1853, p. 177. Lindley rapporte encore, dans le
Botanical Register, fol. 1951, un exemple analogue de dimorphisme
observé sur un pied d'une autre espèce de Cycnoches.

que ces variations correspondent aux formes mâle, femelle et hermaphrodite du Cycnoches.

ARÉTHUSÉES •

J'ai décrit un grand nombre d'Orchidées anglaises, appartenant à la quatrième et à la sixième tribu de Lindley, les Ophrydées et les Néottiées. De la cinquième tribu, celle des Aréthusées, je n'ai vu aucune fleur fraîche. A en juger par des observations relatives à trois espèces très-différentes, les fleurs de cette tribu ne pourraient être fécondées sans une intervention mécanique. Irmisch fait cette remarque au sujet de l'Epipogium aphyllum [1]. M. Rodgers, de Sevenoaks, m'informe que dans sa serre les espèces du genre Limodorum ne fructifient pas sans un secours étranger; on sait qu'il en est de même de la Vanille. Ce dernier genre est cultivé à Taïti, à Bourbon et aux Indes orientales, pour ses fruits aromatiques; mais, pour qu'il les produise, on est obligé de recourir à la fécondation artificielle [2]. Il doit donc exister dans

---

[1] *Beiträge zur Biologie der Orchideen*, s. 1853, 55. — [Le docteur P. Rohrbach a publié un admirable mémoire (*Ueber den Blutenbau*, etc.; Göttingen, 1866) sur l'*Epipogium Gmelini* : les fleurs sont fécondées par le *Bombus lucorum*. — Le docteur Scudden, des États-Unis, a décrit (*Proc. of the Boston Nat. Hist. Soc.*, vol. IX, 1863, p. 182) le mode de fécondation d'un autre genre de cette tribu, le genre Pogonia, et là encore les insectes interviennent.] C. D., mai 1869.

[2] Pour l'île Bourbon, voir *Bull. de la Soc. bot. de France*, tom. I, 1854, p. 290. Pour Taïti, voy. H.-A. Tilley, *Japan, the Amour*, etc., 1861, p. 375. Pour les Indes, consulter Morren, dans *Annals and Magazine of Nat. Hist.*, 1859, vol. III, p. 6.

l'Amérique, sa patrie, quelque insecte spécialement chargé de le féconder. Les insectes des pays chauds que je viens de nommer et où la vanille fleurit, ne visitent pas ses fleurs, bien qu'elles sécrètent une grande quantité de nectar, ou ne les visitent pas de la manière voulue.

CYPRIPÉDIÉES

La septième et dernière tribu de Lindley ne renferme que le genre Cypripedium, mais il diffère de tous les autres genres de la famille, beaucoup plus que deux Orchidées quelconques ne diffèrent l'une de l'autre. Il faut qu'une multitude de formes intermédiaires se soient éteintes, et que ce seul genre, aujourd'hui très-disséminé, ait survécu comme un souvenir d'un état primitif et plus simple de la grande famille des Orchidées. Le Cypripedium n'a point de rostellum ; ses trois stigmates sont bien développés, mais soudés ensemble. La seule anthère qui soit parfaite chez toutes les autres Orchidées, est ici rudimentaire et représentée par une singulière proéminence en forme de bouclier, profondément échancrée à son bord inférieur. Il y a deux anthères fertiles, qui font partie d'un verticille plus intérieur, et que divers rudiments représentent chez les Orchidées ordinaires. Les grains de pollen ne sont pas composés de trois ou quatre granules réunis, comme dans tous les autres genres, excepté le genre

17

dégradé Cephalanthera. Ces grains ne sont ni agglu-
tinés en masses cireuses, ni liés ensemble par des
filaments élastiques, ni pourvus d'un caudicule. Le
labellum est de grande taille, et comme chez toutes
les autres Orchidées, c'est un organe composé.

Les observations suivantes s'appliquent seulement
aux quatre espèces que j'ai vues, les C. barbatum, purpuratum, insigne et venustum. Les fleurs ne sont pas
fertilisées de la même manière que dans les nombreux
cas dont j'ai déjà parlé. Le labellum se recourbe autour
d'une courte colonne, de telle sorte que ses bords
se rencontrent presque sur la face dorsale; et sa large
extrémité se replie au-dessus et en arrière d'une manière spéciale, en figurant assez bien un sabot dont
le fond termine la fleur. C'est pourquoi, en Angleterre, on appelle cette fleur *Ladies'-slipper* (pantoufle
de dame). Dans sa position naturelle, telle que la
figure la représente, la surface dorsale sur laquelle
les bords du labellum viennent presque se rejoindre
se trouve en haut. La surface du stigmate, un peu
proéminente, n'est pas visqueuse; elle regarde la
surface de la base du labellum; on peut à peine en
distinguer le côté supérieur et dorsal, entre les bords
du labellum et dans l'échancrure de l'anthère avortée
(*a'*), mais sur la gravure (*s*, *fig*. A), les bords du labellum sont abaissés et celui du stigmate se trouve
en dehors d'eux. L'extrémité du labellum est aussi
légèrement abaissée, de sorte que la fleur paraît un peu ·

plus ouverte qu'elle ne l'est en réalité. On peut aper-
cevoir les masses polliniques des deux anthères latérales (*a*), placées dans la partie inférieure du labellum
et s'avançant un peu au delà de la colonne. Les grains

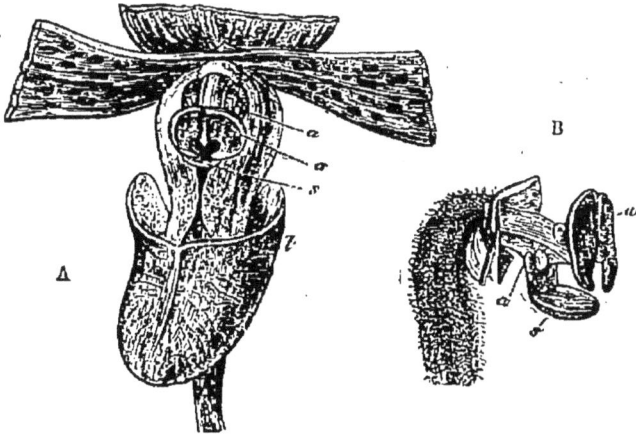

Fig. 51.

CYPRIPEDIUM.

a. ANTHÈRE.	*s*. STIGMATE.
a'. ANTHÈRE AVORTÉE, SEMBLABLE	*l*. LABELLUM.
A UN BOUCLIER.	

A. Fleur vue d'en haut, montrant sa face dorsale; les sépales et les pétales, à
l'exception du labellum, sont coupés en partie. Le labellum est un peu
abaissé, ce qui découvre la surface dorsale du stigmate; les bords du labellum se trouvent ainsi légèrement séparés, et son extrémité est plus
basse.

B. Vue latérale de la colonne, les sépales et pétales étant tous enlevés.

de pollen sont revêtus d'un enduit de fluide si visqueux, qu'on peut le tirer et l'allonger en fils. Comme
les deux anthères sont situées au-dessus et en arrière
de la surface inférieure convexe (voy. *fig.* B) du stigmate, il est impossible que le pollen glutineux qu'elles

renferment puisse l'atteindre et la fertiliser sans une intervention mécanique.

Un insecte pourrait gagner l'extrémité du labellum c'est-à-dire la pointe du sabot, en suivant la fente longitudinale de la face dorsale; mais selon toute probabilité, c'est la partie de la base située en avant du stigmate qui lui offre le plus d'attrait. Or, la portion terminale du labellum, se recourbant pour former le dessus du sabot, ferme l'extrémité de la fleur; la face dorsale du stigmate, et cette grosse anthère avortée qui ressemble à un bouclier, obstruent presque complétement la portion basilaire de la fente médiane; et il ne reste plus à l'insecte, pour atteindre avec sa trompe la partie inférieure du labellum, que deux passages praticables : directement au-dessus et immédiatement en dehors des deux anthères latérales[1]. Si un insecte entre par cette voie, et il lui

---

[1] [Le professeur Asa Gray, après avoir examiné quelques espèces américaines du genre Cypripedium, m'a écrit (voir aussi *Amer. Journ. of Science*, vol. XXXIV, 1862, p. 427) qu'il était convaincu que je me trompais; selon lui, la fleur est fécondée par de petits insectes qui entrent dans la cavité du labellum, par la grande ouverture de la face supérieure, et sortent par l'un ou l'autre des petits orifices voisins des anthères et du stigmate. En conséquence, j'ai pris une très-petite abeille qui me semblait être de la taille convenable, un *Andrena parvula* (par un hasard singulier, comme nous allons le voir, ce genre était justement le bon), et je l'ai introduite dans la cavité du labellum par la grande ouverture de la face supérieure. Cet insecte essaya vainement d'en sortir et retomba toujours au fond par suite du plissement du bord du labellum, qui est une des particularités les plus importantes de la structure de cette fleur. Ainsi le labellum agit comme une de ces trappes à bords renversés en dedans qui servent à prendre les blattes

serait difficile de faire autrement, sa trompe sera
certainement enduite de pollen, comme le fut une
soie de porc que j'avais introduite de la même manière. Quand je poussais cette soie enduite de pollen
plus avant dans la fleur, et surtout quand je l'enga-
geais dans la petite échancrure qui est en dehors de
l'anthère, un peu de pollen glutineux restait en général sur la surface légèrement convexe du stigmate.
La trompe d'un insecte doit effectuer cette petite opé-
ration mieux qu'une soie, grâce à sa flexibilité et à ses
mouvements. Un insecte doit donc déposer le pollen
sur le stigmate de la fleur où il l'a pris, ou s'il s'envole, le transporter à une autre fleur; l'un ou l'autre
de ces deux cas se réalise, selon que l'insecte intro-

dans les cuisines de Londres. A la fin, l'abeille se fraya un chemin jusqu'à l'un des petits orifices, près de l'une des anthères, et, l'ayant prise,
je l'ai trouvée enduite de pollen. Ayant de nouveau mis cette même
abeille dans le labellum, je l'ai vue sortir encore par un des petits orifices; j'ai fait la même expérience cinq fois, toujours avec le même résultat. Alors, ayant coupé le labellum, j'ai examiné le stigmate et l'ai
trouvé tout enduit de pollen. Delpino (*Fecondazione*, etc., 1867, p. 20)
a prévu avec beaucoup de sagacité qu'on trouverait quelque insecte
agissant comme mon abeille; il remarque que, si un insecte introdui-
sait sa trompe, comme je l'avais supposé, du dehors dans l'un des petits orifices voisins des anthères, le stigmate serait fécondé par le pollen
de sa propre plante; or il présume qu'il n'en est pas ainsi, ayant
grande confiance en ce que j'ai si souvent avancé que tout est généralement disposé en vue de réaliser l'union du stigmate et du pollen de
deux plantes ou fleurs distinctes. On sait maintenant par les admirables
observations du docteur H. Müller, de Lippstadt (*Verhandlung d. Nat.
Verein*, Jahr XXV, III, Folge V. Bd., p. 1), que, dans la nature, le *Cypripedium calceolus* est fertilisé par deux espèces du genre Andrena,
exactement de la manière que je viens de décrire.] C. D., mai 1869.

duit d'abord sa trompe directement au-dessus de l'anthère, ou en dehors par la petite échancrure.

On voit maintenant de quelle importance, ou plutôt de quelle nécessité, est pour la fertilisation de la plante la curieuse forme de sabot qu'affecte le labellum, en conduisant les insectes à engager leurs trompes dans les passages latéraux adjacents aux anthères. L'anthère supérieure, rudimentaire et en forme de bouclier, est également nécessaire, et pour la même raison.

La nature montre ici dans ses ressources une économie frappante : chez toutes les Orchidées que j'ai vues, sauf les Cypripedium, un stigmate plus ou moins concave est assez visqueux pour retenir le pollen sec, transporté jusqu'à lui grâce à la matière visqueuse que sécrète un stigmate modifié, le rostellum. Chez les Cypripedium seuls, le pollen est glutineux et joue ce rôle de la substance visqueuse dont, chez les autres Orchidées, la production est attribuée à la fois au vrai stigmate et à un stigmate modifié ou rostellum : D'autre part, chez les Cypripedium, le stigmate perd tout à fait sa viscosité et devient légèrement convexe, afin que par le frottement, il détache mieux le glutineux pollen qui adhère à la trompe de l'insecte. Ainsi l'acte de fertilisation s'effectue sans la moindre prodigalité[1].

[1] [Cette vue sur la corrélation qui existe entre l'état du pollen et celui du stigmate, est puissamment confirmée par une remarque de

SÉCRÉTION DU NECTAR.

Beaucoup d'Orchidées exotiques sécrètent du nectar en abondance dans nos serres chaudes. J'ai trouvé
remplis de fluide les nectaires en forme de cornet
de l'Aerides; et M. Rodgers, de Sevenoaks, m'apprend
qu'il a retiré des cristaux de sucre d'une taille considérable du nectaire de l'A. cornutum. Dans presque
toutes les fleurs d'Angræcum distichum qu'on m'a envoyées de Kew, les insectes avaient percé les parois
des nectaires afin d'atteindre plus promptement le
nectar ; s'ils suivaient invariablement cette mauvaise
habitude dans les pays de l'Afrique où croît cette
plante, sans aucun doute l'espèce ne tarderait pas à
s'éteindre, car elle ne produirait jamais de graines. Les
organes sécréteurs du nectar présentent une grande
diversité de structure et de position dans les différents
genres ; mais ils semblent toujours faire partie de la
base du labellum. Chez le Dendrobium chrysanthum,

M. Asa Gray, qu'il m'a communiquée par lettre et qu'il a insérée dans
Amer. Journ. of Science, vol. XXXIV, 1862, p. 428 : chez le *Cypride-
dium acaule*, le pollen est beaucoup plus granuleux ou moins visqueux,
sauf sur sa face extérieure, que chez les autres espèces américaines du
même genre, et le stigmate est en même temps un peu concave et visqueux ! Le docteur Gray ajoute que l'épais stigmate des fleurs de ce
genre présente une autre particularité remarquable, « étant tout couvert de petites papilles rigides et terminées en pointe, toutes dirigées
en avant, » très-propres à retenir le pollen en le détachant de la tête
ou du corps d'un insecte.] C. D., mai 1869.

le nectaire est une soucoupe peu profonde ; chez l'E-
velyna, il se compose de deux grosses masses cellulaires réunies ; chez le Bolbophyllum cupreum, c'est
un sillon médian. Le nectaire du Cattleya pénètre dans
l'ovaire ; celui de l'Angræcum sesquipedale atteint,
comme nous l'avons vu, l'étonnante longueur de plus
de 11 pouces anglais ($0^m,275$) ; mais je ne peux entrer
dans le détail de chaque cas. L'appareil nectarifère
du Coryanthes, décrit par M. Ménière[1], est pourtant si
remarquable que je ne saurais le passer entièrement
sous silence : deux petits cornets, près d'une sorte
de courroie qui joint le labellum à la base de la colonne, sécrètent un nectar limpide, à saveur légèrement sucrée, en si grande abondance qu'il tombe lentement goutte à goutte. M. Ménière estime la quantité
sécrétée par une seule fleur à environ une once anglaise ($28^{gr},3$). Mais ce qu'il y a de remarquable, c'est
que l'extrémité profondément creusée du labellum
pend exactement au-dessous des deux petits cornets
et recueille les gouttes de nectar à mesure qu'elles
tombent, comme un seau suspendu un peu au-dessous d'une source s'écoulant goutte à goutte[2].

---

[1] *Bulletin de la Soc. bot. de France*, tom. II, 1855, p. 351.

[2] [Le *Coryanthes macrantha* est peut-être la plus merveilleuse de
toutes les Orchidées, sans même en excepter le genre Catasetum. Son
mode de fertilisation a été décrit par le docteur Crüger dans *Journ. of
the Linn. Soc.* (vol. VIII, 1864, p. 130) et dans les lettres qu'il m'a
adressées en m'envoyant des abeilles du genre Englossa qu'il avait vues
à l'œuvre sur cette fleur. Le fluide recueilli par le labellum n'est pas du
nectar et ne sert pas à attirer les insectes, mais en mouillant leurs

Bien que le but extrêmement important de la sécrétion du nectar soit, chez les Orchidées, d'attirer
les insectes indispensables pour la fécondation, il
semble que, dans certains cas du moins, cette sécrétion serve aussi comme excrétion. En effet, on a ob-

ailes, leur empêche de sortir par une autre voie que les petits passages
ménagés près de l'anthère et du stigmate. Ainsi la sécrétion de ce
fluide sert exactement à la même fin que le plissement du bord du
labellum, chez le Cypripedium. Je transcris de la dernière édition de
mon *Origine des espèces* un passage relatif à la fertilisation du Coryanthes.

« Le labellum de cette Orchidée est creusé en un grand godet, dans
lequel des gouttes d'une eau presque pure, sécrétée par deux cornets
situés au-dessus, tombent continuellement; quand il est à demi plein,
cette eau s'écoule d'un côté par une gouttière. La base du labellum est
au-dessus du godet, creusée elle-même en une sorte de chambre dans
laquelle donnent accès deux ouvertures latérales; dans cette chambre
se trouvent de curieuses éminences charnues. L'homme le plus ingénieux, s'il n'avait été témoin des faits, n'aurait jamais deviné à quoi
tout cela sert. Or le docteur Crüger a vu des essaims de grosses abeilles
visiter les gigantesques fleurs de cette Orchidée, non pour en aspirer le
nectar, mais pour ronger les éminences charnues au-dessus du godet;
souvent elles se faisaient tomber l'une l'autre dans le godet, et alors
leurs ailes mouillées ne leur permettant plus de s'envoler, elles étaient
forcées de sortir par la gouttière qui déverse au dehors le trop-plein
du réservoir. Le docteur Crüger voyait « une procession continuelle »
d'abeilles sortant ainsi de leur bain involontaire. Le passage est étroit,
et la colonne en forme la voûte, de sorte qu'une abeille, en s'y frayant
un chemin, frotte le dessus de son corps, d'abord contre la surface visqueuse du stigmate, puis contre les glandes visqueuses des masses polliniques. Ainsi, la première abeille qui sort par cette voie d'une fleur
récemment ouverte emporte les masses polliniques attachées sur son
corps. Le docteur Crüger m'a envoyé une fleur conservée dans l'esprit-
de-vin et une abeille qu'il avait tuée avant qu'elle en fût complètement
sortie, portant encore la masse pollinique. Quand l'abeille, ainsi chargée, vole à une autre fleur ou s'abat une seconde fois sur la même,
qu'elle est poussée par ses compagnes et tombe dans le godet, puis sort
par la gouttière, la masse pollinique touche nécessairement d'abord le

servé que les bractées de certaines Orchidées[1] sécrètent
du nectar ; et comme elles se trouvent en dehors de la
fleur, leur sécrétion ne saurait attirer les insectes
dans un but utile. M. Rodgers me dit avoir vu beaucoup de nectar sécrété à la base des pédoncules des
fleurs chez la Vanille. Il peut très-bien entrer dans
le plan de la nature, tel que l'exécuterait la sélection
naturelle, que la matière excrétée pour débarrasser
l'économie d'éléments superflus ou nuisibles soit uti-
lisée en vue d'un résultat de la plus haute importance.
Pour donner un exemple qui contraste avec celui des
fleurs et de leur suc, les larves de certains lamelli-
cornes (Cassidæ, etc.) se servent de leurs propres
excréments comme d'un revêtement protecteur pour
leurs corps délicats.

Le labellum en forme de sabot des Cypripedium
semble destiné à recueillir du nectar ; mais sur au-

---

stigmate, s'attache à lui et le féconde. On comprend maintenant tout l'u-
sage des diverses parties de la fleur : les cornets sécrètent un liquide
qui s'amasse dans le godet, empêche les abeilles de s'envoler et les
force à sortir par la gouttière, et là elles frottent en passant les masses
polliniques visqueuses et le stigmate visqueux, convenablement placés
sur leur trajet. »] C. D., mai 1869.

[1] J.-G. Kurr, *Ueber die Bedeutung der Nektarien*, 1833, s. 28, sur
la foi de Treviranus et de Curt. Sprengel. Fritz Müller me dit avoir observé le même fait sur les bractées de quelques Orchidées du Brésil
méridional. Le calice de certaines espèces d'Iris (*id.*, s. 25) sécrète
aussi du nectar. J'ai vu les stipules des Vicia sativa et faba sécréter une
grande quantité de nectar que recueillent avidement les abeilles. Les
glandes de la face inférieure des feuilles, chez le laurier ordinaire,
sécrètent aussi un nectar qui, bien qu'il se produise par gouttes extrêmement petites, est recherché par divers insectes.

cune des quatre espèces de ce genre nommées plus
haut, je n'ai vu ce suc s'y amasser; selon Kurr[1], le
C. calceolus ne sécrète jamais de nectar. Cependant,
chez les quatre espèces, le labellum est garni de poils;
et j'ai presque toujours remarqué à leurs extrémités
de petites gouttes d'un fluide un peu visqueux qui,
s'il est sucré, suffit certainement pour attirer les insectes; desséché, ce fluide visqueux forme une petite
pellicule, mais je n'ai pu découvrir aucune trace de
cristallisation.

Je rappellerai que dans le premier chapitre j'ai
démontré que chez certaines espèces d'Orchis la cavité de l'éperon ou nectaire ne contient jamais de
nectar, mais qu'entre les deux membranes de cet
éperon se trouve une abondante provision de fluide.
Chez toutes les espèces qui présentent ce caractère, la
matière visqueuse du disque de la pollinie durcit en
une ou deux minutes, et il serait heureux pour la
plante qu'un insecte cherchant à atteindre le nectar
soit retardé par la nécessité de perforer le nectaire
sur quelques points, ce qui donnerait à la matière visqueuse le temps de durcir. D'autre part, chez toutes
les Ophrydées dont le nectar s'amasse librement dans
le nectaire, la matière visqueuse ne durcit pas rapidement, et il n'y aurait aucun avantage à ce que les
insectes éprouvent un obstacle semblable.

---

[1] *Bedeutung der Nektarien*, 1833, s. 29.

Chez les Orchidées exotiques cultivées dont le nectaire ne contient pas de nectar, il est impossible de
s'assurer s'il resterait vide dans des conditions de
vie plus naturelles. Je n'ai pas fait beaucoup d'observations comparatives sur le mode de durcissement
de la matière visqueuse du disque chez ces formes
exotiques. Néanmoins il me semble que certaines
Vandées sont dans la même condition que nos espèces
indigènes d'Orchis; ainsi le Calanthe masuca a un
très-long nectaire qui, sur toutes les fleurs que j'ai
examinées, était tout à fait sec en dedans et habité
par des Coccus couverts de poussière; mais dans les
espaces inter-cellulaires, entre ses deux tuniques, il
y avait beaucoup de fluide; dans cette espèce la matière visqueuse du disque, dès que j'eus troublé
sa surface, perdit complétement en deux minutes
son pouvoir d'adhésion. Le disque d'un Oncidium,
troublé de même, devint sec en une minute et
demie; celui d'un Odontoglossum, en deux minutes:
aucune de ces Orchidées n'a de nectar libre. D'autre
part, chez l'Angræcum sesquipedale, dont le nectar
s'amasse librement dans l'extrémité du nectaire, le
disque de la pollinie, après qu'on l'eut retiré de la
fleur et qu'on eut troublé sa surface, était encore
très-gluant après quarante-huit heures.

Le cas du Sarcanthus teretifolius est plus curieux.
Après que la pollinie se fut détachée du rostellum, le
disque perdit toute sa viscosité en moins de trois

minutes. D'après cela, on pouvait s'attendre à trouver
du fluide dans les espaces intercellulaires du nectaire, mais point dans sa cavité libre; mais il y en
avait des deux côtés, de sorte qu'on voit ici réunis
dans la même fleur les deux états des organes pro-
ducteurs de nectar. On pourrait peut-être penser que
les insectes aspirent rapidement le nectar libre et
négligent celui qui se trouve entre les deux tuniques.
Mais je soupçonne beaucoup qu'ils sont, par des
moyens totalement différents, retardés dans leurs
efforts pour atteindre le nectar libre, ce qui donne à
la matière visqueuse le temps de durcir. Chez cette
Orchidée, le labellum et son nectaire forment un organe extraordinaire. J'aurais voulu en avoir un dessin; mais j'ai reconnu que sa structure serait aussi
difficile à représenter que les gardes d'une serrure
compliquée : l'habile Bauer lui-même, par un grand
nombre de figures et de coupes faites sur une large
échelle, a peine à la rendre intelligible. Le passage
conduisant du dehors au réservoir du nectar est si
compliqué, qu'à plusieurs reprises je n'ai pu y faire
passer une soie; je n'ai pas mieux réussi en l'introduisant en sens inverse, de l'extrémité sectionnée du
réservoir à l'ouverture extérieure. Sans nul doute un
insecte doit pouvoir diriger sa trompe, qu'il meut à
son gré, à travers les sinuosités de ce passage; mais
la configuration du canal doit néanmoins retarder
l'instant où elle atteindra le nectar, et le singulier

disque visqueux, de forme carrée, trouvera ainsi le temps nécessaire pour s'attacher fortement à la tête ou au corps de l'insecte.

La cupule qui forme la base du labellum chez l'Epi-pactis servant de réservoir au nectar, je m'atten-dais à voir les cupules analogues des Stanhopea, Acropera, etc., servir à la même fin; mais je n'ai jamais pu y trouver une goutte de nectar. Selon M. Ménière[1], on n'en trouve jamais ni dans ces genres, ni dans les genres Gongora, Cirrhœa et autres. Chez le Catasetum tridentatum, et chez sa forme femelle le Monachanthus, la cupule du labellum étant renversée, ne saurait contenir du nectar. Comment donc ces fleurs attirent-elles les insectes? Il est certain qu'ils doivent être attirés, surtout sur le Catasetum, dont les sexes sont portés par des pieds différents. Dans plusieurs genres de Vandées il n'y a pas de trace d'organe sécréteur de nectar, ni de réservoir; mais dans tous ces cas, autant que j'ai pu m'en assurer, le labellum est épais et charnu ou pourvu d'excroissances. Le labellum des Oncidium et des Odontoglossum, par exemple, nous montre toutes sortes de protubérances singulières. Chez le Calanthe (*fig.* 24), on voit sur le labellum un amas de petites boules bizarres, et en même temps un nec-taire extrêmement long qui ne contient pas de nec-

---

[1] *Bull. Soc. bot. de France*, tom. II, 1855, p. 352.

tar; chez l'Eulophia viridis, le nectaire est court et vide, et le labellum couvert de crêtes longitudinales bordées de franges. Enfin, chez quelques Ophrydées qui n'ont pas de nectaire, comme les Ophrys mouche et araignée, et à un degré moins évident l'O. abeille, à la base du labellum se trouvent deux proéminences brillantes, placées au-dessous des deux poches. Lindley a remarqué que l'usage de ces excroissances étranges et variées est tout à fait inconnu.

D'après la position qu'occupent ces excroissances relativement au disque visqueux de la pollinie, et d'après le manque de nectar, il me semble grandement probable qu'elles jouent le rôle d'aliments, et attirent ainsi, soit des hyménoptères, soit des coléoptères vivant au dépens des fleurs. J'expose cette opinion parce qu'un examen attentif des fleurs de Vandées qui, dans leur pays natal, auraient eu leurs pollinies enlevées, trancherait bientôt la question[1]. Puisque des grains sont habituellement disséminés par des oiseaux qu'attire la matière douce et pulpeuse

---

[1] [J'ai éprouvé une grande satisfaction en apprenant que cette hypothèse était pleinement confirmée. Le docteur Crüger a vu, en Amérique, des abeilles du genre Euglossa ronger le labellum des Catasetum, Coryanthes, Gongora et Stanhopea dans le sud du Brésil, Fritz Müller a plusieurs fois trouvé les proéminences du labellum de l'Oncidium rongées. Ces faits nous mettent à même d'expliquer l'existence de ces saillies diverses et singulières qu'on remarque sur le labellum de plusieurs Orchidées exotiques, car invariablement elles sont placées de telle sorte que, si un insecte les ronge, il doit toucher les disques visqueux et, par conséquent, enlever les pollinies.] C. D., mai 1869.

qui les enveloppe, une fleur peut bien être habituellement fertilisée par un insecte venant prendre sa
nourriture sur le labellum. Mais je suis obligé de dire
que le docteur Percy, ayant analysé pour moi le labellum épais et sillonné d'un Warrea, en le faisant
fermenter sur du mercure, n'a pas constaté qu'il con-
tînt plus de matière sucrée que les autres pétales.
D'autre part, le labellum épais des Catasetum, et
même les bases des pétales supérieurs chez le Mormodes ignea, ont, comme je l'ai dit plus haut, une
saveur un peu douce, assez agréable et succulente.

Nous en avons fini avec les Orchidées exotiques.
Pour moi j'ai trouvé le plus grand intérêt dans l'étude
de ces productions végétales si merveilleuses et souvent si belles, si différentes des fleurs ordinaires par
tous leurs mécanismes variés, leurs parties susceptibles de mouvement ou douées d'une propriété semblable à la sensibilité, quoique certainement elle en
diffère. Les fleurs des Orchidées, avec leurs formes
étranges et diversifiées à l'infini, peuvent être comparées à la grande classe vertébrée des poissons, ou
plus justement encore aux insectes tropicaux de la
famille des homoptères, qui semblent à notre ignorance avoir été façonnés par le plus bizarre caprice.

CHAPITRE VII

Homologies des fleurs d'Orchidées. — Profonde modification qu'elles
ont subies. — Gradation des organes, du rostellum, des masses polliniques. — Formation du caudicule. — Affinités généalogiques. —
Mécanisme du mouvement des pollinies. — Usages des pétales. —
Production des graines. — Importance des plus minimes détails de
structure. — Pourquoi la structure est si diversifiée quand le but général à atteindre est toujours le même. — Pourquoi les combinaisons
organiques sont si parfaites chez les Orchidées. — Résumé sur le
rôle des insectes. — La nature a horreur de la fécondation directe
perpétuelle.

Il est peu de fleurs dont la structure théorique ait
donné lieu à plus de recherches que celles des Orchidées ; et ce n'est pas étonnant, si l'on remarque combien elles diffèrent des fleurs ordinaires. On ne peut
bien comprendre aucun groupe d'êtres organisés avant
de s'être rendu compte de ses homologies ; c'est-à-dire
avant d'avoir discerné le modèle général, ou, comme
on l'appelle plus souvent, le type idéal des divers
membres de ce groupe. Aucun membre actuellement
existant ne peut être exactement semblable au type ;
mais ceci ne diminue pas l'importance de la question
pour le naturaliste, probablement même devient-elle

plus importante à résoudre pour l'intelligence complète du groupe.

On arrive à discerner les homologies d'un être ou
d'un groupe d'êtres quelconques, surtout par l'étude
du développement embryogénique, quand elle est
possible; par la découverte d'organes à l'état rudimentaire; ou en suivant, à travers une longue série
d'êtres, des transitions graduelles d'une partie à une
autre, jusqu'à ce que ces deux parties, très-dissem-
blables et employées à des fonctions tout à fait différentes, puissent être reliées par une suite non inter-
rompue d'anneaux intermédiaires. On n'a jamais
relié ainsi deux organes, à moins qu'homologiquement ils ne fassent qu'un seul et même organe.

La science de l'Homologie est importante, parce
qu'elle nous donne la mesure des variations que le
plan de chaque groupe peut comporter, nous permet
de classer convenablement les organes les plus divers;
nous montre des gradations que nous n'aurions pas
aperçues et nous aide ainsi dans notre classification.
Elle explique beaucoup de monstruosités ; elle nous
fait découvrir des parties obscures et cachées ou
même de simples vestiges d'organes, et nous révèle
la signification des rudiments. Outre ces avantages
pratiques, pour le naturaliste qui croit à une modification graduelle des êtres organisés, la science de
l'Homologie enlève toute obscurité à des expressions
telles que le plan de la nature, le type idéal, l'arché-

type, etc., car alors ces mots expriment des faits réels. Ainsi guidé, le naturaliste voit que tous les organes homologues, quoique très-diversifiés, sont des modifications d'un seul et même organe primitif; en suivant les gradations actuellement existantes, il pose des jalons pour déterminer, autant qu'il sera possible, le cours probable des modifications pendant une longue suite de générations. Soit qu'il suive le développement de l'embryon, qu'il s'attache à l'étude des organes rudimentaires, ou qu'il trace des transitions graduelles entre les êtres les plus différents, il peut être certain que par ces diverses voies il poursuit le même but, marchant à la connaissance du progéniteur actuel du groupe, tel qu'il vivait et croissait jadis. L'étude de l'Homologie gagne ainsi beaucoup en intérêt.

Bien que cette étude, à quelque point de vue qu'on la considère, offre toujours un grand intérêt à celui qui s'occupe de la nature, il est très-douteux que les détails suivants, relatifs à la nature homologique de la fleur chez les Orchidées, puissent être supportés par la plupart des lecteurs. Cependant, s'ils désirent voir de quelle lumière vive, quoique encore bien imparfaite, l'homologie peut éclairer un sujet, ces détails seront peut-être aussi propres à le leur montrer que tout autre exemple. Ils verront avec quel art une fleur peut être façonnée à l'aide de plusieurs organes distincts, combien l'adhérence de deux parties pri=

mitivement séparées peut devenir intime, comment
des organes peuvent être employés dans des buts tout
à fait différents de leurs fonctions naturelles, comment d'autres peuvent entièrement disparaître, ou ne
laisser de leur existence première que de simples
traces sans usage. Enfin, ils verront quelle énorme
somme de changements ces fleurs ont subie en s'éloi-
gnant de leur structure primordiale ou typique.

Robert Brown a le premier clairement discuté les
homologies des Orchidées[1], et, comme on pouvait le
prévoir, il a peu laissé à faire. Guidé par la structure
générale des plantes monocotylédones, et par diverses
considérations, il a proposé d'admettre que la fleur se
compose proprement de trois sépales, trois pétales,
six anthères disposées sur deux rangs ou verticilles
(dont une seule, appartenant au verticille externe, est
parfaite chez toutes les formes ordinaires) et trois
carpelles, dont l'un se modifie et devient le rostellum.
Ces quinze organes sont disposés selon la règle commune, trois par trois, sur cinq verticilles alternes.
R. Brown ne démontre pas suffisamment l'existence
de trois des anthères, mais il pense qu'elles sont
combinées avec le labellum, quand cet organe présente des crêtes ou des sillons. Ces vues de Brown

---

[1] Je crois que ses dernières opinions ont été formulées dans son célèbre mémoire lu en novembre 1831 (*Linnæan Transactions*, vol. XVI,
p. 685). [Consulter aussi le docteur Crüger, qui adopte une autre manière de voir dans *Journ. of Linn. Soc.*, vol. VIII, Bot. 1864, p. 152.]
C. D., 1869.

ont été acceptées par la plus haute autorité actuelle en matière d'Orchidées, Lindley.

Robert Brown a suivi les trachées dans la fleur en faisant des coupes transversales[1], et seulement à l'occasion, autant qu'on peut en juger, par des coupes longitudinales. Comme ces vaisseaux se développent de très-bonne heure, ce qui donne toujours beaucoup de valeur à un organe dans l'étude des homologies, et comme ils paraissent avoir une haute importance physiologique, quoique leur fonction ne soit pas bien connue, il m'a semblé, guidé par les conseils du Dr Hooker, qu'il serait utile de suivre dans le haut de la fleur toutes les trachées naissant des six groupes qui entourent l'ovaire. De ces six groupes de trachées, j'appellerai (quoique ce ne soit pas correct) celui qui est au-dessous du labellum, groupe antérieur; celui qui est au-dessous du sépale supérieur, groupe postérieur; et les deux groupes placés de chaque côté de l'ovaire, groupes antéro-latéral et postéro-latéral.

Le diagramme suivant montre le résultat de mes dissections. Les quinze petits cercles représentent au-

---

[1] *Linn. Transact.*, vol. XVI, p. 696-701. Link, dans ses *Bemerkungen über den Bau der Orchideen* (*Botanische Zeitung*, 1849, s. 745) semble aussi s'en être rapporté aux coupes transversales. S'il avait suivi les vaisseaux dans leur longueur, je crois qu'il n'aurait pas attaqué l'opinion de Brown sur la nature des deux anthères du Cypripedium. Brongniart, dans son admirable mémoire (*Annales des Sc. Nat.*, tom. XXIV, 1831) indique accidentellement la marche de quelques trachées.

tant de groupes de trachées, que j'ai tous suivis jusqu'à l'un des six grands faisceaux ovariens. Ils forment, comme on le voit, cinq verticilles alternes; mais je ne me suis pas préoccupé d'indiquer les distances exactes qui les séparent. Afin de guider l'œil, on a réuni par un triangle les trois groupes centraux qui se rendent aux trois carpelles.

Cinq groupes de trachées se rendent aux trois sépales et aux deux pétales supérieurs, trois entrent dans le labellum, et sept s'élèvent dans la grande colonne centrale. Ces vaisseaux sont disposés, comme on peut le voir, suivant des rayons qui partent de l'axe de la fleur; et invariablement, tous les vaisseaux d'un même rayon se rendent au même groupe ovarien : ainsi, ceux qui se distribuent au sépale supérieur, à l'anthère fertile (A 1) et au carpelle ou stigmate supérieur (rostellum S r), s'unissent pour former le groupe ovarien postérieur. De même, ceux qui desservent l'un des sépales inférieurs, un coin du labellum et l'un des deux stigmates (S), s'unissent pour former le groupe antéro-latéral ; et ainsi des autres.

D'après cela, si l'on peut se fonder sur la présence des groupes de trachées, et le Dr Hooker m'apprend qu'il n'a jamais trouvé faux leur témoignage, une fleur d'Orchidée se compose certainement de quinze organes, dans un état remarquable de modification et de soudure. Nous voyons trois stigmates, dont les

deux inférieurs sont généralement soudés, et le supérieur se modifie pour former le rostellum. Nous
voyons six étamines disposées sur deux rangs, dont

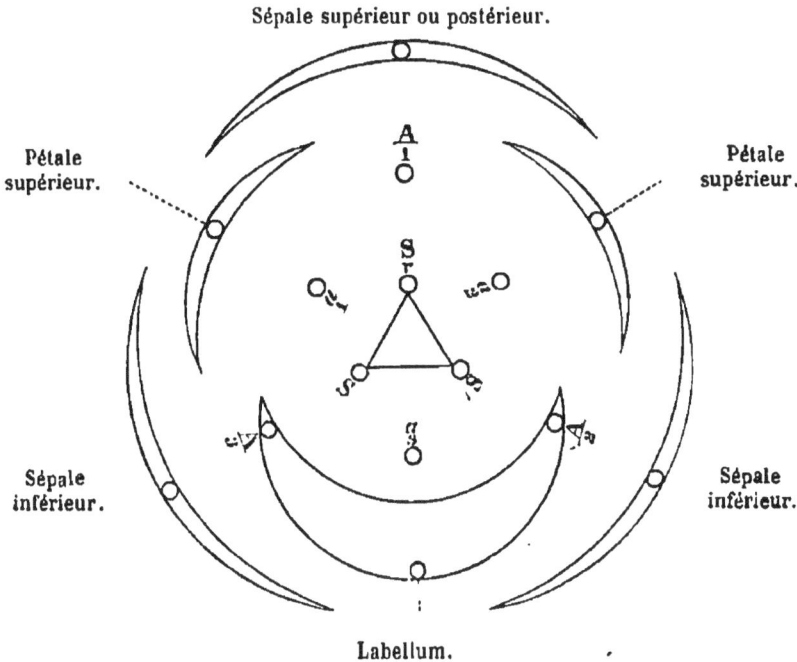

Sépale supérieur ou postérieur.

Pétale supérieur.

Pétale supérieur.

Sépale inférieur.

Sépale inférieur.

Labellum.

Fig. 32.

COUPE DE LA FLEUR D'UNE ORCHIDÉE.

Les petits cercles représentent les trachées.

SS. Stigmates. — Sr. Stigmate modifié pour former le rostellum.

A_1. Anthère fertile du verticille externe; A_2 et A_3, anthères du même verticille
combinée avec le pétale inférieur, pour former le labellum.

a_1 et a_2, anthères rudimentaires du verticille interne, formant généralement
le clinandre, fertiles chez les Cypripedium; a_3, troisième anthère du même
verticille qui, quand elle existe, forme le devant de la colonne.

une seule (A 1) est ordinairement fertile; chez les
Cypripedium, cependant, deux étamines du verticille
interne (a 1 et a 2) sont fertiles, et chez les autres Orchidées elles sont représentées de diverses manières,

plus manifestement que les autres. La troisième
étamine du verticille interne ($a\ 3$), quand on peut
suivre ses trachées, forme le devant de la colonne :
Brown pensait qu'elle formait souvent une excroissance médiane ou crête adhérente au labellum,
ou, chez le Glossodia[1], un organe filamenteux qui
s'avance librement au-devant de lui. La première de
ces opinions ne s'accorde pas avec mes dissections ;
à l'égard du Glossodia, je ne sais rien. Les deux étamines stériles du verticille externe ($A\ 2$, $A\ 3$) étaient,
pour R. Brown, représentées quelquefois par des
excroissances latérales du labellum ; j'ai constaté la
présence de leurs trachées dans le labellum chez
toutes les Orchidées dont j'ai fait l'examen, même
dans les cas où ce labellum est très-étroit ou tout
à fait simple, comme chez les Malaxis, les Herminium et les Habenaria.

Nous voyons donc qu'une fleur d'Orchidée se compose de cinq parties simples, qui sont trois sépales et
deux pétales, et de deux parties composées, la colonne
et le labellum. La colonne est formée de trois carpelles et généralement de quatre étamines, le tout
complétement soudé. Le labellum est formé d'un
pétale et de deux étamines pétaloïdes du verticille
externe, avec soudure également parfaite. Je remar-

[1] Voy. les observations de R. Brown sur l'Apostasia, dans les *Plantæ
Asiaticæ rariores*, 1830, p. 74, de Wallich.

querai, comme venant à l'appui de ce fait, que dans la famille voisine des Marantacées les étamines, et même les étamines fertiles, sont souvent pétaloïdes et partiellement soudées. Cette manière d'envisager la nature du labellum explique sa grande taille, sa forme fréquemment tripartite, et surtout son mode d'union à la colonne, qui diffère de celui des autres pétales[1]. Comme les organes rudimentaires varient beaucoup, elle peut aussi nous faire comprendre la variabilité qui, selon le docteur Hooker, caractérise les excroissances du labellum. Chez quelques Orchidées dont le nectaire est en forme d'éperon, les deux côtés de cet organe paraissent formés par les deux étamines modifiées; ainsi chez le Gymnadenia conopsea (mais non chez l'Orchis pyramidalis), les trachées provenant du groupe ovarien antéro-latéral, descendent sur les côtés du nectaire; celles qui viennent du groupe antérieur descendent en suivant exactement le milieu du nectaire, puis remontent sur le côté opposé et vont former la nervure médiane du labellum. Le développement de ces éléments latéraux du nectaire explique sans doute la tendance de son extrémité à se bifurquer, chez les Calanthe, l'Orchis morio, etc.

J'ai observé le nombre, la position et la marche des trachées, telles que les montre le diagramme (*fig.* 52),

[1] Link parle du mode d'union du labellum et de la colonne dans *Bemerkungen,* etc., dans *Botanische Zeitung,* 1849, p. 745.

sur quelques Vandées et Epidendrées[1]. Chez les Malaxidées, j'ai retrouvé les mêmes trachées excepté *a* 3,
qui est la plus difficile de toutes à suivre et paraît le

---

[1] Je devrais peut-être donner quelques détails sur les fleurs que j'ai
disséquées ; mais j'examinais des points spéciaux, tels que la marche
des trachées dans le labellum, et pour la plupart ils ne méritent pas
d'être rapportés ici. Pour la tribu des Vandées, j'ai suivi toutes les trachées chez les *Catasetum tridentatum* et *saccatum*; le grand faisceau
qui se rend au rostellum se sépare (ainsi que chez les Mormodes) du
groupe ovarien postérieur, au-dessous de la bifurcation qui fournit les
groupes du sépale supérieur et de l'anthère fertile ; le groupe ovarien
antérieur court un peu le long du labellum avant de se bifurquer, et
d'envoyer un faisceau (*a* 3) vers le haut de la face antérieure de la colonne ; les trachées qui naissent du groupe postéro-latéral s'élèvent
le long de la face dorsale de la colonne, de chaque côté de celles qui se
dirigent vers l'anthère fertile, et ne vont pas aux bords du clinandre.
Chez l'*Acropera luteola* la base de la colonne, au point où s'attache le
labellum, est très-allongée, et les trachées de tout le groupe ovarien antérieur s'allongent de même ; celles qui s'élevaient sur le devant de
la colonne (*a* 3) sont brusquement réfléchies ; à leur point de réflexion, elles sont curieusement indurées et aplaties, et présentent des
saillies et des renflements bizarres. Sur un Oncidium, j'ai suivi les trachées *Sr* jusqu'à la glande visqueuse de la pollinie. Parmi les Épidendrées, j'ai suivi toutes les trachées chez un Cattleya ; et chez l'*Evelyna
caravata*, toutes, excepté *a* 3, que je ne cherchais pas. Dans les Malaxidées, chez le *Liparis pendula*, toutes aussi, sauf *a* 3, qui manque probablement. Sur le *Malaxis paludosa*, j'ai suivi presque toutes les trachées. Sur les *Cypripedium barbatum* et *purpuratum* de même, sauf *a* 3
qui manque, j'en suis presque certain. Parmi les Neottiées, j'ai examiné
le *Cephalanthera grandiflora* et suivi tous ses groupes vasculaires, excepté celui du rostellum avorté et ceux des deux oreillettes *a* 1 et *a* 2,
qui étaient certainement absents ; l'*Epipactis*, où les groupes *a* 1, *a* 2,
a 3, manquent certainement ; le *Spiranthes autumnalis*, où le groupe
Sr court jusqu'au sommet de la fourche du rostellum : dans cette espèce
et le *Goodyera*, il n'y a pas de vaisseaux se rendant aux membranes du
clinandre Chez aucune des Ophrydées, on ne trouve les groupes *a* 1,
a 2 et *a* 3. Sur l'*Orchis pyramidalis* j'ai suivi tous les autres, y compris
deux qui se rendaient aux deux stigmates séparés : dans cette espèce,
les vaisseaux du labellum contrastent d'une manière frappante avec

plus souvent manquer. Chez les Cypripédiées aussi[1], je les ai suivies sauf *a* 3, qui, j'en suis certain, était ici réellement absente : dans cette tribu l'étamine (A 1) est représentée par un rudiment très-apparent et en forme de bouclier, tandis qu'*a* 1 et *a* 2 se développent en anthères fertiles. Chez les Ophrydées et les Néottiées toutes les trachées ont été suivies, à l'exception importante de celles qui appartiennent aux trois étamines (*a* 1, *a* 2 et *a* 3) du verticille interne.

ceux des sépales et des autres pétales ; ces derniers, en effet, sont simples, tandis que dans le labellum il y en a trois, dont les deux latéraux rejoignent naturellement le groupe ovarien antéro–latéral. J'ai également tout suivi sur le *Gymnadenia conopsea;* mais je ne suis pas sûr que les trachées qui desservent *les côtés* du sépale supérieur ne s'écartent pas de leur tracé ordinaire, comme dans le genre voisin Habenaria, pour se jeter dans le groupe ovarien postéro–latéral : le groupe *Sr*, allant au rostellum, pénètre dans la petite crête membraneuse qui s'avance entre les bases des loges de l'anthère. Enfin, sur l'*Habenaria chlorantha* j'ai suivi toutes les trachées, excepté, bien entendu, les trois groupes qui se rendent au verticille staminal interne ; et cependant, j'ai cherché avec beaucoup de soin *a* 3 : le faisceau qui dessert l'anthère fertile monte le long du connectif, entre les deux loges de l'anthère, mais ne se bifurque pas : celui qui dessert le rostellum monte vers le haut de l'épaule ou rebord qui est au-dessous du connectif, mais ne se bifurque pas non plus et ne s'étend pas jusqu'aux deux disques visqueux largement séparés.

[1] D'après la description que donne Irmisch (*Beiträge zur Biologie der Orchideen*, 1853, s. 78 et 42) du développement d'un bouton de Cypripedium, il semble qu'il y ait chez cette fleur tendance à la formation d'un filament libre en avant du labellum, comme chez le Glossodia dont j'ai parlé plus haut ; et ceci expliquerait peut-être l'absence des trachées qui proviennent du groupe ovarien antérieur et se rendent dans la colonne. Dans le genre Uropedium, que Brongniart (*Annal. des Sc. nat.*, 3ᵐᵉ série, Bot., tome XIII, p. 114) regarde comme très–voisin, et peut–être comme une monstruosité, du genre Cypripedium, une troisième anthère fertile occupe exactement cette même position.

Cependant, chez le Cephalanthera grandiflora, j'ai clairement vu *a* 3 se détacher du groupe ovarien antérieur et s'élever sur le devant de la colonne; ce membre anormal de la tribu des Néottiées n'a pas de rostellum, et le faisceau vasculaire désigné par Sr sur le diagramme manquait totalement, bien qu'il existe chez toutes les autres Orchidées.

Quoique chez aucune véritable Orchidée, à l'exception des Cypripedium, les deux anthères (*a* 1 et *a* 2) du verticille interne ne soient complétement développées, elles existent généralement à l'état rudimentaire et sont souvent utilisées ; ainsi, elles forment en général les parois membraneuses du clinandre, cupule qui termine en haut la colonne, renferme et protége les masses polliniques. Ces rudiments viennent donc en aide à leur sœur l'anthère fertile. Dans un jeune bouton de Malaxis paludosa, les membranes du clinandre et l'anthère fertile, pour la forme, la texture, la hauteur à laquelle les trachées atteignent, se ressemblent d'une manière très-frappante : il est impossible de ne pas voir dans ces deux membranes deux anthères rudimentaires. Chez une Épidendrée, l'Evelyna, le clinandre est de forme semblable, et il en est de même, chez les Masdevallia, des cornes du clinandre qui servent pareillement à maintenir le labellum à une distance convenable de la colonne. Chez le Liparis pendula et quelques autres plantes, non-seulement ces deux anthères rudimentaires forment le clinandre, mais elles s'avancent comme deux ailes de chaque côté de l'entrée de la cavité stigmatique, et servent à guider l'introduction des masses polliniques. Dans les genres Acropera et Stanhopea, autant que j'ai pu m'en assurer, les bordures membraneuses qui descendent le long de la colonne jusqu'à sa base, ont la même origine; mais dans d'autres cas, comme chez les Cattleya, les bordures ailées de la colonne m'ont paru être de simples développements des deux carpelles. Dans ce dernier genre et dans le genre Catasetum, les deux mêmes étamines rudimentaires, si l'on juge d'après la situation des vaisseaux, servent surtout à raffermir la partie dorsale de la colonne; et consolider de même la partie antérieure est l'unique fonction de la troisième étamine ($a\,3$) du verticille interne, dans le cas où j'ai pu la découvrir. Cette troisième étamine remonte au milieu de la colonne, jusqu'au bord inférieur ou lèvre de la cavité du stigmate.

J'ai dit que chez les Ophrydées et les Néottiées, les trachées marquées $a\,1$, $a\,2$, $a\,3$ dans le diagramme manquent totalement, et je les ai cherchées avec soin; mais chez presque tous les membres de ces deux tribus, deux petites papilles, souvent nommées oreillettes, se voient exactement dans la position que les deux premières de ces trois anthères occuperaient, si elles s'étaient développées. Non-seulement elles se trouvent dans cette position, mais la colonne, dans quel-

ques cas, comme chez le Cephalanthera, présente de
chaque côté une ligne proéminente, courant de ces
deux oreillettes aux bases ou aux nervures médianes
des deux pétales supérieurs, c'est-à-dire précisément
suivant la direction des filets des deux étamines en
question. De plus, on ne saurait douter que les membranes du clinandre, chez le Malaxis, ne soient formées par ces deux anthères dans un état de modification et d'atrophie. On peut maintenant, depuis le
clinandre parfait du Malaxis, en passant par ceux du
Spiranthes, du Goodyera, de l'Epipactis latifolia et
de l'E. palustris (voy. *fig.* 14, p. 104, et 13, p. 96),
jusqu'aux oreillettes petites et légèrement aplaties du
genre Orchis, tracer une gradation complète. J'en
conclus que ces oreillettes sont doublement rudimentaires; car ce sont les rudiments des parois membraneuses du clinandre, qui elles-mêmes sont les rudiments des deux anthères dont j'ai si souvent parlé.
L'absence de trachées se rendant aux oreillettes ne
semble nullement suffire pour renverser ces quelques
suppositions sur leur nature si controversée; la
preuve que ces vaisseaux peuvent tout à fait disparaître nous est fournie par le Cephalanthera grandiflora, chez lequel le rostellum et ses trachées ont
complétement avorté.

En résumé, des six étamines ou anthères qui doivent être représentées chez toute Orchidée : les trois
qui appartiennent au verticille externe sont toujours

présentes, la supérieure est généralement fertile, et
les deux inférieures, invariablement pétaloïdes, font
partie du labellum; les trois qui composent le verticille interne sont moins bien développées, surtout l'inférieure, *a* 3, qui, lorsqu'on peut la découvrir, sert seulement à renforcer la colonne, et dans
quelques cas rares, selon R. Brown, forme une saillie
distincte ou un filament. Les deux anthères supérieures de ce verticille interne sont fertiles chez les
Cypripedium, et dans les autres cas, sont généralement représentées par des expansions membraneuses
ou par de petites oreillettes sans trachées; toutefois,
ces oreillettes elles-mêmes peuvent faire complètement défaut, comme chez quelques espèces d'Ophrys.

Ces notions sur les homologies des fleurs d'Orchidées nous permettent de comprendre l'existence de
la remarquable colonne centrale, la grandeur, la
forme généralement tripartite et le mode spécial d'attachement du labellum, l'origine du clinandre, la
position relative de l'unique anthère fertile chez la
plupart des Orchidées et des deux anthères fertiles
chez les Cypripedium, la situation du rostellum et
celle des autres organes, enfin la division fréquente
du stigmate en deux lobes et la présence plus rare de
deux stigmates distincts.

Je n'ai rencontré qu'un seul cas auquel il me fût
difficile d'appliquer les vues précédentes, celui des
deux genres voisins, Habenaria et Bonatea. Ces fleurs

ont subi une déformation si extraordinaire, par suite
de l'écartement considérable des deux loges de leur
anthère et des deux disques visqueux de leur rostellum, qu'une anomalie n'a chez elles rien de surprenant. Cette anomalie porte seulement sur les trachées qui se rendent aux côtés du sépale et des deux
pétales supérieurs ; celles qui forment les nervures
médianes de ces pièces ou se distribuent aux organes
plus importants, suivent identiquement le même trajet que chez toutes les autres Ophrydées. Les trachées
latérales du sépale supérieur, au lieu de s'unir à
celles de la côte médiane pour se jeter dans le groupe
ovarien postérieur, divergent et tombent dans les
groupes postéro-latéraux : de même, les trachées de
la face antérieure des pétales supérieurs, au lieu de
s'unir à celles de la côte médiane pour se jeter dans
les groupes ovariens postéro-latéraux, divergent et
s'écartent de leur tracé ordinaire, pour se joindre aux
groupes antéro-latéraux.

L'importance de cette anomalie dépend du doute
qu'elle peut jeter sur la vérité de ma proposition,
que le labellum est toujours un organe composé d'un
pétale et de deux étamines pétaloïdes ; car si l'on
venait à avancer que, pour quelque cause inconnue,
chez un ancien représentant de la famille des Orchidées, les vaisseaux latéraux du pétale inférieur se
soient détournés de leur trajet primitif pour se jeter
dans les groupes ovariens antéro-latéraux, et que

cette particularité se soit perpétuée par hérédité chez toutes les Orchidées actuelles, même chez celles dont le labellum est le plus petit et le plus simple, je ne pourrais donner que la réponse suivante; mais elle est, je crois, satisfaisante. On peut s'attendre à trouver dans les fleurs d'Orchidées, par analogie avec les autres fleurs de plantes monocotylédones, quinze organes plus ou moins dissimulés, arrangés en cinq verticilles alternes; or on trouve quinze groupes de vaisseaux arrangés précisément ainsi. D'après cela, il y a une forte probabilité pour que les vaisseaux des groupes A 2 et A 3, qui pénètrent dans les parties latérales du labellum, non pas dans un ou deux cas, mais chez toutes les Orchidées que j'ai vues, et qui sont placés absolument comme ils le seraient s'ils desservaient deux étamines normales, représentent réellement des étamines modifiées ou pétaloïdes, et ne soient pas les vaisseaux latéraux du pétale inférieur qui se seraient écartés de leur trajet primitif. D'autre part, dans les genres Habenaria et Bonatea[1], les vaisseaux venant

---

[1] Chez le *Bonatea speciosa*, dont je n'ai examiné que des échantillons desséchés, envoyés par le docteur Hooker, les trachées provenant des côtés du sépale supérieur se jettent dans le groupe ovarien postéro-latéral, exactement comme chez les Habenaria. Les deux pétales supérieurs sont fendus jusqu'à leurs bases, et les vaisseaux du segment antérieur s'unissent à ceux de la *portion antérieure* du segment postérieur pour se jeter, comme chez les Habenaria et contrairement à la règle ordinaire, dans les groupes antéro-latéraux. Les segments antérieurs des deux pétales supérieurs se soudent au labellum, qui se trouve

des côtés du sépale et des deux pétales supérieurs et se jetant dans des groupes ovariens inaccoutumés, ne peuvent représenter aucun organe autrefois distinct et actuellement disparu.

Nous avons terminé maintenant l'étude des homologies générales de la fleur chez les Orchidées. Il est intéressant de jeter les yeux sur une des espèces étrangères les plus magnifiques, ou seulement sur une de nos plus humbles formes, et d'observer combien elle apparaît profondément modifiée quand on la compare à toutes les fleurs ordinaires. Cette fleur, avec son labellum généralement grand, formé d'un pétale et de deux étamines pétaloïdes, avec ses curieuses mas-

---

ainsi, de la manière la plus spéciale, divisé en cinq segments. Les deux stigmates, merveilleusement saillants, se soudent aussi à la face supérieure du labellum, tandis que les sépales inférieurs paraissent se souder à son côté inférieur. Par conséquent, une section de la base du labellum divise le pétale inférieur, deux anthères pétaloïdes, des parties des deux pétales supérieurs et, sans doute, des deux sépales inférieurs et des deux stigmates : elle coupe en tout ou en partie non moins de sept ou neuf organes. La base du labellum est ici un organe aussi complexe que la colonne des autres Orchidées.

[La structure et le mode de fertilisation de cette merveilleuse Orchidée sont maintenant complétement décrites par M. R. Trimen (*Journ. of Linn. Soc.*, vol. IX, bot. 1865, p. 156). Une saillie ou cheville qui s'élève de la base du labellum est une des particularités les plus remarquables, car elle contraint l'insecte d'introduire sa trompe d'un côté, et de cette manière il atteint un des disques. M. J.-B. Mansel Weale a publié aussi (*ibid.*, vol. X, p. 470, 1869) des observations analogues sur une seconde espèce, le *Bonatea Darwini*. Il a pris un papillon sauteur, un *Pyrgus elmo*, tout à fait embarrassé par le nombre des pollinies qui s'étaient attachées à son sternum. Je ne connais aucun autre cas dans lequel les pollinies s'attachent au sternum d'un Lépidoptère.] C. D., mai 1869.

ses polliniques dont je vais maintenant m'occuper, et sa colonne résultant de la soudure de sept organes, dont trois seulement remplissent leur fonction naturelle, savoir, une anthère et deux stigmates ordinairement soudés, tandis qu'un troisième stigmate est incapable d'être fécondé, mais se transforme et devient le merveilleux rostellum, et que trois anthères, semblablement incapables de produire du pollen, servent à protéger le pollen de l'anthère fertile ou à consolider la colonne, ou sont réduites à l'état rudimentaire, ou disparaissent entièrement ; cette fleur, quelle somme de modifications, de changements de fonction, de soudures et d'avortements elle réunit ! Et pourtant nous savons que dans cette colonne et les pétales et sépales qui l'entourent, se trouvent cachés, disposés trois par trois sur cinq verticilles concentriques alternes, quinze faisceaux vasculaires qui sans doute ont subsisté jusqu'au temps présent pour s'être développés dans chaque fleur dès le début de son évolution, avant la formation ou l'existence de telle ou telle partie nécessaire au bien-être de la plante.

Pouvons-nous, en vérité, être satisfaits d'admettre que chaque Orchidée a été créée, exactement telle que nous la voyons aujourd'hui, d'après un certain « type idéal, » et que le tout-puissant Créateur, ayant tracé un plan unique pour toute la famille, n'a pas voulu s'écarter de ce plan ? qu'ainsi, le Créateur a fait accomplir au même organe diverses fonctions, souvent

insignifiantes par rapport à sa fonction primitive, a
réduit d'autres organes à de simples rudiments sans
usage, et les a tous disposés comme s'ils devaient rester
séparés, pour les souder ensuite ? N'est-il pas plus
simple et plus intelligible d'admettre que toutes les
Orchidées doivent leurs caractères communs à leur
descendance de quelque plante monocotylédone, qui
comme tant d'autres plantes du même embranche-
ment, possédait quinze organes, disposés trois par
trois sur cinq verticilles alternes; et que la structure
présente de leur fleur, si merveilleusement changée,
a été acquise par une longue suite de lentes modifications, chaque modification utile ayant été fixée,
pendant le cours des changements incessants auxquels
le monde organique et le monde inorganique ont été
exposés ?

De la gradation des organes. — Le rostellum, les
pollinies, le labellum, et à un moindre degré la colonne, sont les parties les plus remarquables de l'organisme des Orchidées. Je me suis déjà suffisamment
étendu sur les deux dernières. Quant au rostellum,
hors de la famille des Orchidées, il n'existe aucun
organe qui lui soit comparable. Si les homologies de
ces fleurs n'étaient pas assez bien connues, ceux qui
croient à la création distincte de chaque être pourraient s'appuyer sur ce fait, et citer le rostellum
comme un organe absolument nouveau, spécialement
créé, qui ne saurait être dérivé d'aucun organe

préexistant par voie de modifications lentes et succes
sives. Mais, Brown l'a remarqué depuis longtemps, ce
n'est pas un organe nouveau. Il est impossible de jeter
les yeux sur les deux groupes de trachées (*fig.* 32,
p. 279) qui vont des nervures médianes des deux sépales inférieurs aux deux stigmates inférieurs quelquefois tout à fait distincts, puis sur le troisième
groupe de ces vaisseaux allant de la nervure médiane
du sépale supérieur au rostellum, qui occupe exactement la place d'un troisième stigmate, sans reconnaître sa nature homologique. Il y a toute raison de
croire que ce stigmate supérieur tout entier, et non pas
simplement une partie, s'est transformé en rostellum ;
car dans beaucoup de cas il y a deux stigmates, mais
jamais il n'y en a trois chez les Orchidées qui ont un
rostellum. D'autre part, chez les Cypripedium et les
Apostasia (ce dernier genre était rangé par Brown
parmi les Orchidées), il n'y a point de rostellum et
la surface du stigmate est trifide.

Ne connaissant que les plantes actuellement existantes, il nous est impossible de suivre tous les degrés
par lesquels le stigmate supérieur a passé pour devenir le rostellum ; mais voyons quels sont les faits favorables à l'hypothèse d'une telle transformation. Le
changement physiologique n'a pas été aussi grand
qu'il semble tout d'abord. La fonction du rostellum
est de sécréter une grande quantité de matière visqueuse ; il n'est plus apte à être traversé par les

tubes polliniques, et par conséquent, a perdu sa fertilité ; mais cette perte est si commune parmi les
plantes, qu'elle mérite à peine d'être mentionnée. Les
stigmates des Orchidées, comme ceux de la plupart
des autres plantes, sécrètent une matière visqueuse
dont l'usage est toujours de retenir le pollen, quand
par un moyen quelconque il est déposé sur leur surface. Maintenant, examinons le rostellum le plus
simple, par exemple, celui d'un Cattleya ou d'un Epidendrum. Nous trouverons une couche épaisse de matière visqueuse, qui n'est pas distinctement séparée
de la surface gluante des deux stigmates soudés : sa
fonction est simplement d'enduire le dos d'un insecte
qui sort de la fleur et de lui attacher les masses polliniques : elles sont ainsi tirées hors de l'anthère et
transportées sur une autre fleur, et là, retenues par
la surface presque aussi visqueuse du stigmate. Le
rôle du rostellum est donc encore de mettre en sûreté les masses polliniques, mais indirectement, en
les attachant au corps d'un insecte.

La matière visqueuse du rostellum et celle du stigmate paraissent avoir presque les mêmes caractères :
celle du rostellum a généralement la propriété spéciale de se dessécher promptement ou de durcir ;
celle du stigmate, quand on la retire de la plante,
semble se dessécher plus vite que de l'eau gommée
au même degré de viscosité. Cette tendance à la dessiccation est très - remarquable, car, d'après Gært-

ner[1], des gouttes de la sécrétion stigmatique d'une
Nicotiane n'ont pu se dessécher en deux mois. Chez
beaucoup d'Orchidées, la matière visqueuse du rostellum, quand on l'expose à l'air, change de couleur
avec une rapidité remarquable et devient d'un brun
pourpré ; j'ai observé un changement de couleur
semblable, quoique lent, dans la sécrétion visqueuse
des stigmates de quelques Orchidées, entre autres le
Cephalanthera grandiflora. Quand on place dans l'eau
le disque visqueux d'un Orchis, comme l'ont aussi
constaté Brown et Bauer, de petites parcelles en sont
expulsées avec violence et d'une manière particulière,
et j'ai observé exactement le même fait sur la couche
de matière visqueuse qui recouvrait les utricules
stigmatiques, dans une fleur non épanouie de Mormodes ignea.

Pour comparer en détail la structure du rostellum
à celle du stigmate, j'ai examiné de jeunes boutons
des Epidendrum cochleatum et floribundum, fleurs
qui, à leur complet développement, ont un rostellum
simple. La surface postérieure était la même dans les
deux organes; le rostellum, à cette période peu avancée, se composait d'un amas de cellules presque orbiculaires, contenant des sphérules de matière brune,
qui se résolvent plus tard en matière visqueuse : le
stigmate était couvert d'une couche plus mince de

---

[1] *Beiträge zur Kenntniss der Befruchtung*, 1844, s. 236.

cellules semblables, et au-dessous d'elles étaient les utricules fusiformes adhérentes. On pense que ces utricules sont en rapport avec la pénétration des tubes polliniques, et leur absence dans le rostellum explique sans doute sa stérilité. Sur un bouton, n'ayant pas trouvé dans le stigmate, la couche extérieure de cellules presque orbiculaires qui paraît sécréter la matière visqueuse et que mentionnent des observateurs plus expérimentés, je ne peux m'empêcher d'avoir quelque doute à ce sujet ; toutefois, je n'ai nulle autre raison pour suspecter l'exactitude de mes recherches. Si la structure du rostellum chez une des Orchidées les plus simples, et celle du stigmate, sont telles que je les ai décrites, leur seule différence est que, chez le rostellum, la couche de cellules qui sécrète la matière visqueuse est plus épaisse et les utricules ont disparu.

D'après cela, on peut très-bien concevoir que pendant le cours d'une transformation lente, le stigmate supérieur, tandis qu'il est encore jusqu'à un certain degré fertile ou susceptible d'être traversé par les tubes polliniques, puisse sécréter un excès de matière visqueuse ; et que les insectes, en s'enduisant de cette matière, parviennent à retirer les masses polliniques et à les transporter sur les stigmates des autres fleurs. Ainsi se serait formée une ébauche de rostellum.

Les détails suivants sur le rostellum et les pollinies intéresseront seulement celui qui se préoccupe

beaucoup de l'organisation des Orchidées, ou qui
désire voir jusqu'à quel point deux états très-diffé-
rents d'un même organe peuvent être reliés l'un à
l'autre, dans les limites d'une seule famille. Si l'on
parcourt les sept tribus, on voit que le rostellum offre
une merveilleuse diversité de structure ; mais la plupart de ses états peuvent être reliés sans laisser entre
eux de trop grandes lacunes. L'une des variations les
plus frappantes consiste en ce que, tantôt toute la
surface antérieure jusqu'à une certaine profondeur,
et tantôt la portion centrale seule deviennent visqueuses; dans ce dernier cas, chez les Orchis par
exemple, la surface reste membraneuse. Mais entre
ces deux états il y a tant de transitions insensibles,
qu'il est à peine possible de tirer une ligne de séparation : ainsi, chez les Epipactis, la surface extérieure s'écarte beaucoup de sa nature cellulaire primitive; elle se convertit en une membrane très-élastique et tendre, qui est elle-même légèrement visqueuse, et laisse volontiers exsuder la matière visqueuse qu'elle recouvre; toutefois, c'est encore une
membrane, dont une couche plus épaisse de matière
visqueuse enduirait la surface inférieure. Chez l'Habenaria chlorantha la surface extérieure est très-visqueuse, mais ressemble encore beaucoup, sous le
microscope, à la membrane extérieure de l'Epipactis.
Enfin, chez quelques espèces d'Oncidium, etc.,
la surface visqueuse extérieure, autant que peut

le montrer son aspect sous le microscope, diffère
de la couche visqueuse sous-jacente seulement par
la couleur ; mais il doit y avoir quelque différence
essentielle ; j'ai trouvé en effet que la couche sous-
jacente reste visqueuse tant que la couche extérieure très-mince est intacte, et si elle cesse de
l'être, durcit rapidement. Il ne faut pas s'étonner
de cette gradation dans l'état de la surface du rostellum, car dans le bouton, la surface est toujours
cellulaire ; il ne s'agit donc que de la persistance
plus ou moins parfaite d'un état premier.

La nature de la matière visqueuse varie d'une façon
remarquable parmi les Orchidées : chez le Listera,
elle durcit presque instantanément, plus vite que le
plâtre de Paris ; chez le Malaxis et l'Angræcum, elle
reste fluide et visqueuse pendant quelques jours ; et
entre ces deux extrêmes il y a beaucoup d'intermédiaires. J'ai vu la matière visqueuse d'un Oncidium
se dessécher en une minute et demie ; à celle de quelques espèces d'Orchis il faut deux ou trois minutes ;
chez l'Epipactis il en faut dix, chez le Gymnadenia
deux heures, chez l'Habenaria plus de vingt-quatre
heures. Quand la matière visqueuse d'un Listera s'est
durcie, ni l'eau ni l'esprit-de-vin faible n'ont d'action sur elle ; celle de l'Habenaria bifolia, au contraire,
après avoir séjourné dans l'alcool et avoir été desséchée pendant quelques mois, devient, quand on l'humecte, aussi gluante que jamais ; la matière visqueuse

de certaines espèces d'Orchis, en pareil cas, présente un état intermédiaire.

Une des variations les plus importantes du rostellum porte sur ce que les pollinies lui sont ou ne lui sont pas congénitalement attachées. Je ne fais pas allusion aux cas dans lesquels la surface supérieure du rostellum devient visqueuse, comme chez le Malaxis et quelques Epidendrum, et s'attache sans intervention mécanique aux masses de pollen ; ces cas ne présentent pas de difficulté, et on peut les relier par une gradation. Mais je m'occupe de ce qu'on appelle l'attachement congénital des pollinies par leurs caudicules. Il n'est pas strictement correct de parler d'un attachement congénital, car au début, les pollinies sont invariablement libres ; elles ne s'attachent au rostellum qu'ensuite, plus ou moins promptement selon les espèces. On ne connait point de gradation actuelle dans le mode d'attachement ; mais on peut montrer qu'il dépend de conditions et de modifications très-simples. Chez les Épidendrées, les pollinies se composent d'une masse de pollen cireux, avec un long caudicule (formé de fils élastiques auxquels adhèrent des grains de pollen) qui ne s'attache jamais spontanément au rostellum. D'autre part, le Cymbidium giganteum a un caudicule attaché congénitalement à cet organe, mais sa structure est identiquement la même, avec cette seule différence que les fils élastiques, près de sa base, adhèrent à la lèvre supérieure du rostellum au lieu de reposer simplement sur elle.

Sur une forme voisine, l'Oncidium unguiculatum, j'ai suivi le développement des caudicules. Les masses polliniques sont d'abord renfermées dans des loges membraneuses ; bientôt ces loges se rompent sur un de leurs points. A cette période peu avancée, on peut découvrir dans la fente que présente chaque masse pollinique une couche de substance cellulaire, avec des cellules d'assez grande dimension, chargées d'une matière notablement opaque. On peut suivre tous les degrés de transformation par lesquels passe ce contenu, pour devenir la trame translucide des filaments du caudicule. A mesure que ce changement s'effectue, les cellules disparaissent. Finalement, ces fils adhèrent par une de leurs extrémités au pollen cireux, et par l'autre, tandis qu'ils ne sont encore qu'à demi développés, sortent par la petite ouverture de la loge membraneuse et s'attachent au rostellum, contre lequel l'anthère est pressée. Ainsi, l'attachement des pollinies à la face dorsale du rostellum semble dépendre uniquement de la rupture prématurée des parois de l'anthère, et d'une légère saillie que font les caudicules par l'ouverture ainsi formée, avant qu'ils ne se soient entièrement développés et durcis.

Chez toutes les Orchidées une portion du rostellum est réellement enlevée par les insectes avec les pollinies ; car la matière visqueuse, bien que j'en aie jus-

tement parlé comme d'une sécrétion, est une partie
modifiée du rostellum. Mais chez celles dont les caudicules s'attachent de bonne heure au rostellum, une
portion solide, membraneuse, non modifiée de sa
surface extérieure, est également retirée. Chez les
Vandées, cette portion est parfois d'une taille considérable (elle forme le disque et la pédicelle de la
pollinie) et donne aux pollinies leur caractère le plus
saillant; mais les variations de forme et de taille
qu'offrent les portions enlevées du rostellum, même
chez les Vandées, peuvent très-bien être réunies en
série graduelle; et la série sera plus parfaite encore,
si l'on remonte au minime fragment de membrane
ovalaire auquel s'attache le caudicule d'un Orchis,
pour arriver au disque de l'Habenaria bifolia, à celui
de l'H. chlorantha avec son pédicelle en forme de
tambour; puis de là, en passant par beaucoup d'autres formes, jusqu'au grand disque et au pédicelle
des Catasetum.

Dans tous les cas où une portion de la surface extérieure du rostellum, attachée aux caudicules, est enlevée avec eux, afin qu'elle se détache aisément, il se
forme des lignes de séparation définies et souvent
complexes, ou, du moins, une diminution de la fer-
meté du tissu prélude à leur formation. Mais la formation de ces lignes de plus grande faiblesse rappelle
assez bien ce fait déjà signalé, que certaines portions
définies de la surface extérieure du rostellum pren-

nent une condition intermédiaire entre celle de membrane véritable et celle de matière visqueuse. L'apparition de ces lignes dépend dans beaucoup de cas, peut-être dans tous, de l'excitation produite par un contact ; comment cette excitation agit-elle ? c'est pour le moment inexplicable. Mais la propriété d'être sensible au contact, chez le stigmate (et nous savons que le rostellum est un stigmate modifié) et même chez tous les organes de la végétation, n'est pas très-rare chez les plantes.

Dans les genres Listera et Neottia, il suffit de toucher le rostellum avec un cheveu pour qu'il se rompe sur deux points, et que la matière visqueuse contenue dans son intérieur soit instantanément expulsée. Jusqu'ici, ce cas ne peut être relié aux autres par aucune gradation. Mais le docteur Hooker a montré que le rostellum est d'abord composé de cellules, comme chez les autres Orchidées, et que la matière visqueuse se développant originairement dans ces cellules, reste ensuite, sans doute dans un état de tension, renfermée dans les petites loges, prête à être expulsée dès que la surface extérieure se rompra.

La dernière et remarquable variation du rostellum que je veuille mentionner, se rapporte à l'existence, chez beaucoup d'Ophrydées, de deux disques visqueux largement séparés, quelquefois renfermés dans deux poches distinctes. Il semble tout d'abord qu'il y ait ici deux rostellums ; mais on ne trouve jamais qu'un

seul groupe médian de trachées. On voit chez les Vandées comment un disque visqueux unique et un pédicelle unique peuvent se dédoubler ; car chez quelques Stanhopea le disque cordiforme montre une
trace de tendance à la division ; et chez les Angræcum,
il y a deux disques distincts et deux pédicelles, rapprochés l'un de l'autre ou un peu écartés.

On pourrait croire qu'une gradation semblable,
d'un rostellum unique à deux rostellums en apparence distincts , est encore plus évidente chez les
Ophrydées ; car on a la série suivante : chez l'Orchis
pyramidalis, un seul disque dans une seule poche ;
chez l'Aceras, deux disques se touchant et empiétant
l'un sur l'autre, mais non réellement fondus en un
seul ; chez les Orchis latifolia et maculata, deux disques tout à fait distincts, avec une poche ne montrant
encore que des indices de division ; et enfin, dans le
genre Ophrys, deux poches parfaitement distinctes,
qui contiennent deux disques aussi évidemment distincts. Mais cette série n'indique pas les premiers
degrés par lesquels un rostellum simple aurait passé
pour se diviser en deux organes séparés ; elle montre
au contraire comment deux rostellums anciennement
séparés se seraient, dans quelques cas, fusionnés en
un seul.

Cette conclusion est fondée sur la nature de la petite crête médiane (quelquefois appelée saillie rostellienne) qui se voit entre les bases des loges de l'an-

thère (voy. *fig.* 1, B et D, p. 10). Dans les deux divisions des Ophrydées (celles à disques nus et celles à disques enfermés dans une poche), toutes les fois que les deux disques sont très-rapprochés l'un de l'autre, on trouve cette crête médiane[1]. D'autre part, quand les disques sont largement séparés, le sommet du rostellum situé entre eux est lisse, ou presque lisse. Dans l'Orchis grenouille (Peristylus viridis), ce sommet est voûté, et incliné comme le toit d'une maison; c'est le premier degré de la formation d'une crête recourbée. Chez l'Herminium, qui a deux gros disques séparés, il y a cependant une crête notablement plus développée qu'on n'aurait pu le prévoir; chez le Gymnadenia conopsea, l'Orchis maculata et d'autres, ce repli forme une mince coiffe membraneuse; chez l'O. mascula, les deux bords de cette coiffe sont en partie adhérents; chez l'O. pyramidalis et l'Aceras, elle est convertie en une proéminence pleine. Ces faits ne sont intelligibles que dans cette hypothèse : tandis que, durant une longue suite de générations, s'opérait graduellement la fusion de deux disques en un seul, la portion intermédiaire ou sommet du rostellum s'est voûtée de plus en plus, est arrivée à former ainsi

---

[1] Le professeur Babington (*Manual of British Botany*, 3ᵐᵉ édit., se sert de l'existence de cette « saillie rostellienne » comme d'un caractère pour distinguer les genres Orchis, Gymnadenia et Aceras des autres genres d'Ophrydées. Les trachées du rostellum se rendent vers et même dans la base de cette crête ou saillie.

un repli saillant, puis enfin une proéminence pleine.

Que nous comparions entre eux les états variés du rostellum dans les diverses tribus des Orchidées, ou le rostellum avec le carpelle et le stigmate des fleurs ordinaires, les différences sont merveilleusement grandes. Un carpelle simple, chez une plante ordi-

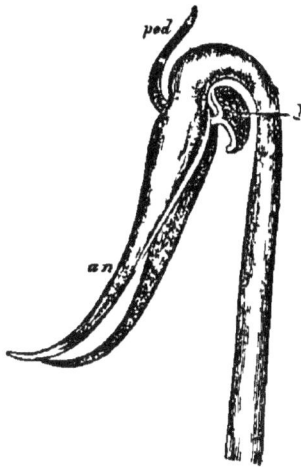

Fig. 33.

ROSTELLUM D'UN CATASETUM.

an. ANTENNES DU ROSTELLUM.　　ped. PÉDICELLE DU ROSTELLUM, AU-
d. DISQUE VISQUEUX.　　　　　　　QUEL LES MASSES POLL'NIQUES
　　　　　　　　　　　　　　　　　SONT ATTACHÉES.

naire, est un cylindre surmonté d'une petite surface visqueuse. Quel contraste offre avec lui le rostellum d'un Catasetum, lorsqu'on l'a séparé des autres éléments de la colonne! Comme j'ai suivi le cours de toutes les trachées chez cette Orchidée, on peut admettre que le dessin est approximativement exact. L'organe tout entier a perdu sa fonction normale de

fertilité. Sa forme est des plus singulières : son extrémité supérieure est épaissie et recourbée, et se prolonge en deux antennes sensibles, terminées en
pointe, creuses à l'intérieur comme les dents à venin
d'une vipère. En arrière et entre les bases de ces antennes, se voit un gros disque visqueux, attaché à un
pédicelle dont la structure diffère de celle de la portion sous-jacente du rostellum, et qui en est séparé
par une couche de tissu hyalin se dissolvant spontanément. Le disque, attaché aux parties environnantes
par une membrane qui se rompt sous l'influence de
l'excitation produite par un contact, est formé en
haut d'un tissu ferme, et au-dessous, d'un coussin
élastique revêtu de matière visqueuse ; cette matière
elle-même, chez beaucoup d'Orchidées, est recouverte
d'une pellicule de nature différente. Quelle prodigieuse
spécialisation des parties nous voyons ici ! L'examen
des Orchidées décrites dans ce volume, bien qu'elles
soient relativement peu nombreuses, nous ayant
montré tant et de si évidentes gradations dans la
structure du rostellum, et tant de probabilités pour
que le carpelle supérieur se soit originairement con-
verti en cet organe, il devient très-admissible que,
si nous pouvions voir toutes les Orchidées qui aient
jamais existé dans le monde, toutes les lacunes de
la chaîne des Orchidées actuelles et de beaucoup de
chaînes perdues seraient amplement comblées par
une série de transitions faciles.

Nous arrivons aux derniers des organes tout spécialement remarquables chez les Orchidées, à leurs masses polliniques. L'anthère s'ouvre de bonne heure, déposant souvent les masses de pollen mises à nu sur la partie dorsale du rostellum. Ceci est déjà indiqué chez les Canna, membres de la famille la plus voisine de celle des Orchidées, chez lesquels le pollen est déposé sur le pistil, immédiatement au-dessous du stigmate. Il y a de grandes variations dans l'état du pollen : chez les Cypripedium, fleurs si anormales, les grains sont plongés isolément dans un fluide glutineux ; chez toutes les autres Orchidées (sauf le genre dégradé Cephalanthera), chaque grain se compose généralement d'une réunion de quatre granules [1]. Ces grains composés sont reliés par des fils élastiques, ou

---

[1] Dans quelques cas, j'ai vu les quatre granules émettre quatre tubes polliniques. Sur quelques fleurs demi-monstrueuses de *Malaxis paludosa* et d'*Aceras anthropophora* et sur des fleurs normales de *Neottia nidus-avis*, j'ai vu les grains de pollen émettre leurs tubes, tandis qu'ils étaient encore dans l'anthère et non pas sur le stigmate. J'ai cru devoir mentionner ce fait, car R. Brown (*Linn. Transact.*, vol. XVI, p. 729) rapporte, sans doute avec quelque surprise, que du pollen enfermé dans l'anthère, sur une fleur avancée d'Asclepias, produisit des tubes polliniques. Ces exemples montrent que ces tubes, du moins tout d'abord, se forment aux dépens du contenu des grains de pollen.

Ayant parlé des fleurs monstrueuses d'Aceras, j'ajouterai que j'en ai vu quelques-unes, toujours les plus basses de l'inflorescence ; le labellum y était à peine développé et pressé contre le stigmate. Le rostellum ayant avorté, les pollinies n'avaient pas de disques visqueux ; mais leur trait le plus curieux était celui-ci : les deux loges de l'anthère, sans doute par suite de la position du labellum rudimentaire, s'étaient largement séparées et se trouvaient réunies par une membrane connective presque aussi large que celle de l'*Habenaria chlorantha*.

unis par un ciment inconnu en masses dites cireuses. Les masses cireuses ainsi formées sont nombreuses chez les Ophrydées ; chez les Épidendrées et les Vandées, leur nombre se réduit à huit, quatre, deux, et enfin, par la fusion de ces deux, à une seule. Chez les Épidendrées il y a deux sortes de pollen dans la même anthère ; on y trouve en effet des masses cireuses, et des caudicules formés de fils élastiques auxquels sont attachés de nombreux grains composés.

Je ne peux jeter aucune lumière sur le mode d'adhérence des grains de pollen dans les masses cireuses ; quand ces masses ont séjourné trois ou quatre jours dans l'eau, les grains composés se séparent aisément l'un de l'autre, mais les granules qui forment chaque grain restent fermement unis : ainsi, la nature de l'adhérence n'est pas la même dans les deux cas. Les fils élastiques qui relient les paquets de pollen chez les Ophrydées, et qui s'avancent fort loin dans l'intérieur des masses cireuses chez les Vandées, sont aussi d'une nature différente ; car le chloroforme ou une longue immersion dans l'alcool agit sur eux, tandis que ces fluides n'ont pas d'effet particulier sur la cohésion des masses cireuses. Chez quelques Épidendrées et Vandées, les grains extérieurs de la masse diffèrent des grains intérieurs ; ils sont plus gros, et ont des parois plus jaunes et plus épaisses. Ainsi, dans le contenu d'une seule loge d'anthère, on voit une variation surprenante de structure: des granules soudés quatre à quatre, ce qui paraît dû à leur mode de développement, et des grains composés en partie reliés par des fils, en partie unis et pétris ensemble, les extérieurs différant des intérieurs.

Chez les Vandées, le caudicule, composé de fins fils cohérents, se développe aux dépens du contenu semi-fluide des cellules d'une couche membraneuse. J'ai constaté que le chloroforme agit de même, d'une manière particulière et énergique, sur les caudicules de toutes les Orchidées et sur la matière glutineuse qui enveloppe les grains de pollen des Cypripedium, matière que l'on peut aisément étirer en fils ; on peut donc supposer que dans cet organisme plus simple des Cypripedium, nous voyons l'état primordial des fils élastiques qui servent à relier les grains de pollen chez tant d'autres Orchidées plus élevées en organisation[1].

[1] Auguste Saint-Hilaire dit (*Leçons de botanique*, 1841, p. 447) que les fils élastiques existent dans le jeune bouton lorsque les grains de pol len ont commencé à se former, sous forme de fluide épais et semblable à de la crème. Ses observations sur l'*Ophrys apifera*, ajoute-t-il, lui ont montré que ce fluide est sécrété par le rostellum et qu'il s'écoule lente-tement goutte par goutte dans l'anthère. Si cette assertion n'était pas celle d'un savant de tant de valeur, je ne la citerais pas ici, car elle est certainement erronée. Dans des boutons d'*Epipactis latifolia* j'ai ou-vert l'anthère, alors entièrement fermée et séparée du rostellum, e j ai trouvé les grains de pollen réunis par les fils élastiques. Le *Cepha-lanthera grandiflora* n'a pas de rostellum pour sécréter le fluide épais, et cependant les grains de pollen sont unis de même. Sur un spécimen monstrueux d'*Orchis pyramidalis*, les oreillettes, ou anthères rudimen-taires situées de chaque côté de l'anthère véritable, s'étaient en partie

Le caudicule, quand il est bien développé et dépourvu de grains de pollen, est ce qu'il y a de plus
frappant dans les pollinies. Chez quelques Néottiées,
notamment le Goodyera, nous le voyons à l'état naissant, dépassant à peine la masse pollinique, et ses
fils élastiques ne sont que partiellement unis. Si, chez
les Vandées, on suit la gradation, du caudicule ordinaire nu au caudicule presque nu des Lycaste et à
celui des Calanthe, jusqu'à celui du Cymbidium
giganteum, qui est couvert de grains de pollen, il
semble probable que cet organe soit arrivé à son
état habituel par une modification d'une pollinie, telle
que celle d'une Épidendrée, savoir : par l'avortement
des grains de pollen qui étaient primitivement attachés à des fils élastiques séparés, et par la soudure
de ces fils.

C'est en partie ainsi que s'est formé le caudicule
allongé, ferme et nu des Ophrydées ; nous en avons
une preuve meilleure que celle fournie par une simple
gradation. Au milieu de ce caudicule transparent,
j'avais souvent observé une sorte de nuage ; et en ouvrant avec attention celui de l'Orchis pyramidalis, j'ai
trouvé sur quelques échantillons, au centre, exactement à égale distance des paquets de pollen et du

développées et se trouvaient manifestement d'un côté du rostellum et
du stigmate ; j'ai trouvé dans l'une d'elles un caudicule distinct (qui
n'avait nécessairement point de disque à son extrémité), et ce caudicule
ne pouvait certainement pas avoir été sécrété par le stigmate. Je pourrais donner encore d'autres preuves, mais ce serait superflu.

disque visqueux, quelques grains de pollen (composés,
comme à l'ordinaire, de quatre granules soudés) tout
à fait libres. Il est impossible que ces grains, ainsi enfouis, soient déposés sur le stigmate d'une fleur, et ils
sont absolument inutiles. Ceux qui peuvent se per-
suader que des organes ont été créés spécialement
sans but, tireront peu de conclusions de ce fait. Ceux
au contraire qui croient à une modification lente des
êtres organisés, ne seront pas surpris que le changement n'ait pas été toujours parfaitement complet, que
pendant et après les phases nombreuses de l'avortement des grains de pollen inférieurs et de la soudure
des fils élastiques, il y ait encore eu tendance à la production d'un petit nombre de grains au point où ils
s'étaient primitivement développés, et que par conséquent ces grains aient été englobés dans les fils déjà
cohérents du caudicule. Les petites masses nuageuses
formées par les grains de pollen libres dans les caudicules de l'Orchis pyramidalis, seront pour eux une
bonne preuve que la masse pollinique de la souche
dont il descend était semblable à celle de l'Epipactis
ou du Goodyera, et que les grains ont lentement disparu des parties inférieures de la masse, laissant les
fils élastiques nus et prêts à se souder en un véritable caudicule.

Comme le caudicule, long ou court selon l'espèce,
joue un rôle important dans la fertilisation, il doit
sans doute s'être développé, à partir de cet état nais-

sant qu'il a conservé chez l'Epipactis, par la fixation
continuelle de divers accroissements de longueur,
chacun d'eux étant avantageux par rapport aux autres
changements qui s'opéraient dans la structure de la
fleur. Mais d'après les faits, nous pouvons conclure
que ce procédé n'a pas été le seul, et que le caudicule
doit une grande partie de sa longueur à l'avortement
des grains de pollen inférieurs. Il est grandement
probable qu'ensuite, dans quelques cas, il s'est beaucoup allongé par voie de sélection naturelle; car,
chez le Bonatea speciosa, le caudicule est actuellement
plus de trois fois aussi long que la masse allongée
des grains de pollen; et on ne peut guère supposer
qu'une masse aussi allongée de grains faiblement
cohérents se soit formée, sans qu'un insecte ait pu
sûrement transporter et appliquer sur le stigmate une
masse pollinique de cette forme et de cette dimension.

Nous avons étudié jusqu'ici les transitions graduelles dans l'état d'un organe isolé. Avec des connais-
sances plus étendues que les miennes, il serait intéressant de suivre aussi loin que possible, dans cette
famille à formes nombreuses et très-voisines les unes
des autres, les transitions graduelles entre les diverses
espèces et les divers groupes. Pour avoir une gradation parfaite, il faudrait pouvoir rappeler à la vie
toutes les formes éteintes qui aient jamais existé, dans
plusieurs séries de générations remontant à la souche

commune de la famille. C'est par suite de leur absence et des lacunes qui en résultent dans les séries, que nous pouvons classer les espèces existantes en groupes bien définis, tels que genres et tribus. Si aucune forme n'avait disparu, il y aurait eu néanmoins de grandes lignes, des branches d'un développement spécial ; les Vandées, par exemple, auraient toujours formé un grand corps, distinct du grand corps des Ophrydées ; mais des formes anciennes et intermédiaires, probablement très-différentes de leurs descendants actuels, auraient rendu la séparation de ces deux grands corps par des caractères rigoureux absolument impossible.

Je risquerai seulement quelques observations. Le genre Cypripedium, par ses trois stigmates développés et son manque de rostellum, par ses deux anthères fertiles et son large rudiment de la troisième, et enfin par l'état de son pollen, semble être une forme réalisée lorsque la famille était encore dans un état plus simple, et qui aurait échappé à l'extinction. Près de lui se place le genre Apostasia, admis par R. Brown au nombre des Orchidées, mais rangé par Lindley dans une petite famille distincte. Ces groupes frappés d'arrêt ne nous révèlent pas la nature de la souche commune de toutes les Orchidées, mais ils servent sans doute à nous montrer l'état de la famille à des périodes reculées, alors qu'aucune forme n'était encore aussi profondément différenciée des formes de la même et des autres familles, que le sont nos Orchidées actuelles, et surtout les Vandées et les Ophrydées; et alors que, par conséquent, la famille des Orchidées se rapprochait davantage par l'ensemble de ses caractères, des groupes les plus voisins, tels que celui des Marantacées.

Parmi les autres Orchidées, on peut voir qu'une forme ancienne, par exemple une des Pleurothallidées, dont quelques-unes ont des masses polliniques cireuses avec un petit caudicule pourrait donner naissance, par l'entier avortement du caudicule aux Dendrobiées, et par son accroissement aux Épidendrées. On voit par l'exemple du Cymbidium, avec quelle facilité une forme telle qu'une de nos Épidendrées actuelles pourrait se transformer en une Vandée. Les Néottiées sont presque aux Ophrydées ce que les Épidendrées sont aux Vandées. Dans certains genres de Néottiées, les grains de pollen sont réunis en paquets que relient des fils élastiques, et ceux-ci forment une ébauche de caudicule. Mais ce caudicule ne naît pas de l'extrémité inférieure de la pollinie comme chez les Ophrydées; il ne se détache pas non plus invariablement de l'extrémité supérieure; de sorte que, sur ce point, des transitions intermédiaires ne seraient nullement impossibles. Chez le Spiranthes, la partie dorsale du rostellum, enduite de matière visqueuse, est seule enlevée; la partie antérieure est membraneuse, et se rompt comme le rostellum en forme de poche des Ophrydées. Une forme ancienne, dans laquelle seraient combinés, mais avec un moindre développement, la plupart des caractères du Goodyera, de l'Epipactis et du Spiranthes, pourrait, par de légères modifications subséquentes, donner naissance à toute la tribu des Ophrydées.

Peu de questions en histoire naturelle sont plus vagues et plus ardues que celle de décider quelles formes, dans un vaste groupe, doivent être considé-rées comme les plus élevées[1]; car toutes sont émi-nemment bien appropriées à leurs conditions d'exis-tence. Si l'on prend pour point de comparaison les indices de modifications successives, la différencia-tion des parties et la complexité de structure qui en résulte, les Ophrydées et les Vandées seront les pre-mières. Attache-t-on beaucoup d'importance à la grandeur et à la beauté de la fleur, aux dimensions de la plante entière, les Vandées l'emporteront. Elles ont en outre des pollinies plus complexes, et leurs masses polliniques se réduisent souvent à deux. D'autre part, le rostellum semble s'être plus éloigné de sa nature stigmatique primitive chez les Ophrydées que chez les Vandées. Chez toutes les Ophrydées les

---

[1] La discussion la plus complète et la plus remarquable de cette ques-tion difficile a été publiée par le professeur H.-G. Bronn dans son *Ent-wickelungs-Gesetze der Organischen Welt*, 1858. J'ai lu la traduction française publiée en 1861, *Supplément, Comptes rendus*, tom. II, p. 520 et suiv. Ce grand travail a été couronné par l'Académie des sciences.

anthères du verticille interne ont presque entièrement disparu ; elles sont réduites à l'état d'oreillettes
doublement rudimentaires. Sans doute ces anthères
ont éprouvé une modification considérable ; mais leur
dégradation si profonde peut-elle être considérée
comme un signe d'élévation organique ? Je doute
qu'aucun membre de la famille des Orchidées ait été
plus profondément modifié dans toute sa structure
que le Bonatea speciosa, qui appartient à la tribu
des Ophrydées, et, dans cette même tribu, quoi
de plus parfait que l'ensemble des phénomènes qui
assurent la fécondation chez l'Orchis pyramidalis?
Néanmoins, un sentiment mal défini me porte à placer les magnifiques Vandées au plus haut rang. Si
l'on considère chez les Catasetum, dans cette tribu,
le mécanisme si fini de l'expulsion et du transport
des pollinies, le rostellum doué d'une sorte de sensibilité et si merveilleusement conformé, enfin la séparation des sexes sur des plantes distinctes, on doit
peut-être donner à ce genre la palme de la victoire.

Je dois présenter encore quelques observations,
que je ne pouvais introduire dans le courant de l'ouvrage. Je parlerai d'abord du mécanisme par lequel
les pollinies s'abaissent, chez un si grand nombre d'Orchidées, après avoir été enlevées et exposées pendant
quelques secondes à l'air. Ce mouvement est toujours
dû à la contraction d'une partie de la surface exté-

rieure du rostellum, partie quelquefois très-minime,
comme dans le genre Orchis, et qui reste à l'état
membraneux. Nous avons vu que cette membrane
est, en outre, sensible au moindre contact. Chez un
Maxillaria, c'est le milieu du pédicelle qui se contracte, et dans le genre Habenaria, c'est tout le pédicelle en forme de tambour. Dans toutes les autres
espèces que j'ai examinées, le siége de la contraction
se trouve au point d'attache du caudicule ou du pédicelle avec le disque; mais le disque et le pédicelle

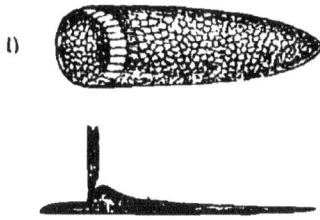

Fig. 34.

DISQUE DU GYMNADENIA CONOPSEA.

sont des parties de la surface extérieure du rostellum.
Mes remarques ne s'appliquent pas aux mouvements
qu'exécutent les pollinies des Vandées en vertu de
leur simple élasticité.

On peut très-bien étudier le mécanisme de l'abaissement, sur le disque allongé en forme de bande du
Gymnadenia conopsea. La figure 10 (p. 80) représente
une pollinie entière, avant et après son mouvement
(mais elle n'est pas complétement abaissée). La figure
ci-dessus montre le disque très-grossi, vu par en

haut avant sa contraction (1), et une coupe longitudinale du même disque, également avant sa contraction, mais avec la partie inférieure du caudicule qui
s'attache à lui et se dirige perpendiculairement à sa
surface (2). A l'extrémité la plus large du disque se
voit une dépression profonde, en forme de croissant,
que borde une petite crête formée de cellules allongées. Le caudicule s'attache aux bords abrupts de
cette dépression et de cette crête. Si maintenant le
disque est exposé à l'air pendant environ trente
secondes, la crête se contracte et s'abat ; en s'abattant,
elle entraîne avec elle le caudicule. Si on la met
alors dans l'eau, elle se relève, et si on l'expose une
seconde fois à l'air, elle s'abaisse de nouveau ; mais
à chaque mouvement, elle perd un peu de sa force.
Chaque fois que le caudicule s'abaisse ou se relève, il
en est de même de la pollinie tout entière.

L'exemple du disque en forme de selle de l'Orchis
pyramidalis montre bien que la faculté d'exécuter ce
mouvement appartient exclusivement à la surface du
rostellum. En effet, ayant détaché sous l'eau les caudicules de ce disque, ainsi que la couche de matière
visqueuse qui tapisse sa surface inférieure, je l'ai
exposé à l'air, et aussitôt la contraction habituelle
s'est produite. Ce disque, et je pense qu'il en est de
même de celui du Gymnadenia conopsea, est formé
de quelques couches de petites cellules qu'un séjour
dans l'esprit-de-vin rend plus facilement visibles, car

leur contenu devient alors plus opaque ; sur les côtés de la selle, ces cellules sont un peu allongées. Tant que la selle reste humide sa surface supérieure est presque plane, mais dès qu'elle se trouve exposée à l'air (voy. *fig.* 3, E, p. 22), elle se contracte immédiament au-dessous du point où s'attache l'extrémité tronquée de chaque caudicule et devient oblique ; il se creuse deux petites vallées en avant des deux caudicules. Cette contraction entraîne les caudicules en bas ; c'est presque comme si l'on creusait deux tranchées en ligne droite au-devant de deux pieux, et qu'on enlevât en même temps le sol qui se trouve au-dessous d'eux. Autant que j'ai pu m'en assurer, c'est une contraction semblable qui détermine l'abaissement des pollinies chez l'Orchis mascula [1].

Quelques pollinies, après avoir passé plusieurs mois collées à une carte, ont été plongées dans l'eau : elles se redressèrent d'abord, puis exécutèrent le mouvement d'abaissement. Une pollinie fraîche, tour à tour humectée et exposée à l'air, peut se dresser et s'abaisser plusieurs fois de suite. Avant d'avoir constaté ces faits, qui semblent indiquer que le mouvement est de nature hygrométrique, je croyais à une action vitale ; j'ai cherché quel serait l'effet du chloroforme, de l'acide prussique, d'une immersion dans

---

[1] [Sur l'*Orchis hircina*, j'ai bien vu au microscope toute la partie antérieure du disque s'abaisser, pendant que s'effectuait le mouvement simultané des deux pollinies.] C. D. mai 1869.

le laudanum : mais ces réactifs n'empêchaient pas le mouvement de s'effectuer. Néanmoins, on éprouve de grandes difficultés à admettre que ce mouvement soit simplement hygrométrique. Chez l'Orchis pyramidalis, les côtés de la selle (voy. *fig.* 5, D, p. 22) se recourbent complétement en dedans en neuf secondes, c'est-à-dire avec une rapidité surprenante si ce phénomène est dû à une simple évaporation ; et c'est la surface inférieure qui se recourbe, elle, par conséquent, qui devrait se dessécher aussi promptement ; mais il ne peut en être ainsi, puisqu'elle est couverte d'une couche épaisse de matière visqueuse : toutefois, les côtés de la selle pourraient bien se dessécher un peu pendant les neuf secondes. Le disque en forme de selle se contracte énergiquement dans l'esprit-de-vin, et si on le plonge ensuite dans l'eau, il s'ouvre de nouveau. Ceci n'indique pas que le phénomène soit purement hygrométrique. Mais que la contraction soit hygrométrique, due à l'endosmose ou à une autre cause quelconque, les mouvements qui en résultent et par lesquels les pollinies s'abaissent, sont admirablement réglés dans chaque espèce de telle sorte que les masses polliniques, lorsque les insectes les transportent d'une fleur à l'autre, prennent la position nécessaire pour frapper la surface du stigmate.

Ces mouvements seraient tout à fait inutiles, si les pollinies ne s'attachaient tout d'abord à l'insecte dans une position déterminée relativement à la fleur, afin de se trouver, après l'abaissement, invariablement tournées vers le stigmate; et pour cela, il faut que les insectes soient amenés à visiter toutes les fleurs de la même espèce d'une manière uniforme. Cette considération me conduit à dire quelques mots des sépales et des pétales. Leur fonction première est certainement de protéger les organes de la fructification dans le bouton, et même après l'entier épanouissement de la fleur, le sépale et les deux pétales supérieurs continuent souvent à jouer leur rôle protecteur. Nous ne pouvons douter qu'ils ne le fassent utilement, lorsque nous voyons, chez le Stelis, les sépales se refermer si exactement et protéger de nouveau la fleur après qu'elle est demeurée quelque temps ouverte; chez le Masdevallia, les sépales rester soudés ensemble, et deux petites fenêtres donner seules accès dans la fleur; et dans les fleurs très-ouvertes et mal protégées du Bolbophyllum, l'orifice de la chambre stigmatique se fermer après quelque temps. Le Malaxis, le Cephalanthera, etc., pourraient fournir des exemples analogues. Mais le capuchon formé par le sépale et les deux pétales supérieurs, outre ses fonctions protectrices, sert évidemment à guider les insectes, en les forçant à entrer par le devant de la fleur. Je ne regarde pas comme un simple effet d'imagination l'opinion de C. K. Sprengel[1], que la couleur

---

[1] Je sais que souvent on a parlé légèrement du curieux ouvrage de cet auteur, publié sous le curieux titre : *Das Entdeckte Geheimniss der*

vive et brillante de la fleur sert à attirer de loin les insectes ; les fleurs de certaines Orchidées sont pourtant singulièrement verdâtres et peu apparentes, sans doute afin d'échapper à quelque danger ; mais beaucoup de ces fleurs obscures exhalent une odeur pénétrante, qui pourrait remplir le même office.

Le labellum est de beaucoup la plus importante des enveloppes extérieures de la fleur. Il sécrète le nectar, et souvent le recueille dans un réservoir ; ou bien il est charnu, et chargé d'excroissances que les insectes viennent ronger. Si les fleurs n'avaient pas un attrait quelconque pour ces agents de la fécondation, elles seraient condamnées à une stérilité perpétuelle. Le labellum est toujours placé au-devant du rostellum, et, d'après ce que j'ai vu, c'est souvent sur sa partie la plus extérieure que s'abattent les indispensables visiteurs : chez l'Epipactis palustris , cette partie est flexible et élastique ; elle paraît contraindre les insectes, lorsqu'ils se retirent, à effleurer le rostellum ; chez les Cypripedium, elle est recourbée comme le fond d'un sabot, ses bords sont infléchis, et ainsi les insectes ne peuvent sortir de la fleur que par les petits

Natur. Sans doute Sprengel était un exalté, et il paraît avoir poussé quelques-unes de ses idées à des conclusions extrêmes. Mais je suis certain, d'après mes propres observations, que son travail renferme beaucoup de notions exactes. Il y a longtemps déjà, Robert Brown, dont le jugement fait autorité aux yeux de tous les botanistes, me parlait de cet ouvrage avec éloge, et observait que les gens peu versés dans la science seuls, se permettaient d'en rire.

orifices voisins des anthères et du stigmate. Dans les
fleurs avancées de Spiranthes, la colonne s'écarte du
labellum, laissant un passage plus large pour que
des pollinies, attachées à la trompe d'une abeille, y
soient sûrement introduites. Chez certaines Orchidées
exotiques, le labellum, par un mouvement brusque,
emprisonne les insectes comme dans une boîte. Chez
le Mormodes ignea, il s'appuie sur le sommet de la
colonne, et les insectes s'abattent sur lui pour atteindre la charnière sensible de l'anthère. Souvent le
labellum est profondément cannelé, ou muni de
crêtes-guides, ou étroitement pressé contre la colonne, et dans une multitude de cas il s'en approche
assez pour rendre la fleur tubulaire. Ces différents arti-
fices ont pour effet de forcer l'insecte à effleurer
le rostellum. Toutefois on ne saurait admettre que
tout détail de structure du labellum est utile : dans
quelques cas, chez le Sarcanthus par exemple, sa
forme extraordinaire semble due en partie à ce que,
dans le bouton, il s'est développé en contact immédiat
avec le rostellum, si curieusement conformé.

Chez le Listera ovata, le labellum est éloigné de la
colonne, mais, grâce au peu de largeur de sa base, les
insectes sont conduits immédiatement sous le milieu
du rostellum : dans d'autres cas, comme chez les
Stanhopea, Phalænopsis, etc., il est pourvu de lobes
basilaires renversés, qui agissent évidemment, de
chaque côté, en guidant les insectes. Quelquefois,

par exemple chez le Malaxis, les deux pétales supérieurs se recourbent en arrière et se trouvent hors de
leur chemin ; ailleurs, comme chez l'Acropera, le
Masdevallia et quelques Bolbophyllum, ces pétales
supérieurs servent clairement à guider l'insecte, le
forçant à entrer dans la fleur ou à introduire sa
trompe directement en avant du rostellum. Dans
d'autres cas, des ailes se détachent latéralement des
bords du clinandre, c'est-à-dire des côtés de la colonne, et servent de guides à la pollinie, lorsque l'insecte la retire et lorsque ensuite il l'introduit dans la
cavité du stigmate. Ainsi, on ne peut douter que les
pétales, les sépales et les anthères rudimentaires ne
rendent divers bons services, outre celui de protéger
avant la floraison les organes propagateurs.

La fleur entière, avec toutes ses parties, a pour
mission de produire des graines ; elle en produit à
profusion chez les Orchidées. Mais ce n'est point là
une distinction pour la famille ; car la production
d'un nombre presque infini d'œufs ou de graines, est
certainement un signe de dégradation physiologique.
Si une plante vivace, à quelque période de son existence, n'échappe à la destruction que par la production d'une grande quantité de graines ou de rejetons,
c'est qu'elle est pauvrement organisée, ou n'est pas
convenablement protégée contre les dangers qui la
menacent. J'étais curieux d'évaluer le nombre de
graines que produit une Orchidée : ayant pris une

capsule mûre de Cephalanthera grandiflora, j'ai disposé ses graines aussi uniformément que j'ai pu suivant une rangée étroite, le long d'une ligne tracée avec une règle ; puis je les ai comptées sur une longueur, exactement mesurée, d'un dixième de pouce.. Il y en avait 83, ce qui donnerait pour la capsule entière 6,020, et pour les quatre capsules que portait la plante 24,000 graines. En soumettant au même calcul les graines plus petites de l'Orchis maculata, j'ai trouvé presque le même nombre, 6,200, et comme j'ai souvent vu plus de trente capsules sur une seule plante, la somme des graines d'une plante serait 186,300, nombre prodigieux pour un végétal des plus humbles [1]. Comme cette espèce est vivace, et, dans beaucoup de lieux, ne peut pas augmenter en nombre, il est probable que, dans une période de quelques années, une seule de ces graines si nombreuses produit une plante destinée à atteindre tout son développement. J'ai examiné beaucoup de graines de

[1] [Cependant, ces graines sont peu nombreuses en comparaison de celles que produisent certaines espèces exotiques. J'ai avancé (*Variation des animaux et des plantes sous l'action de la domestication*, trad. par M. Moulinié, vol. II, p. 403, n. 54.), sur l'autorité de M. Scott, qu'une seule capsule d'Acropera contient 571,250 graines ; et cette espèce produit tant de *racèmes* et de fleurs, que probablement une seule plante ne porte quelquefois pas moins de 74 millions de graines dans le cours d'une année. Fritz Müller a évalué avec soin le nombre des graines dans une capsule d'un Maxillaria du Brésil méridional : il a trouvé le nombre 1,756,440 ; le même pied porte parfois une douzaine de capsules.] C. D., mai 1869.

Cephalanthera, je n'en ai trouvé que très-peu de mauvaises.

Pour indiquer quelle est la portée réelle des chiffres ci-dessus, je montrerai brièvement dans quelle mesure peut se multiplier l'O. maculata : un acre (0,40 hect.) pourrait contenir 174,240 plantes, chacune ayant un espace de six pouces carrés; elles seraient un peu trop pressées pour pouvoir fleurir ensemble; en déduisant douze mille graines comme mauvaises, on trouve qu'un acre serait complétement couvert par la progéniture d'une seule plante. La multiplication continuant à se faire dans la même mesure, les plantes de la seconde génération couvriraient un espace un peu plus étendu que l'île d'Anglesey; et celles de la troisième génération d'une seule plante revêtiraient presque (dans la proportion de 47 à 50) d'un tapis vert uniforme toute la surface des terres.

On ignore comment une aussi effrayante progression est arrêtée. Les graines, si menues et revêtues de téguments si légers, sont susceptibles de la plus vaste dissémination; et j'ai plusieurs fois observé, dans mon verger et dans un bois nouvellement planté, de jeunes plantes qui devaient forcément avoir été apportées d'une petite distance. Cependant il est notoire que les Orchidées sont distribuées avec parcimonie; par exemple, le district que j'habite est très-favorable à cette famille, car autour de ma maison, dans un rayon d'un mille, croissent treize espèces appartenant à neuf genres; mais une seule d'entre elles, l'Orchis morio, est assez abondante pour former un des traits saillants de la végétation; il en est de même, mais à un moindre degré, de l'O. maculata, dans les lieux légèrement boisés. La plupart des autres espèces, bien qu'elles ne méritent pas l'épithète de rares, sont distribuées avec économie; et pourtant, si leurs graines ou les jeunes plantes qui en proviennent n'étaient pas habituellement détruites en grande partie, la postérité d'une seule d'entre elles, comme nous venons de le voir, couvrirait immédiatement toute la surface terrestre du globe.

Ce trop long volume touche maintenant à sa fin. Je pense avoir montré quelle diversité presque inépuisable de merveilleuses combinaisons nous présente l'organisme des Orchidées. De ce que j'ai désigné telle ou telle partie comme adaptée à un but spécial, il ne faut pas conclure qu'elle ait été formée dès l'origine en vue de ce but unique. Il semble au contraire que, dans le cours régulier de l'évolution, chaque organe originairement affecté à la réalisation d'un seul but, s'adapte par changements insensibles à des fonctions très-différentes. Par exemple, le long et ferme caudicule des Ophrydées sert manifestement à appliquer les grains de pollen sur le stigmate, quand la pollinie est attachée à un insecte et transportée par lui d'une fleur à l'autre; et l'anthère s'ouvre largement pour que la pollinie puisse être

aisément retirée; mais, chez l'Ophrys abeille, l'anthère
s'ouvrant un peu plus largement encore et le caudicule devenant un peu plus long et moins épais,
celui-ci se trouve spécialement propre à concourir,
avec l'aide de la pesanteur de la masse pollinique et
d'un ébranlement éprouvé par la fleur, à une fin toute
différente, la fécondation sans croisement. Toute
condition intermédiaire entre ces deux états pourrait
se réaliser, et nous en avons un exemple dans l'O.
arachnites.

De même, l'élasticité du pédicelle de la pollinie
chez quelques Vandées sert à dégager les masses polliniques des loges de leur anthère; mais par de légères modifications, elle devient spécialement destinée à lancer les pollinies à une certaine distance. La
grande cavité creusée dans le labellum chez beaucoup
de Vandées sert à attirer les insectes, mais chez le
Mormodes ignea, où ses dimensions sont très-réduites,
elle contribue à maintenir le labellum dans une position convenable sur le sommet de la colonne. L'examen d'un grand nombre de plantes nous permet
d'admettre qu'un long nectaire en forme d'éperon
est primitivement destiné à sécréter et à recueillir
une provision de nectar; mais chez plusieurs Orchidées, il a si bien perdu cette fonction, qu'il ne contient du fluide qu'entre ses deux tuniques. Chez les
Orchidées dont le nectaire contient à la fois du nectar
libre et du fluide dans les espaces intercellulaires,

on peut voir comment la transition d'un état à l'autre a dû s'effectuer : insensiblement, la quantité du nectar sécrétée par la membrane intérieure a dû diminuer, tandis que ce suc s'accumulait de plus en plus dans les méats intercellulaires. Je pourrais citer encore d'autres exemples analogues.

Quoiqu'un organe n'ait pas été à son origine formé dans tel but spécial, s'il sert actuellement à la réalisation de ce but, on peut dire avec justesse qu'il est spécialement constitué pour lui. D'après le même principe, si un homme construit une machine dans une fin déterminée, mais emploie à cet effet, en les modifiant un peu, de vieilles roues, de vieilles poulies et de vieux ressorts, la machine, avec toutes ses parties, pourra être considérée comme organisée en vue de cette fin. Ainsi, dans la nature, il est à présumer que les diverses parties de tout être vivant ont servi, à l'aide de modifications légères, à différents desseins. et ont fonctionné dans la machine vivante de plusieurs formes spécifiques anciennes et distinctes.

Dans le cours de mes études sur les Orchidées, aucun fait peut-être ne m'a plus vivement frappé que cette inépuisable diversité de structure, cette prodigalité de moyens pour obtenir toujours ce même résultat : la fécondation d'une fleur par le pollen d'une autre. Ce fait peut jusqu'à un certain point s'expliquer par le principe de sélection naturelle. Les diverses parties de la fleur formant un ensemble coordonné, si de légères variations dans l'une d'elles sont conservées par la sélection comme utiles à la plante, les autres parties devront en général subir des modifications correspondantes. Mais certaines parties ne sauraient varier d'une manière correspondante, et toutes les variations, quelle que soit leur nature, qui mettront les organes floraux en plus parfaite harmonie les uns avec les autres, seront fixées et conservées par la sélection naturelle.

En voici un simple exemple : chez beaucoup d'Orchidées, l'ovaire (ou parfois le pédoncule) se tord pour quelque temps sur lui-même, d'où il suit que le labellum devient inférieur et pendant, et que les insectes peuvent mieux visiter la fleur ; mais par suite de quelques changements lents survenus dans la forme et la position des pétales, ou la fleur étant visitée par de nouvelles espèces d'insectes, il pourrait devenir plus avantageux que le labellum reprît sa position normale, ce qui a lieu actuellement chez le Malaxis paludosa ; il est clair que ce changement pourrait s'effectuer simplement par la sélection continuelle des variétés dont l'ovaire serait un peu moins tordu ; mais si la plante ne produisait que des variétés à ovaire plus fortement tordu, le même résultat pourrait être obtenu par leur sélection jusqu'à ce que la fleur ait décrit un tour complet sur son axe : il semble qu'il en ait été ainsi chez le Malaxis, car le labellum est maintenant en haut de la fleur, et l'ovaire présente une torsion excessive.

De même, on a vu que, chez la plupart des Vandées, il y a une relation évidente entre la profondeur de la chambre stigmatique et la longueur du pédicelle qui sert à y introduire les masses polliniques ; si maintenant, par suite de quelque changement dans la forme de la colonne ou pour toute autre cause, la chambre stigmatique devient un peu moins profonde, le raccourcissement du pédicelle sera la plus simple modification correspondante, mais s'il arrive que ce pédicelle ne varie pas en longueur, la plus imperceptible tendance qu'il montrera à se courber en arc en vertu de son élasticité, comme chez les Phalœnopsis, ou à se déjeter en arrière par un mouvement hygrométrique, comme dans une espèce du genre Maxillaria, sera conservée et sans cesse accrue par la sélection ; la modification qu'éprouvera ainsi le pédicelle aura le même résultat physiologique qu'aurait eu son raccourcissement. Si des modifications analogues s'accentuent peu à peu pendant plusieurs milliers de générations, dans les diverses parties de la fleur et dans différents sens, il doit en résulter une inépuisable diversité de structure en vue d'un but toujours le même. En adoptant cette manière de voir, on peut, je pense, s'expliquer en partie pourquoi, dans plusieurs vastes groupes d'êtres organisés, les organes se modifient et se combinent si diversement pour accomplir des fonctions analogues.

Plus j'étudie la nature, plus je suis frappé avec une force toujours croissante par cette conclusion : En produisant dans chaque partie des variations accidentelles légères, mais très-diverses, et en recueillant et accroissant par sélection naturelle celles de ces variations qui sont avantageuses à l'organisme, dans les conditions d'existence complexes et toujours changeantes où il peut se trouver, la nature réalise à la longue des combinaisons admirablement appropriées les unes aux autres et à leur but ; et ces combinaisons surpassent incomparablement toutes celles que l'imagination la plus fertile, l'homme le plus ingénieux, pourrait inventer dans une période de temps illimitée.

Ce n'est pas une étude stérile, pour le partisan de la sélection naturelle, que celle des plus minimes détails de structure. Lorsqu'un naturaliste observe un être organisé quelconque, mais ne l'étudie pas dans toutes les phases de son existence (quelque imparfaite que resterait toujours une telle étude), il hésite à décider si chaque détail a son usage, ou s'il n'existe qu'en vertu d'une loi générale. Quelques savants pensent que la nature a créé des mécanismes innombrables, simplement par amour pour la beauté et la variété, à peu près comme un ouvrier ferait un assortiment de différents modèles. Pour moi, j'ai bien souvent douté que tel ou tel détail de structure puisse avoir un usage ; mais s'il n'en avait point, il

ne pourrait avoir été produit par la conservation naturelle des variations utiles; on ne saurait expliquer
l'existence de tels détails que d'une manière vague,
par l'action directe des conditions de vie, ou les lois
mystérieuses de la corrélation de croissance.

Citer presque tous les détails de structure de la
fleur des Orchidées, qui, en apparence insignifiants,
ont certainement une haute importance, serait récapituler une grande partie de ce volume. Je me
bornerai à rappeler à la mémoire du lecteur un petit
nombre de cas. Je ne parle pas ici de la charpente
générale de la plante, des vestiges des quinze organes
primitifs formant cinq verticilles alternes ; car presque tous ceux qui croient à la modification progres-
sive des êtres organisés, admettent que leur présence
a été héritée d'un ancêtre reculé. Je viens d'énumérer
une série de faits concernant l'usage des pétales et
des sépales, dans les positions et avec les formes
variées qu'ils présentent. J'ai rappelé également l'importance des légères différences de forme qu'offre le
caudicule de la pollinie chez l'Ophrys abeille, si on le
compare à ceux des autres espèces du même genre :
il faut y joindre l'importance de la double courbure
du caudicule chez l'Ophrys mouche; et encore, celle
de la relation qui existe entre la longueur et la forme
du caudicule, par rapport à la position du stigmate,
dans des tribus entières. Chez l'Epipactis palustris,
l'extrémité ferme et saillante de l'anthère ne contient

point de pollen, mais, quand elle est frappée par les insectes, concourt à la mise en liberté des masses polliniques. Chez le Cephalanthera grandiflora, si la fleur est dressée et presque fermée, c'est pour empêcher que les fragiles colonnes de pollen ne soient brisées. La longueur et l'élasticité du filet de l'an·thère, dans certaines espèces de Dendrobium, paraît assurer à la fleur une fécondation sans croisement, si les insectes manquent d'enlever ses masses polliniques. Chez le Listera, la légère inclinaison de la lame du rostellum en avant, empêche que la matière visqueuse jaillissante n'atteigne les loges de l'anthère. Dans le genre Orchis, l'élasticité de la lèvre du rostellum permet à cet organe de se relever comme un ressort lorsqu'une des masses polliniques est enlevée, et le second disque visqueux, couvert de nouveau, ne perd pas la propriété qui lui sera nécessaire. Personne, avant d'avoir étudié les Orchidées, n'aurait soupçonné que ces infimes détails de structure et beaucoup d'autres fussent d'une haute importance pour chaque espèce ; et que, par suite, si ces espèces se trouvaient exposées à de nouvelles conditions de vie et que la structure des diverses parties subît la moindre variation, les minimes détails en question pussent être modifiés par sélection naturelle. Ces exemples montrent bien quelle réserve on doit mettre à se prononcer, chez les autres êtres organisés, sur la valeur des particularités de structure insignifiantes en apparence.

On doit naturellement se demander pourquoi l'organisation des Orchidées présente des combinaisons si parfaites. D'après les observations de C. K. Sprengel et les miennes propres, je suis certain que, chez beaucoup d'autres plantes, la fécondation n'a lieu qu'à l'aide de procédés analogues et d'une grande perfection ; toutefois, il semble qu'ils soient réellement plus nombreux chez les Orchidées que chez la plupart des autres plantes. Dans de certaines limites, on peut répondre à la question. Chaque ovule, pour être fécondé, réclame l'action d'au moins un, et probablement de plusieurs grains de pollen[1], et les graines produites par les Orchidées sont extraordinairement nombreuses ; il faut donc que de grosses masses de pollen soient déposées sur le stigmate de chaque fleur[2]. Même chez les Néottiées, dont le pollen est granuleux, à grains réunis seulement par de

---

[1] V. Gærtner, *Beiträge zur Kenntniss der Befruchtung*, 1844, S. 135,

[2] [J'ai tenté d'évaluer le nombre de grains de pollen que produit une fleur d'*Orchis mascula* : il y a deux masses polliniques ; j'ai compté dans l'une d'elles 153 paquets de pollen ; chaque paquet, autant que j'ai pu l'apprécier en le dissociant avec soin sous le microscope, contient près de cent grains composés ; chaque grain composé est formé de quatre grains simples. En multipliant ces chiffres les uns par les autres, on trouve un produit d'environ 120,000 grains pour toute la fleur. D'autre part, nous avons vu qu'une fleur de l'*O. maculata*, espèce voisine, produit environ 6,200 graines ; il y a donc presque vingt grains de pollen pour un ovule. Une fleur d'une espèce du genre Maxillaria ayant produit 1,756,000 graines, d'après le même calcul, aurait élaboré près de 34 millions de grains de pollen, et certainement, chacun de ces grains porte en lui les éléments de la reproduction, dans la plante adulte, de chaque détail de structure !] C. D., mai 1869.

faibles fils, j'ai remarqué qu'en général des masses considérables de pollen sont déposées sur les stigmates. D'après cela, nous pouvons peut-être comprendre pourquoi, dans un si grand nombre de cas, les grains se soudent ensemble en épaisses masses cireuses : c'est sans doute afin qu'aucun d'eux ne se perde pendant leur transport d'une fleur à l'autre. La plupart des plantes produisent assez de pollen pour fertiliser plusieurs fleurs, même lorsque chaque fleur a plusieurs stigmates. Mais les deux stigmates soudés des Orchidées exigent tant de pollen, que celui-ci, si sa production était proportionnelle à celle du pollen des autres plantes, s'élaborerait avec une profusion extravagante au plus haut degré, épuisante pour l'individu. Pour éviter les pertes et l'épuisement, il fallait que des dispositions spéciales et admirables assurent le dépôt des masses polliniques sur le stigmate ; et ainsi, l'on peut comprendre en partie pourquoi les Orchidées ont été mieux douées sous ce rapport que la plupart des autres plantes.

Beaucoup de Vandées n'ont que deux masses polliniques, et chez quelques Malaxidées, ces deux masses se fondent en une seule : ce seul fait prouve que la nature a dû recourir pour la fécondation de ces plantes à des ressources extraordinaires, autrement elles seraient restées stériles. Je ne crois pas qu'on puisse trouver dans tout le règne végétal un autre exemple de pollen formant une masse unique dans chaque fleur, et ne pouvant par conséquent féconder qu'un seul stigmate. On peut faire des remarques analogues au sujet des graines : beaucoup de fleurs produisent une multitude de graines, plusieurs n'en produisent qu'une seule ; de très-nombreuses fleurs produisent un nombre infini de grains de pollen, et quelques fleurs d'Orchidées, au point de vue du nombre de fleurs qui peuvent être fécondées, n'en produisent qu'un seul, bien qu'en réalité il résulte de l'agglomération d'une multitude de grains élémentaires.

Quoique tant de précautions aient été prises pour que le pollen des Orchidées ne se perde pas, nous voyons que dans toute cette vaste famille, forte, selon Lindley [1], de 433 genres et d'environ 6,000 espèces, le soin de la fertilisation est confié, à peu d'exceptions près, aux insectes. On peut difficilement taxer cette assertion de témérité, après l'étude que j'ai faite et qu'ont poursuivie divers excellents observateurs, de tant de genres anglais ou étrangers, dispersés parmi toutes les principales tribus, et dont la structure est généralement presque uniforme. Chez toutes les plantes dans la fécondation desquelles les insectes jouent un rôle important, il y a de grandes chances pour que le pollen soit transporté d'une fleur à une autre. Mais chez les Orchidées, nous avons vu

---

[1] *Gardener's Chronicle*, March. 1, 1862, p. 192.

de plus de nombreux phénomènes spéciaux, tels que les mouvements exécutés par les pollinies après leur enlèvement pour acquérir une position convenable, le mouvement lent de la colonne pour permettre l'introduction des masses polliniques, ou, dans certains cas, la séparation des sexes, attester que le pollen d'une fleur ou d'une plante est habituellement transporté sur une fleur ou une plante distincte. Comme le transport augmente les chances d'accident, il nécessite et explique encore les précautions extraordinaires`dont la fécondation est entourée.

La fécondation directe est un fait rare chez les Orchidées. Nous l'avons vue réalisée habituellement d'une manière plus ou moins parfaite dans une espèce d'Ophrys, chez les Neotinea, Gymnadenia, Platanthera, Epipactis, Cephalanthera, Neottia, et chez ces Épidendrées et Dendrobium dont les fleurs restent souvent closes. Sans nul doute, on en découvrira d'autres cas encore. La fécondation directe semble être plus parfaitement assurée chez l'*Ophrys apifera* et chez le *Neotinea* (Orchis) *intacta,* que dans les autres cas. Mais il importe de noter que, chez toutes ces Orchidées, les combinaisons ordinaires de structure existent toujours, et ne sont pas à l'état rudimentaire, mais manifestement propres à assurer le transport des masses polliniques par les insectes d'une fleur à l'autre. Comme je l'ai remarqué ailleurs, quelques plantes indigènes ou naturall-

sées ne produisent jamais de fleurs, ou, si elles fleu-
rissent, ne mûrissent point de graines. Mais, personne n'en doute, c'est une loi générale de la nature
que les plantes phanérogames produisent des fleurs
et que ces fleurs produisent des graines. Lorsqu'elles
ne le font pas, nous croyons qu'elles s'acquitteraient
de ces fonctions essentielles si elles étaient soumises
à des conditions différentes, que primitivement elles
s'en acquittaient, et qu'elles le feront encore dans
la suite. De même, je pense que les quelques Orchidées qui ne sont pas actuellement soumises au croisement individuel, le deviendraient dans des conditions différentes, ou l'étaient à l'origine, puisqu'elles
ont en général gardé les instruments de ce croisement ; qu'enfin elles le deviendront de nouveau
dans un temps plus ou moins éloigné, à moins que
d'ici là leur espèce ne s'éteigne.

Si l'on remarque combien est manifestement
précieux le pollen des Orchidées, et avec quel soin
il est élaboré ainsi que les parties accessoires, si l'on
remarque que l'anthère est toujours située immédiatement en arrière ou au-dessus du stigmate, on est
convaincu que la fécondation directe aurait été un
procédé incomparablement plus sûr que le transport
du pollen d'une fleur à l'autre. Il est donc surprenant que cette fécondation directe ne soit pas devenue la règle. D'après cela, il doit y avoir quelque
chose de nuisible dans ce procédé. La nature nous

dit de la manière la plus éloquente qu'elle a horreur
de la fécondation de soi par soi perpétuelle. Cette
conclusion semble avoir une haute importance, et
justifie peut-être les longs détails donnés dans ce
volume. Ne devons-nous pas admettre comme probable, conformément à la croyance générale des
éleveurs de nos races domestiques, que les alliances
entre parents ont quelque chose de nuisible, que
quelque grand avantage inconnu résulte de l'union
entre individus séparés pendant de nombreuses
générations ?

INDEX

LISTE DES GRAVURES

TABLE

—

CHAPITRE I

Structure des Orchis. — Mouvement des pollinies. — Parfaite adaptation des parties dans l'Orchis pyramidalis. — Des insectes qui visitent les Orchidées, et de la fréquence de leurs visites. — De la fertilité et de la stérilité de quelques Orchidées. — De la sécrétion du nectar, et du retard utile à la fécondation que les papillons éprouvent en le prenant. . . . .

CHAPITRE II

Suite des Ophrydées. — Ophrys mouche et araignée. — Ophrys abeille, en apparence organisé pour se fertiliser toujours lui-même, mais avec des dispositions contraires favorables au croisement. — L'Orchis grenouille; fécondation due à ce que deux parties du labellum sécrètent du nectar.—Gymnadenia conopsea.—Grand et petit Ophrys papillon; leurs différences et leurs modes de fertilisation. — Exposé des divers mouvements des pollinies. . . . .

CHAPITRE III

Épipactis palustris; curieuse forme du labellum et son importance apparente pour la fructification de la fleur. — Cephalanthera grandiflora; avortement du rostellum, pénétration hâtive des tubes polliniques, exemple de fécondation directe imparfaite, concours des insectes. — Goodyera repens. — Spiranthes autumnalis; remarquables dispositions grâce auxquelles le pollen d'une jeune fleur est transporté sur une autre plante, sur le stigmate d'une fleur plus avancée. . . . .

PARIS. — IMP. SIMON RAÇON ET COMP., RUE D'ERFURTH, 1.

www.ingramcontent.com/pod-product-compliance
Lightning Source LLC
Chambersburg PA
CBHW060126200326

41518CB00008B/941